# 天然气发热量测定理论与实践

周 理 蔡 黎 陈赓良 张 镨 编著

石油工业出版社

## 内容提要

本书根据国内外发表的文献资料，结合中国石油西南油气田公司天然气研究院有关技术开发的成果与经验，对天然气发热量测定的理论与实践作了较系统的介绍，并重点讨论了气体燃料发热量测定的基准装置——0级热量计的技术开发及其发展动向。

本书可供从事天然气分析测试和能量计量的工程技术人员阅读、参考，也可以作为石油大专院校有关专业师生的参考用书。

## 图书在版编目（CIP）数据

天然气发热量测定理论与实践/周理等编著.—北京：石油工业出版社，2023.1

ISBN 978-7-5183-5831-1

Ⅰ.①天… Ⅱ.①周… Ⅲ.①天然气－研究 Ⅳ.①TE64

中国版本图书馆CIP数据核字（2022）第255764号

---

出版发行：石油工业出版社

（北京安定门外安华里2区1号 100011）

网　　址：www.petropub.com

编辑部：（010）64523561　图书营销中心：（010）64523633

经　　销：全国新华书店

印　　刷：北京中石油彩色印刷有限责任公司

2023年1月第1版　2023年1月第1次印刷
787×1092毫米　开本：1/16　印张：13.75
字数：260千字

定价：138.00元
（如出现印装质量问题，我社图书营销中心负责调换）
版权所有，翻印必究

# PREFACE 前言

2019年5月24日，国家发展和改革委员会联合国家能源局、住房与城乡建设部和市场监督管理总局联合发布了《油气管网设施公平开放监管办法》（发改能源规〔2019〕916号文件）。该文件明确规定：天然气管网运营企业接收和代天然气生产、销售企业向用户交付天然气时，应当对发热量、体积、质量等进行科学计量，并接受政府计量行政主管部门的计量监督检查。国家推行天然气能量计量计价，并规定于文件施行之日起24个月内建立天然气能量计量计价体系。但该文件发布至今已经3年多，能量计量并没有在我国全面推广；其中最重要的原因是：我国天然气发热量测定技术及其标准化迄今尚未达到与国际接轨的水平。

根据商品天然气供出热量计算公式 $E=HQ$，天然气发热量 $H$ 的测量误差及其不确定度与气体体积流量 $Q$ 的测量不确定度，同样对能量计量测量结果的（总）不确定度有重要影响。但当前的现实情况是：在天然气体积流量 $Q$ 的量值测量方面，中国石油天然气集团有限公司根据我国输气规模、管理模式和技术要求，已经建成了适合我国国情的m-t法原级（基准）装置和音速喷嘴次级（标准）装置。在设计压力为10MPa和4MPa的工况下，其测量不确定度分别达到0.05%～0.10%和0.5%的国际先进水平，形成了较完善的量值溯源体系；并已经列入法制计量范畴。在发热量测定方面，虽已发布了一系列有关天然气发热量直接和间接测定方法的国家标准，然而执行这些标准涉及的有关术语及定义的规范、溯源链结构的架构、标准方法的确认、标准气（体）混合物（又称为气体标准物质，英文为RGM，reference gas mixture）的研制，以及测定结果的不确定度评定等方面，与国外先进水平相比尚有较大差距；近年来的技术进步则基本上乏善可陈。根据我国计量法规的规定，由于目前我国天然气体积计量已经属于法制计量，因而在我国全面实施能量计量后，用于天然气发热量直接测定的基准方法——热量计（法）也应列入法制计量的范畴。由此可见，在天然气发热量法制计量体系完善前，能量计量的计量管理还存在有一定缺陷。因此，当前我国推广实施天然气能量计量的技术障碍主要在发热量测定方面；尤其是作为气体燃料发热量测定基准装置的 0 级热量计的建设与应用，将是近期内亟待解决的关键技术。

对能量计量检测和校准实验室而言，天然气组成分析测量结果的不确定度评定涉及巨大的经济利益。因此，20 世纪 80 年代中期起美国就已经在商品天然气输配领域开始实施能量计量，并于 1996 年发布全球第一份阐明能量计量理论和实践的标准文件《燃气的能量测量》（AGA 5 号报告）以规范气体质量单位换算为能量单位的具体方法。由于 AGA 5 号报告的内容涉及美国天然气协会（AGA）、美国天然气加工者协会（GPA）和美国材料试验协会（ASTM）等有关学（协）会的一系列计量学标准，从而形成了一个较为完整的能量计量标准体系。

进入 21 世纪以来，随着管输天然气和液化天然气（LNG）国际贸易的迅速发展，国际标准化组织天然气技术委员会（ISO/TC 193）于 2007 年发布了国际标准 ISO 15111《天然气能量的测定》，并根据该标准 6.3 节规定的天然气发热量测定技术发布和/或修订了一系列与之相配套的国际标准，从而形成了当前天然气国际贸易中普遍采用的能量计量 ISO 标准体系。

总体而言，当前间接法测定天然气发热量的技术发展动向可归结为：根据计量溯源性是其同一性和准确性技术归宗的基本原理，通过建立与完善量值传递（溯源）链的途径以改善能量计量系统的测量不确定度，并将气相色谱分析系统的测量不确定度评定与其精密度评价结合于一体。对于不适合用不确定度表示指南法（GUM 法）进行评定的（非线性）系统则需要通过蒙特卡洛模拟（MCM）对整个商品天然气输配系统进行不确定度评定，并以最大允许误差（$MPE$）表示其评定结果。

# CONTENTS 目录

## 第一章　绪论 …… 1

- 第一节　天然气计量技术 …… 1
- 第二节　法制计量与检测和校准实验室 …… 15
- 第三节　化学计量的溯源性 …… 18
- 第四节　天然气分析溯源准则 …… 25
- 第五节　热量计法测定发热量的溯源性 …… 31
- 第六节　天然气体积流量计量的溯源性 …… 35
- 第七节　能量计量测量不确定度评定及其标准化的发展动向 …… 38
- 参考文献 …… 48

## 第二章　发热量直接测定技术 …… 50

- 第一节　基础知识与基本概念 …… 50
- 第二节　ISO 15971 的技术要点 …… 54
- 第三节　燃烧量热学 …… 63
- 第四节　商用连续记录式热量计 …… 69
- 第五节　发热量赋值 …… 76
- 参考文献 …… 79

## 第三章　0 级（参比）热量计 …… 81

- 第一节　法制计量与 0 级热量计 …… 81
- 第二节　Rossini 型热量计 …… 83
- 第三节　英国 Manchester 大学的参比热量计 …… 86
- 第四节　GERG 建于德国 PTB 的 0 级热量计 …… 92

| 第五节 | 0 级热量计的技术进步 | 102 |
| 第六节 | 氧弹式 0 级热量计 | 113 |
| 参考文献 | | 120 |

## 第四章　发热量间接测定技术 121

| 第一节 | 气相色谱分析基础知识 | 121 |
| 第二节 | GB/T 13610 技术要点 | 126 |
| 第三节 | GB/T 27894（ISO 6974）系列标准技术要点 | 137 |
| 第四节 | ISO 6976：2016 的技术要点 | 142 |
| 第五节 | GB/T 27866—2018（ISO 10723：2012）技术要点 | 147 |
| 第六节 | ISO/TR 24094 的技术要点 | 155 |
| 第七节 | 能量直接测定新技术 | 159 |
| 参考文献 | | 169 |

## 第五章　误差分析与测量不确定度评定 171

| 第一节 | 基础知识与基本概念 | 171 |
| 第二节 | 测量不确定度评定 | 181 |
| 第三节 | GUM 法评定测量不确定度示例 | 187 |
| 第四节 | 气相色谱操作评价的实例 | 191 |
| 第五节 | 组成分析结果的不确定度评定 | 204 |
| 参考文献 | | 213 |

# 第一章 绪 论

## 第一节 天然气计量技术

### 一、天然气工业发展概况

进入 21 世纪以来，天然气工业发展十分迅速。按国家能源局公布的数据，2019 年全球天然气消费量达到 $39300 \times 10^8 m^3$，比世纪初增加了一倍左右，在一次能源中的占比为 24.2%。2019 年我国天然气产量为 $1773 \times 10^8 m^3$，（图 1-1），其中包括页岩气 $154 \times 10^8 m^3$，煤层气 $37 \times 10^8 m^3$，煤制气 $37 \times 10^8 m^3$，非常规天然气在产量中的占比已经达到 13.9%。同年，我国天然气表观消费量为 $3604 \times 10^8 m^3$，同比增长 8.6%，在一次能源消费量中的占比为 8.1%。

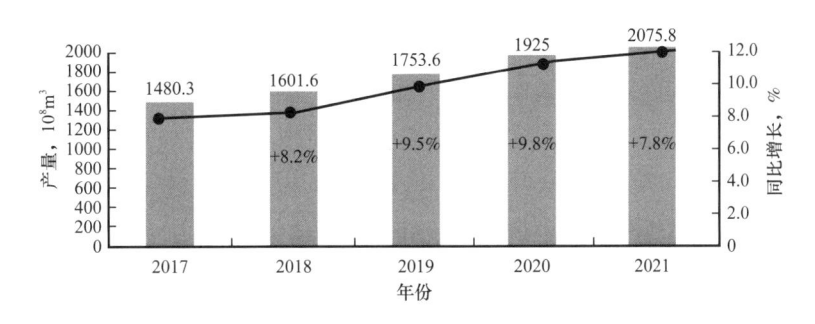

图 1-1 2017—2021 年我国天然气产量增长情况

据 2022 年 6 月出版的《天然气与石油》杂志报道，按国家"双碳"目标的要求，作为我国主要天然气产地的川渝地区，2025 年产量规划目标将达到 $815 \times 10^8 m^3$，可望提前实现天然气产量达 $1000 \times 10^8 m^3$ 的"气大庆"建设目标。

这些统计数据清楚地表明，我国天然气长期处于供不应求状态，从而导致进口依赖度持续攀升。2000—2017 年我国天然气生产与消费情况，如图 1-2 所示。至 2018 年进口天然气在表观天然气消费中的占比达到 40%。2019 年我国进口天然气总量为 $9656 \times 10^4 t$（约 $1352 \times 10^8 m^3$），同比增加 6.9%；其中

-1-

管道气进口量为 $3631\times10^4$t（约 $508\times10^8$m³），液化天然气（LNG）进口量为 $602\times10^4$t，占比 62.4%。

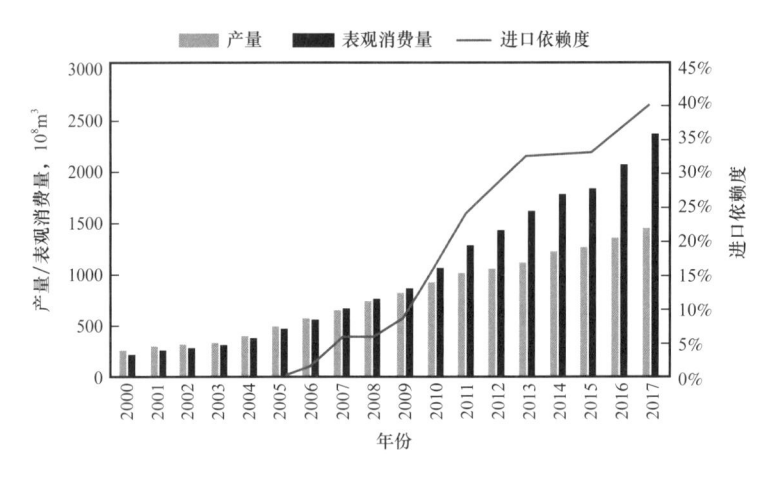

图 1-2 2000—2017 年我国天然气生产与消费情况

2021 年我国天然气表观消费量已经达到 $3726\times10^8$m³，但我国当年的天然气产量仅为 $2025\times10^8$m³，因而进口气量（含 LNG）为 $1674\times10^8$m³，后者在表观消费量中的占比（即所谓的对外依存度）已经超过 45%！

天然气作为我国能源转型期中最重要的低碳化石燃料，不仅有商品属性，更有独特的社会价值属性。它不仅是重要的工业燃料和原料，更是与千家万户日常生活息息相关的重要商品；这也是制定强制性国家标准 GB/T 17820《天然气》以保证其质量的原因。天然气独特的社会价值是保障国家安全、国民经济平稳发展及社会生活安定的重要基础之一。根据有关部门的预测，2020—2030 年期间正是实现"双碳"目标的能源消费及碳总量达峰第一阶段，具有低碳、高效、灵活等一系列优点的天然气能源未来还将保持较高的增长速度（图 1-3）[1]。

随着商品天然气消费量剧增，我国的长输管道建设也取得很大进展，至 2018 年底总长度已经达到 $7.6\times10^4$km，其中包括多条从国外进口天然气的长输管道，如中亚管道、中缅管道等；且进口 LNG 也有多个来源国，如澳大利亚、马来西亚、卡塔尔等。由于商品天然气品种与来源多样化，故在交接计量过程中必须确保天然气流量计量及其发热量测定的准确性和可比性。同时，对强制性国家标准 GB/T 17820《天然气》中规定的高位发热量指标也作了相应的调整，由 2012 版的大于 31.4MJ/m³ 提高到 36.0MJ/m³，以适应天然气国际贸易之需。

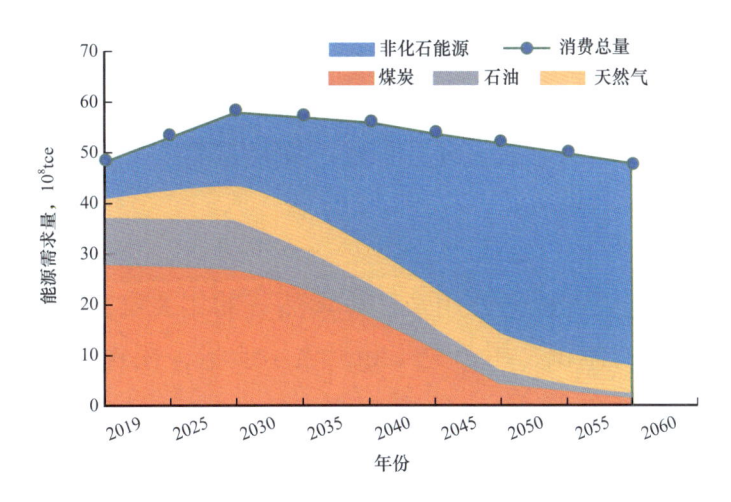

图 1-3 碳中和目标下我国能源需求及预测图

综上所述可以看出，为了进一步与国际接轨，应在国内的交接计量中继续改变计量方式、不断通过建立并改善其测量结果溯源性、积极参与由国际计量局（CIPM）组织的有关国际关键比对以取得国家基（标）准的等效度（数据），从而最终达到在天然气流量测量和发热量测定这两个计量领域中与各国计量基（标）准等效度互认的目的；这也是我国天然气计量领域当前技术发展的方向。

## 二、天然气计量技术特点与方式

1. 技术特点

（1）天然气是易燃、易爆气体，且输气管道及计量设施均处于高压状态，故必须确保计量操作的安全性；

（2）计量设施处理的是流量大、且处于流动状态的可压缩介质，被测（几何）量几乎无复现可能，故基准（原）级装置的建设相当困难；

（3）天然气组成较为复杂，组分含量变化会引起密度、发热量、等熵指数、压缩因子、临界流函数等一系列与流量测量有关参数的变化；

（4）天然气在管道中的流态特征与流量安装条件、操作条件、环境条件等密切有关，上述诸多条件的变化皆会对计量结果产生直接影响；

（5）在管输过程中，天然气的温度和压力实际均处在变化状态。而体积流量本身是由组成、压力、温度等多种参数导出的，故测定体积流量的系统比单参数测量系统复杂得多；尤其对能量计量系统而言，涉及物理计量和化学计量两大领域的多种计量技术，且某些新技术尚在开发或完善之中[2]。

## 2. 计量方式及其计算

当前国内外常用天然气计量方式主要有体积计量、质量计量和能量计量三种。下面扼要介绍其测量参数与计算公式（摘录自 GB/T 18603—2014《天然气计量系统技术要求》附录 A）。

（1）总则。

本附录提供的这组方程通常用来计算天然气的相关量，用立方米（m³）表示标准参比条件下的体积，用千克（kg）表示质量，用焦耳（J）表示标准参比条件下的能量。

这些假设测量提供的是工作条件下以 m³ 为单位的天然气体积 $V_f$。孔板流量计的计算见 GB/T 21446《用标准孔板流量计测量天然气流量》。

本附录使用的符号和代号见表 1-1。

**表 1-1 符号和代号**

| 代号 | 名称 | 量纲 | 单位符号 |
|---|---|---|---|
| $\rho_f$ | 工作条件下的天然气密度 | $ML^{-3}$ | kg/m³ |
| $\rho_n$ | 标准参比条件下的天然气密度 | $ML^{-3}$ | kg/m³ |
| $E_n$ | 标准参比条件下的天然气能量 | $ML^2T^{-2}$ | J |
| $H_{snm}$ | 标准参比条件下的质量发热量 | $L^2T^{-2}$ | J/kg |
| $H_{snv}$ | 标准参比条件下的体积发热量 | $ML^{-1}T^{-2}$ | J/m³ |
| $m$ | 质量 | M | kg |
| $M_m$ | 摩尔质量 | $MN^{-1}$ | kg/kmol |
| $p_f$ | 工作条件下的压力 | $ML^{-1}T^{-2}$ | Pa |
| $P_n$ | 标准参比条件下的压力 | $ML^{-1}T^{-2}$ | Pa |
| $R_a$ | 通用气体常数 | $ML^2T^{-2}N^{-1}\Theta^{-1}$ | J/（K·kmol） |
| $T_f$ | 工作条件下的热力学温度 | $\Theta$ | K |
| $T_n$ | 标准参比条件下的热力学温度 | $\Theta$ | K |
| $V_f$ | 工作条件下的体积 | $L^3$ | m³ |
| $V_n$ | 标准参比条件下的体积 | $L^3$ | m³ |
| $Z_f$ | 工作条件下的天然气压缩因子 | 1 | |
| $Z_n$ | 标准参比条件下的天然气压缩因子 | 1 | |

注：在"量纲"栏中，长度、质量、时间、热力学温度、物质的量的量纲，分别用 L、M、T、Θ、N 表示。

（2）体积计算。

$$V_n = V_f \times \frac{\rho_f}{\rho_n} \tag{1-1}$$

或者，用式（1-2）计算工作条件下的天然气密度 $\rho_f$：

$$\rho_f = \frac{p_f \times M_m}{T_f \times Z_f \times R_a} \tag{1-2}$$

变换公式如式（1-3）所示：

$$V_n = V_f \frac{p_f \times T_n \times Z_n}{p_n \times T_f \times Z_f} \tag{1-3}$$

（3）质量计算。

质量 $m$ 可以由式（1-4）计算：

$$m = V_f \times \rho_f \tag{1-4}$$

或者，式（1-2）求得的工作条件下密度代入得式（1-5）：

$$m = \frac{V_f \times p_f \times M_m}{T_f \times Z_f \times R_a} \tag{1-5}$$

（4）能量计算。

能量 $E_0$ 可以通过体积（或质量）与发热量（$H_{snv}$）乘积求得。

能量按体计算时的公式为：

$$E_n = V_n \times H_{snv} \tag{1-6}$$

式中 $V_n$ 由式（1-1）或式（1-3）求得。

能量按质量计算时的公式如式（1-7）所示：

$$E_n = m \times H_{snm} \tag{1-7}$$

式中 $m$ 由式（1-4）或式（1-5）求得。

3. 计量系统配套仪表的准确度要求

天然气流量计量系统配套仪表的准确度要求见表1-2。

表 1-2　计量系统配套仪表的准确度要求

| 测量参数 | 最大允许误差 | | |
| --- | --- | --- | --- |
| | A 级 | B 级 | C 级 |
| 温度 | 0.5℃[①] | 0.5℃ | 1.0℃ |
| 压力 | 0.2% | 0.5% | 1.0% |
| 密度 | 0.35% | 0.7% | 1.0% |
| 压缩因子 | 0.3% | 0.3% | 0.5% |
| 在线发热量 | 0.5% | 1.0% | 1.0% |
| 离线或赋值发热量 | 0.6% | 1.25% | 2.0% |
| 工作条件下体积流量 | 0.7% | 1.2% | 1.5% |
| 计量结果 | 1.0% | 2.0% | 3.0% |

① 当使用超声流量计并计划开展使用中检验时，温度测量不确定度应该优于 0.3℃。

## 三、天然气工业计量技术概况

### 1. 计量活动的分类

计量是实现单位统一、保障量值准确可靠的活动。就其重要性而言，计量是确保国民经济和科学技术持续发展的基础；通常认为计量技术的水平能集中体现一个国家的科技发展水平。随着天然气工业的迅速发展，其计量技术也有了长足的进步，尤其在天然气流量测量基准装置的建设方面，基本达到国际先进水平。

当前国内外均趋向于将计量活动大致区分为科学计量、工业计量和法制计量 3 种类型，三者分别代表着计量的基础研究、实际应用和政府起主导作用的社会事业三个方面。法制计量的目的是为了保证公众安全、国民经济和社会发展，根据法制、技术和行政管理的需要，由政府或官方授权进行强制管理的计量活动[3]。根据《中华人民共和国计量法》规定，天然气流量计量属法制计量范畴，目前政府已授权国家原油大流量计量站所属成都天然气分站和南京天然气分站作为法定计量机构。

### 2. 体积计量

天然气流量是指在单位时间内通过输气管道横截面积的（体积）流量，测定此类流量的设备称为体积流量计。常用体积流量计按其测量原理可分为差压式、速度式和容积式；按其结构形式又可分为超声式、孔板式、涡轮式和旋进旋涡式等多种型式。GB/T 18603—2014《天然气计量系统技术要求》的附录C提供了一个天然气工业用流量计的选型指南（表1-3）。

表1-3 天然气工业用流量计的选型

| 应用因素 | 旋转式容积流量计 | 涡轮流量计 | 涡街流量计 | 超声流量计 | 科里奥利质量流量计 | 旋进旋涡流量计 | 孔板流量计 |
|---|---|---|---|---|---|---|---|
| 操作条件下的气体密度 | 影响不大 | 最小流量随密度增加而变得更低 | 最下流量随密度增加而变得更低 | 在规定密度范围内不受影响 | 影响不大 | 影响不大 | 决定测量结果 |
| 气中夹带固体 | 可能堵塞叶轮，需要过滤器 | 可能有沉积物、叶片可能受损，可能影响旋转，需要过滤器 | 可能有沉积物，非流线体可能受侵蚀，需要过滤器 | 一般不受影响，如果传感器孔被污垢阻塞，流量计功能会受到影响，建议增加过滤器；气体中有粉尘，对超声流量计换能器存在冲蚀影响 | 可能会有磨蚀，会影响仪表的长期使用，建议加装过滤器 | 有沉积，可能影响测量值需装过滤器 | 可能有侵蚀和沉积物需加过滤器 |
| 气中夹带液体 | 可能有腐蚀、结垢，结构材料会受影响 | 可能有腐蚀、结垢，润滑油被稀释，转子出现不平衡 | 测量导管内可能有液体沉积物，这会影响计量值 | 可能变坏的信噪比会影响功能，如果传感器孔受阻，流量计功能会受影响 | 影响不大 | 影响不大 | 由流量计腐蚀引起的磨损会造成流量误差，孔板端面和孔板取压孔内有沉积物会影响准确度 |
| 压力和流量变化 | 突然变化会造成损坏。因为转子的惯性，流量的突变会致使上游或下游管道内压力时高时低 | 压力突变可能造成损坏 | 不会造成损坏，但可能造成计量误差 | 影响不大 | 影响较大 | 增大测量误差 | 压力突变会造成损坏 |

续表

| 应用因素 | 旋转式容积流量计 | 涡轮流量计 | 涡街流量计 | 超声流量计 | 科里奥利质量流量计 | 旋进旋涡流量计 | 孔板流量计 |
|---|---|---|---|---|---|---|---|
| 脉动流 | 不受影响 | 流量快速的周期变化会使测量结果过高，影响取决于流量变化的频率和幅度，气体的密度和叶轮的惯性 | 准确度受影响。影响的程度取决于流量变化的频率和幅度 | 只要脉动的周期大于流量计的采样周期，就不会受影响 | 不受影响 | 准确度受影响，其大小取决于脉动频率和幅度 | 准确度取决于仪表响应速度。准确度要受影响 |
| 允许误差范围内典型的量程比 | 30∶1 | 30∶1 密度越高，流量比就越大 | 30∶1 密度越高，流量比越大 | 30∶1 | 30∶1 | 12∶1 气体密度大，测量范围就大 | 10∶1 如果采用双量程差压计 |
| 过载流动 | 可短时间过载 | 可短时间过载 | 可过载 | 可过载 | 可过载 | 短时间超量程可以 | 可过载至孔板上的允许压差 |
| 增大公称设计能力 | 增大最大流量需要加大流量计、或增加气路或提高压力 | 增大最大流量需要加大流量计、或增加气路或提高压力 | 增大最大流量需要加大流量计、或增加气路或提高压力 | 增大最大流量需要加大流量计、或增加气路或提高压力 | 增大最大流量需要加大流量计、或增加气路或提高压力 | 加大流量计的口径或增加计量回路或提高压力 | 增大最大流量需要加大孔板流量计内径或增加气路或提高压力 |
| 供气安全性 | 流量计故障可能中断供气 | 流量计故障不造成影响 | 流量计故障不造成影响 | 流量计故障不造成影响 | | 流量计故障不造成影响 | 流量计故障不造成影响 |
| 流量计及其管道所需配管设置要求 | 依据SY/T 6660，对上下游管道无特殊要求，遵照制造厂的说明，为保证连续供气需加旁通 | 依据GB/T 21391，上下游需直管段长度 | 上下游需直管段长度，长度根据适用标准的安装说明而定 | 依据GB/T 18604，上下游需直管段长度 | 上下游不需直管段 | 依据SY/T 6658，对上下游管道无特殊要求，遵照制造厂的说明 | 依据GB/T 21446，上下游需直管段长度 |
| 典型直管长度：上游 下游 | （依据配置）4$D$ 2$D$ | （依据配置）10$D$ 5$D$ | 20$D$ 5$D$ | （依据配置）10$D$ 5$D$ | | （依据配置）4$D$ 2$D$ | （依据配置）30$D$ 7$D$ |

注：（1）流量计最初用的型号过大会影响小流量的测量准确度。
（2）$D$ 为流量计内径。

总体而言，孔板流量计具有结构简单、性能稳定、节流元件可以通用等优点；但存在量程较小、精度较低等缺点。目前正在逐渐被超声流量计所取代。

3. 质量计量

天然气质量计量是指直接测量或通过体积流量与密度而求得质量流量的计量方法。直接式质量流量计有热式、差压式和科里奥利（科）式（图1-4）等多种形式。天然气工业常用的科里奥利质量流量计是直接介质的质量流量（而不是通过计算求得）[4]，故具有较高的准确性和稳定性，但仅适用于高压力、小流量的工况。目前此类流量计广泛应用于压缩天然气加注站的计量。

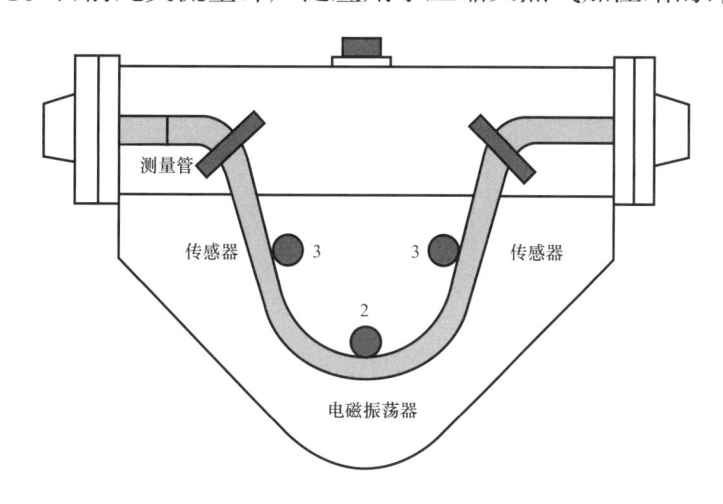

图 1-4 微弯型科里奥利流量计示意图

4. 能量计量

能量计量是以天然气发热量作为结算单位的一种计量方式，它是在体积计量的基础上，同时测定天然气发热量，并以体积基单位发热量与测得的流量相乘而得到总能量。测定单位发热量的方法分为两大类：直接法——以燃烧式热量计直接测定；间接法——先以气相色谱法测定天然气组成，然后利用组成分析数据计算发热量。间接法测定天然气发热量过程中通过多元标准气混合物（RGM）溯源，实际上只能溯源至由室间循环比对试验确定的标准气混合物的"公议值"，并未真正溯源至国际单位制（SI）单位。因此，美国在实施能量计量过程中又进一步规定：能量计量的发热量（$H$）是指单位量天然气在燃烧过程中实际释放的能量，而不是根据组成计算而得的能量。此规定的实质是：直接法是测定天然气发热量的基准方法；以间接法计算而得的发热量值及其测量不确定度应由直接法测定结果予以确认。

早在20世纪80年代中期，美国已经在商品天然输配领域开始实施能量计量；并于1996年发布了《燃气的能量测量》（AGA5号报告）以规范气体质量单位换算成能量单位的方法。随着管输天然气和液化天然气（LNG）的国际贸易蓬勃发展，国际标准化组织天然气技术委员会（ISO/TC 193）经10余年的讨论与协商于2007年发布了国际标准ISO 15111《天然气能量的测定》。

2019年5月，国家发展和改革委员会、国家能源局、住房城乡建设部和市场监管总局联合发布了《油气管网设施公平开放监管办法》；其中明确规定了应对天然发热量进行科学计量和管理的要求。由于能量计量的合理性，今后必将逐步取代传统计量方法而成为天然气贸易结算的主要计量方式。

### 四、天然气关键比对

1. 国际关键比对

随着世界范围内天然气工业的迅速发展，许多国家都根据本国的输气规模、管理模式和技术要求选择了适合国情的流量计量技术方案，建立了各具特色的天然气流量基（标）准装置（表1-4）。为进一步与国际接轨，我国也于1997年和2008年分别在国家原油大流量计量站成都分站和南京分站建成了两套质量（m）—时间（t）法原级（基准）天然气流量测量装置；两者的测量不确定度皆可达到优于0.1%的国际先进水平。但根据《中华人民共和国计量法》第六条规定："计量基准的量值应当与国际上的量值保持一致。"由于天然气流量测量属于组合量计量，原级装置复现的流量量值要求溯源到长度、质量和时间等一系列SI基本单位（图1-5）。同时，由于各种流量标准装置的结构和工作原理差别甚大，且操作条件和各部件的工作性能有所不同，导致各种不同类型流量基（标）准装置复现的流量量值有一定差异，故迄今为止并不存在一个公认的国际天然气流量标准。各流量标准装置复现的流量量值是否一致，只能通过比对来确定[5]。

分析表1-4和图1-5所示数据可以看出，荷兰、德国、英国、法国和加拿大不仅采用不同原理的原级装置，而且相互之间还存在较复杂的溯源关系。例如，建于英国国家工程实验室（NEL）的次级装置是向德国最大的天然气流量检测技术机构Pigsar检测站溯源；建于加拿大的TCC旋转活塞流量标准装置（次级装置）又是在荷兰国家计量研究院（NMi）校准的。

2. 关键比对的目标与程序

欧洲目前每年商品天然气消费量已经达到$5500m^3 \times 10^8$以上，因而天然气流量量值的协调与统一涉及巨大的经济利益。鉴于此，世界贸易组织（WTO）推荐国际计量委员会（CIPM）建立所有涉及贸易交往中各重要量值测量的统一标准和检定标准。2000年，CIPM责成其所属的质量和相关量咨询委员会（CCM）和国际计量局（BIPM）协调组织高压天然气流量标准的国际性循环比对试验。由于此次比对试验对统一各国家的天然气流量量值具有重要意义，所以称为关键比对（KC）。CCM和BIPM在与国际上各气体流量组织协商后，委任德国PTB和荷兰NMi-VSL作为主导实验室组织进行天然气流量国际比对。

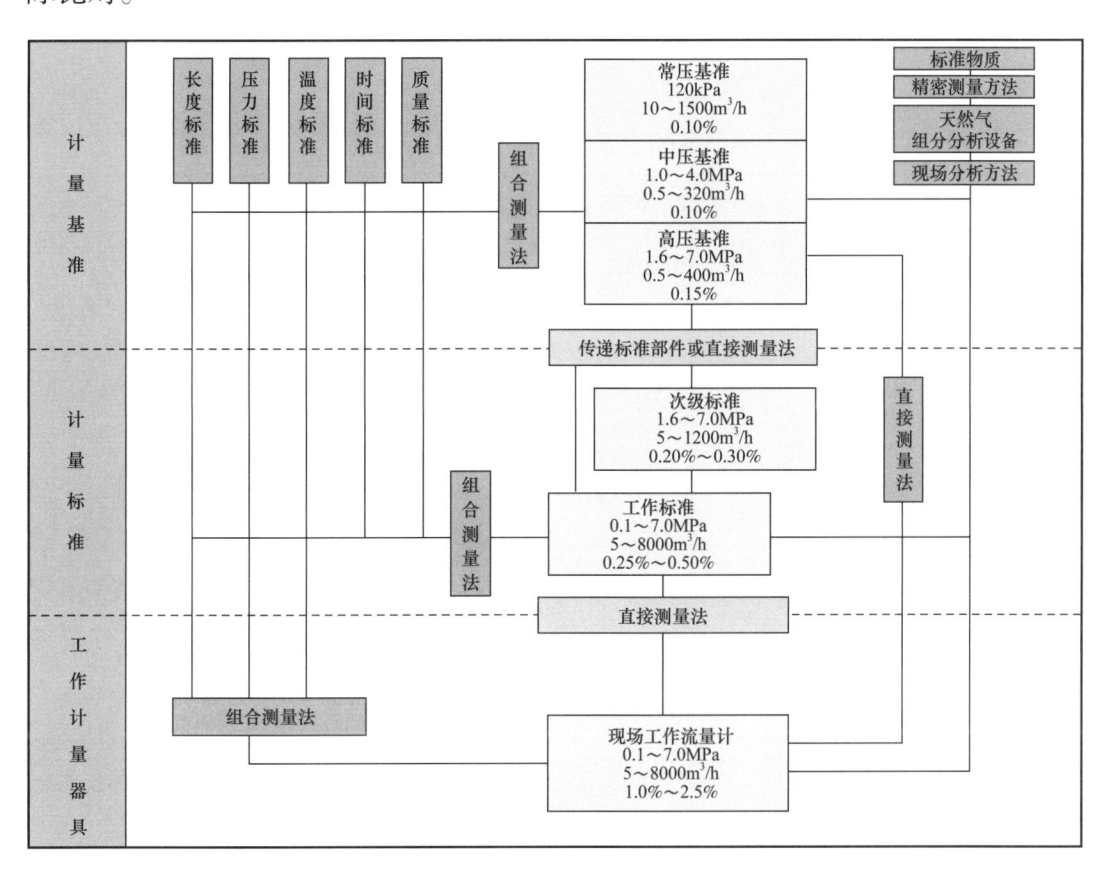

图1-5 天然气流量计量量值溯源示意图

1999年，德国PTB与荷兰NMi-VSL两个国家的天然气流量标准装置通过比对和量值合并，形成了两个国家的天然气流量协调参考值。2004年5月，德国PTB、荷兰NMi-VSL和法国LNE三个国家的天然气流量标准装置进行了比对（图1-6），标志着欧洲天然气流量协调值的诞生；BIPM于2005年批准其比对结果为关键比对参考值（KCRV）。

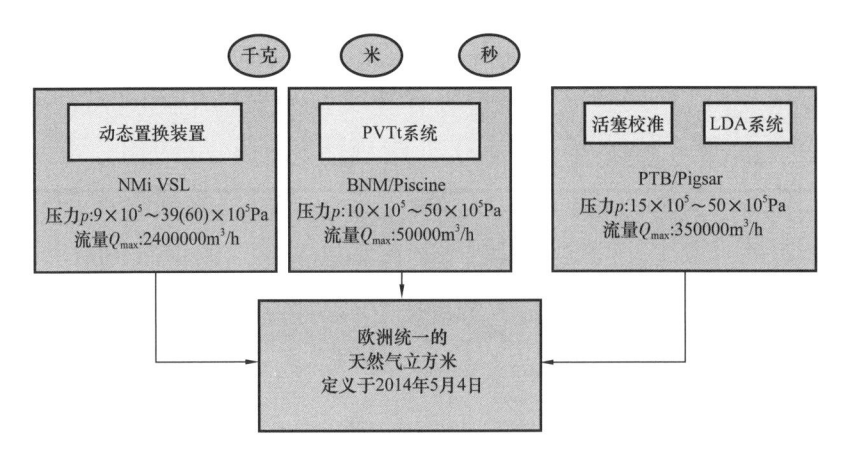

```
                    千克         米         秒

    ┌─────────────────┐  ┌─────────────────┐  ┌─活塞校准─┬─LDA系统─┐
    │  动态置换装置    │  │   PVTt系统      │  │                    │
    │                 │  │                 │  │                    │
    │    NMi VSL      │  │  BNM/Piscine    │  │    PTB/Pigsar      │
    │压力p:9×10⁵~39(60)×10⁵Pa│压力p:10×10⁵~50×10⁵Pa│压力p:15×10⁵~50×10⁵Pa│
    │流量Qmax:2400000m³/h │流量Qmax:50000m³/h │流量Qmax:350000m³/h │
    └─────────────────┘  └─────────────────┘  └────────────────────┘
              │                    │                    │
              └────────────────────┼────────────────────┘
                                   ▼
                        ┌─────────────────────┐
                        │    欧洲统一的        │
                        │    天然气立方米      │
                        │ 定义于2014年5月4日   │
                        └─────────────────────┘
```

图 1-6　荷兰、德国和法国的 3 套独立装置间的比对

表 1-4　国外主要的天然气流量标准装置[①]

| 装置简称或所在地 | 使用单位 | 国别 | 工作压力，MPa 最小 | 工作压力，MPa 最大 | 流量上限 m³/h | 测试管径 mm | 不确定度 % | 工作标准 | 原级及次级标准 |
|---|---|---|---|---|---|---|---|---|---|
| Westerbork | NMi | 荷兰 | 6.3 | 6.3 | 40000 | 750 | 0.25 | 涡轮流量计 | 钟罩式装置，容积流量计 |
| Pigsar | Ruhrgae | 德国 | 1.4 | 5.0 | 6500 | 300 | 0.25 | 涡轮流量计 | 活塞式装置，涡轮流量计 |
| BisShop | British Gas | 英国 | 2.4 | 7.0 | 20000 | 500 | 0.30 | 涡轮流量计、临界流喷嘴 | 在 Pigsar、NEL 校准 |
| K-lab | Statoil | 挪威 | 2.0 | 15.6 | 1750 | 150 | 0.40 | 临界流喷嘴 | 在 NEL、CEESI 校准 |
| GR IMRF | SwRI | 美国 | 1.0 | 8.0 | 2400 | 500 | 0.25 | 临界流喷嘴 | m-t 法装置 |
| Clear Lake | CEESI | 美国 | 7.0 | 7.0 | 34000 | 600 | 0.40 | 涡轮流量计 | PVTt 法装置，临界流喷嘴 |
| Winnipeg | TCC | 加拿大 | 6.5 | 6.5 | 49000 | 750 | 0.25 | 涡轮流量计 | 旋转活塞流量计（在荷兰校准）|

续表

| 装置简称或所在地 | 使用单位 | 国别 | 工作压力，MPa 最小 | 工作压力，MPa 最大 | 流量上限 m³/h | 测试管径 mm | 不确定度 % | 工作标准 | 原级及次级标准 |
|---|---|---|---|---|---|---|---|---|---|
| Groningen | Gasunie | 荷兰 | 0.9 | 4.0 | 900 | 100 | 0.30 | 涡轮流量计 | 钟罩式装置，容积流量计 |
| Bergum | NMi | 荷兰 | 0.9 | 5.0 | 2500 | 200 | 0.30 | 涡轮流量计 | 钟罩式装置，容积流量计 |
| Alfortville | GdF | 法国 | 1.0 | 6.0 | 1200 | 150 | 0.25 | 临界流喷嘴 | PVTt 法装置 |

① 有关英文缩写的说明：NMi 是荷兰国家计量院；NEL 是英国国家工程实验室；SwRI 是美国西南研究实验室；CEESI 是美国科罗拉多工程实验室；TCC 是加拿大输气校准公司；GdF 是法国燃气公司计量站。

关键比对采用的传递标准通常是由两台工作原理不同的流量计构成的双流量计组件。比对时，先在发起实验室在规定的条件下对传递标准进行测试；然后在各参与实验室间循环测试；最后，再在发起实验室对传递标准进行测试。

**3. 关键比对参考值（KCRV）**

关键比对是检测和校准实验室对测量技术和方法进行评价的主要手段之一，它是与 SI 单位溯源基（标）准的比对，也是各国计量科学院对测量基（标）准及检定证书互认的依据；国际互认协议（MRA）在技术上要求用等效度来表示比对结果的一致程度，故后者也是实现国际互认依据。

尽管当前在欧洲、美国和包括我国在内的亚洲国家对关键比对参考值（KCRV）推广应用存在分歧，但对于通过国际比对以提高天然气量值溯源可靠性的重大意义的认识则是完全一致的。因为关键比对可达到如下目标[1]。

（1）验证各国国家计量院的高压天然气流量标准装置的校准和测试能力；

（2）定量地反映出各国国家计量院的高压天然气流量标准装置的标定与测量能力，及其所复现的流量量值的一致程度；

（3）确定高压天然气流量国际关键比对参考值（KCRV）或称为协调参考值，该值至少可以成为参与比对的流量标准装置之间的最佳参考值。

关键比对采用的传递标准通常是由两台工作原理不同的流量计构成的双流量计组件。比对时，先在发起实验室在规定的条件下对传递标准进行测试，然后在各参与实验室间循环测试，最后，再在发起实验室对传递标准进行测试。

关键比对参考值（KCRV）用各流量标准装置测量值的加权平均值表示，KCRV 的不确定度用各流量标准装置不确定度的加权方和根表示。根据 BIPM 推荐的统计方法规定，权重系数用各流量标准装置的不确定度数值计算，具有相对较小不确定度的参考值，将具有较大的权重系数。

如图 1-7 所示，参与比对的荷兰、德国和法国 3 套标准装置按（欧洲）协调程序及关键比对程序进行循环比对时，其实际流量和压力的重叠范围相当宽，这就意味着允许在相当宽的、且同样的流量和压力条件下进行仔细比较。

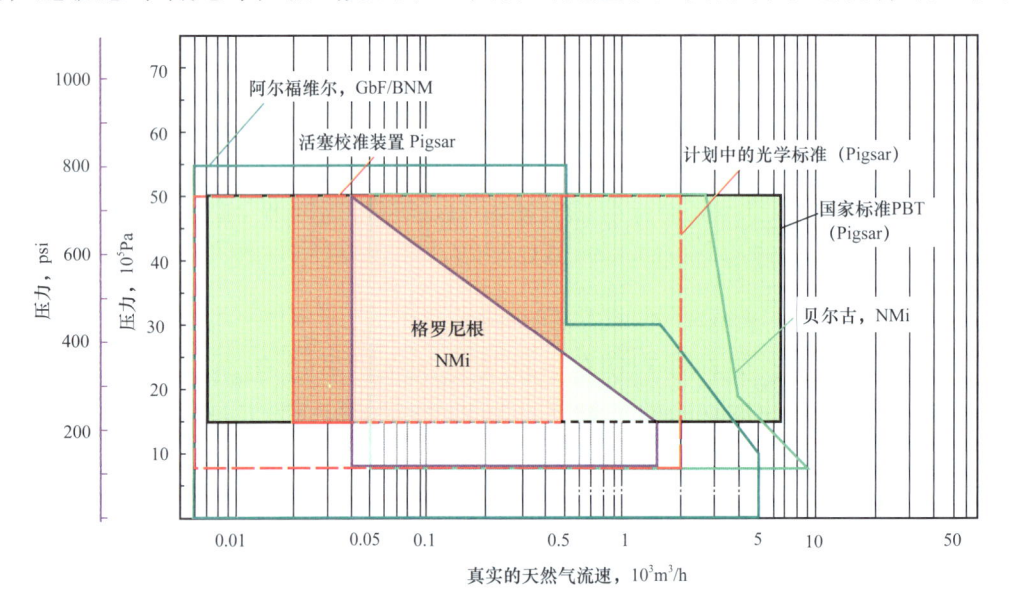

图 1-7　3 套天然气流量标准装置的标定和测试能力

（1psi=6.89kPa）

### 4. 技术发展趋势

当前国外天然气流量标准装置的发展趋势可大致归纳如下：

（1）20 世纪 70 年代开始，国外为加强法制计量管理和确保贸易计量准确度，许多国家都建立了以天然气为工作介质的流量标准装置，天然气的检测和检定方式逐步从干标法向实流检定发展。

（2）为了逐级扩大流量范围，提高工作压力，满足量值传递或溯源的需要，多数天然气流量检定机构都建立了原级、次级和工作（级）等三个等级的标准。在美国科罗拉多工程实验室（CEESI）、加拿大输气校准公司（TCC）等近期建设的高压、大流量天然气流量标准中，都增加了超声流量计作为核查标准，用以监测工作标准的计量性能，提高所复现量值的可靠性。

（3）所建原级装置大多数采用以天然气为介质，可以在较高的压力下工作。就工作原理而言，多数装置采用 m-t 法，少数采用 PVTt 法，只有德国鲁尔天然气（Ruhrgas）公司所建原级装置采用高压定量管（HPPP）活塞式流量计。大多数原级标准的准确度可达到 0.1%。荷兰 NMi 所建的动态转换原级装置，因其仅提供 1~4m³ 的小流量，比较容易控制，故准确度可以达到 0.01% 的水平。

（4）采用最多的次级标准是临界流喷嘴，其次是涡轮流量计和容积式流量计，它们的准确度在 0.15%~0.25% 之间。工作标准一般都采用涡轮流量计，其准确度在 0.25%~0.40% 之间。在 CEESI、TCC 等近期建设的装置上，都采用超声流量计作为核查标准。

## 第二节 法制计量与检测和校准实验室

### 一、法制计量的目的

法制计量是计量活动的一个重要组成部分，它是指由政府或其授权的机构根据法制、技术和行政的需要进行强制管理的一种公用事业；其目的主要是保证与贸易结算、安全防护、医疗卫生、环境监测资源控制和社会管理等方面有关计量工作的公正性和可靠性。根据《中华人民共和国计量法》的规定，天然气（体积）流量计量属于法制计量范畴；根据 2008 年 12 月发布的国家标准 GB/T 22723《天然气能量的测定》的规定，我国在天然气计量领域全面推广实施能量计量后，商品天然气发热测定也应属于法制计量的范畴。

GB/T 22723 规定了采用热量计法直接测定或利用气相色谱法组成分析结果间接计算等两种对天然气进行能量测定的方法，并描述了必须采用的相关技术和措施。同时该国家标准还给出了对发热量测定结果进行不确定度评定的方法[2]；但迄今为止我国尚未建立由政府授权的天然气发热量检测和校准实验室。

根据我国计量法规规定，经国家主管部门授权成为法定的天然气发热量检测和校准实验室至少应具备以下 4 项功能：

（1）依据计量法规建立内部最高等级的计量标准（0 级热量计）；

（2）通过检测和校准实验室所建适当等级计量标准（RGM）的定期检定或校准，溯源至国家计量基准（上溯功能）；

（3）获得认可的内部最高计量标准，在需要时按国家量值传递要求（以经定值的 RGM）实施向下传递，直至工作计量器具（下传功能）；

（4）当已经认可的机构使用标准物质进行测量时，只要可能，标准物质必须溯源至 SI 单位或有证标准物质。

上述 4 项功能中并不包括具体的测量不确定度要求。因为 0 级热量计是按用户特定要求设计的，不确定度要求取决于其功能。例如，欧洲气体研究组织（GERG）在德国联邦物理技术实验室（PTB）新建的一套直接测量式基准热量计，用于测定纯甲烷高位发热量时的不确定度时可以达到优于 0.05%（$k=2$）的水平，建设目的是用以确认国际标准 ISO 6976《天然气  发热量、密度和相对密度及化合物沃泊指数的计算》中给出的纯甲烷高位发热量数据的测量不确定度是否达到优于 0.1%（$k=2$）的水平。但是，如果是确认现场使用的不确定度为 0.25%（$k=2$）的在线测定热量计，或对不确定度为 0.25%（$k=2$）的认证级标准气混合物（RGM）定值，其不确定也可以放宽至 0.15%~0.17%。

但是，0 级热量计是一种测量气体燃料发热量（焦耳，J）的计量基准（仪器）。计量基准是指经国家主管部门批准，在中华人民共和国境内为定义、实现、保存、复现量的单位或者保存一个或多个量值，用作有关量的测量标准定值依据的实物量具、测量仪器、标准物质或者测量系统。目前应用于天然气工业的一级气体标准混合物（RGM）准确度已经达到 0.1% 水平，故与之比对而为之定值的 0 级热量计的准确度也必须达到相应的水平。

## 二、物理计量和化学计量

按 GB/T 22723 的规定包含在一定量天然气中的能量可以用下式表示：

$$E = H \times Q \qquad (1\text{-}8)$$

式中　$E$——能量；

　　　$H$——天然气的发热量；

　　　$Q$——天然气的量（体积或质量）。

通常，天然气的量以体积表示，发热量则以体积为基准进行计算。为了能准确地进行能量计量，必须使天然气的体积与其发热量处于相同的参比条件下。实施能量计量时，既可以用连续测定的几组发热量数据与相应时间周期内（体积）流量乘积的累加值来计算；也可以用该时间周期内的总（流量）体积与其有代表性的（赋值）发热量的乘积来计算。

从上述计算公式可以看出，天然气能量计量过程中包含了物理计量和化学计量两大类完全不同的计量方式方法。天然气体积流量（$Q$）计量是属于典型的物理计量——几何量测量。根据被测量的特性，化学计量则大体可以分为物理化学计量和分析化学计量两大类。以热量计直接测定天然气发热量（$H$）属于物理化学计量范畴；而发热量间接测定过程中涉及的以气相色谱法测定天然气组成则属于分析化学计量范畴[3]。

### 三、检测和校准实验室的认可

天然气流量测量是典型的物理测量。总体而言，目前建于国家石油天然气大流量计量站成都分站和南京分站的天然气体积流量检测和校准装置已经形成了较为完善的溯源体系；此体系是基于建立不同准确度等级的基（标）准测量装置，通过校准、比对等方式建立起相互之间传递的比较链及溯源体系，实现其测量结果的溯源性。

根据 ISO 17025：2017 的规定，我国合格评定国家认可委员会（CNAS）于 2018 年 3 月以等同采用方式发布了《检测和校准实验室认可准则》（CNAS-CL01：2018），并定于 2018 年 9 月 1 日开始实施。按此文件规定，化学计量型检测和校准实验室认可准则的核心是两点：坚实的溯源链与符合国际标准的不确定度评定方法。CNAS-CL01：2018《检测和校准实验室认可准则》第七章规定的 9 个认可过程的具体操作步骤如图 1-8 所示。

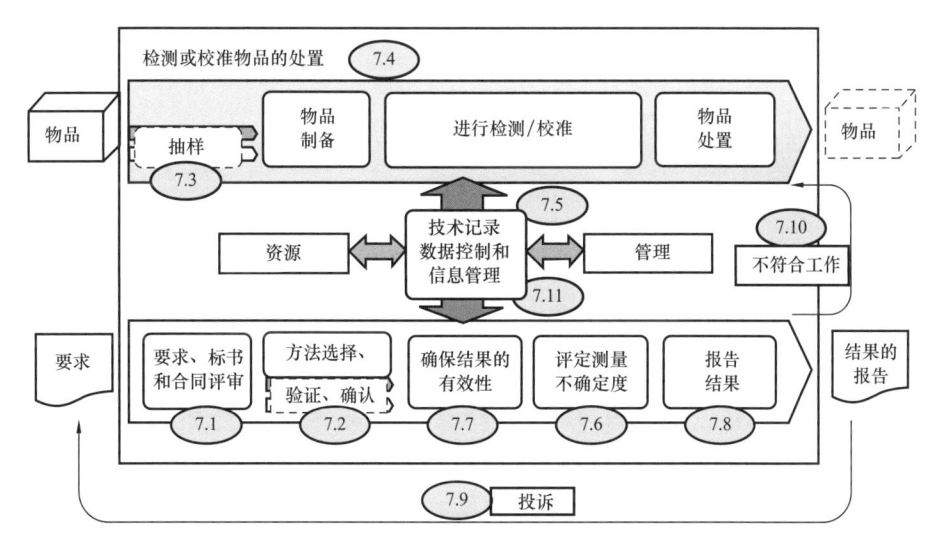

图 1-8　CNAS-CL01：2018《检测和校准实验室认可准则》
第七章规定的认可过程的操作步骤

以气相色谱法分析天然气组成就是一种典型的分析化学计量，溯源过程使用的多组分、高准确度的标准气混合物（RGM），我国目前尚未研制成功，世界上仅有少数几个国家实验室具有此类RGM研制的能力。

# 第三节　化学计量的溯源性

## 一、化学成分量测量溯源链的特点

与同一性及准确性一样，溯源性同样也是化学计量测量结果的基本属性，它能使测量结果或计量基（标）准的量值通过连续的比较链（溯源链或传递链），以给定的不确定度与国家或国际计量标准联系起来。在大多数情况下，化学计量的量值溯源和传递是通过正确使用标准物质而实现的。

化学计量目前有两种量值溯源方法：一是以标准物质作为溯源和传递标准；二是用仪器逐级检定。分析化学计量操作过程比较复杂，而且随着分析过程的进行，溯源链经常会被打断，故实现量值溯源相当困难。鉴于此，分析化学计量通常通过比较法、标准方法、绝对法、标准物质、基准物质等溯源至SI单位。图1-8示出了化学分析测量溯源链的技术模型。此图中间一列的顶层是SI单位，后者通过基准方法与基准物质相联系。基准物质、有证标准物质和工作级标准物质作为不同的溯源层级，通过不同准确度的测量方法和比较方法联系起来。在各类检测实验室中进行的分析测量就是通过图1-8所示技术模型实现量值溯源。

## 二、溯源链的建立

1. 溯源对象与目标

强制性国家标准GB 17820《天然气》规定：天然气高位发热量的计算应按GB/T 11062《天然气　发热量、密度、相对密度和沃泊指数的计算方法》执行，其所依据的天然气组分测定应按GB/T 13610《天然气的组成分析　气相色谱法》执行。由此可见，应用于发热量计算的天然气组成分析结果是以SI基本单位摩尔（mol）表示的，而在实际应用中通常以摩尔比的形式表述。

由于在当前的技术条件下摩尔这个SI基本单位尚无法复现，故按ISO 14111《天然气　分析中的可追溯性指南》的规定可溯源至另一个SI基本单位质量（kg），然后利用被测组分的摩尔质量与其质量之间的关系进行换算。经此换算后，在日常的化学成分量测定中就出现多种表述天然气中各组分浓度的方式（表 1-5）。

表 1-5　化学成分量的基本量与导出量

| 基本量 | 物质的量 | 体积 | 质量 |
|---|---|---|---|
| 量的符号 | $n$ | $V$ | $m$ |
| SI 单位名称 | 摩尔 | 立方米（导出） | 千克 |
| SI 单位符号 | mol | $m^3$（导出） | kg |
| 导出量的单位 / 基本量的单位 | mol/ 量的单位 | $m^3$/ 量的单位 | kg/ 量的单位 |
| 量的单位（mol） | mol/mol | $m^3$/mol | kg/mol |
| 量的单位（$m^3$） | mol/$m^3$ | $m^3$/$m^3$ | kg/$m^3$ |
| 量的单位（kg） | mol/kg | $m^3$/kg | kg/kg |

2. 化学成分量的基本量与导出量

摩尔分数和质量分数一般常用以表示气态或固态物质中特定化学成分的相对含量；浓度是最常用的导出量，常用以表示液体中特定化学成分的相对含量。在分析化学测量中，只有应用了这些以 SI 单位比率表示的测量结果，才使其向 SI 基本单位及其导出单位溯源成为可能（表 1-6）。

表 1-6　化学分析常用的量

| 量的名称 | 量的符号 | 量纲 | 定义 |
|---|---|---|---|
| 摩尔分数 | $x$ | 1 | $x_B = \dfrac{n_B}{\sum n_i}$ |
| 质量分数 | $w$ | 1 | $w_B = \dfrac{m_B}{\sum m_i}$ |
| 质量浓度 | $\rho$ | $ML^{-3}$ | $\rho_B = \dfrac{m_B}{V}$ |
| 物质的量浓度或浓度 | $c$ | $NL^{-3}$ | $c_B = \dfrac{n_B}{V}$ |
| 质量摩尔浓度 | $m$ 或 $b$ | $NM^{-1}$ | $b_B = \dfrac{n_B}{m_B}$ |

不论化学分析结果是否以摩尔（比）表示，被分析物质的特性在所有化学测量中都非常重要。尤其像质量分数这样的量，由于它是表示"一种物质作为与其他物质混合物中的一部分时所占的比例"，故其在表 1-7 中所示的量纲为 1。由此可见，正确的溯源是每个测量结果均应溯源至指定物质的参比标准。

通过对 SI 其他基本量的测量，也可以实现对物质的量（mol）的测量。此类测量一般是溯源至能很好地复现的 SI 基本单位（表 1-7）。

表 1-7 化学测量中的量与单位

| 量 | 单位 |
|---|---|
| 摩尔分数 | mol/mol，% |
| 质量分数 | kg/kg，% |
| 体积分数 | $m^3/m^3$，% |
| 物质的量浓度 | $mol/m^3$ |
| 质量浓度 | $kg/m^3$ |
| 体积浓度 | $m^3/m^3$ |
| 质量摩尔浓度 | mol/kg |

**3. 测量方法与比较方法**

测量方法与比较方法是将不同层级的测量标准联系起来的重要手段，因而测量方法也按其测量不确定度（准确度）水平分为基准测量方法（PMM）、标准测量测量方法（RMM）和有效测量测量方法（VMM）等不同层级（图 1-9）。

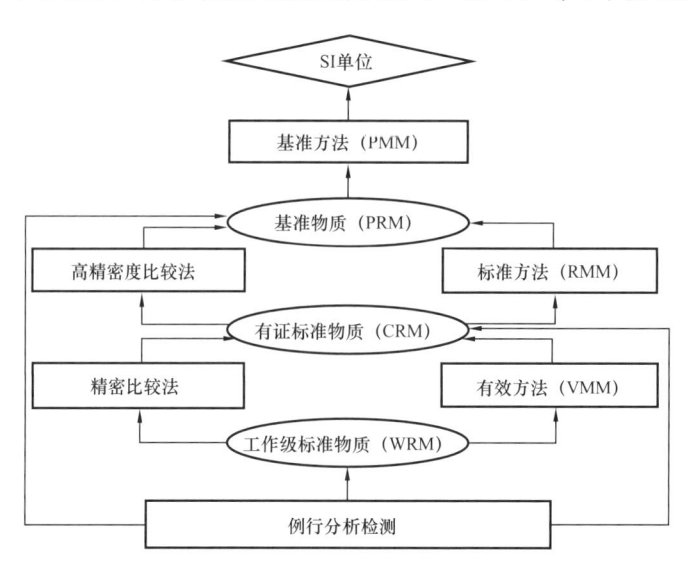

图 1-9 化学分析测量溯源链的技术模型

（1）基准方法（PMM）。

以往基准方法也被称为权威方法或绝对方法，是具有最高计量品质的测量方法。它具有3个特点：操作可以完全地被描述和理解、不确定度可以用SI单位表述、测量结果不依赖于被测量的测量标准。

在基准方法中，通过写出一个描述化学测量的等式，并采用SI单位来描述式中其他的量，物质的量的SI单位（mol）就可以被表示出来。例如描述库仑法对一价物质的测量等式为：

$$n=It/F \qquad (1-9)$$

式中　$I$——电流，A；

$t$——时间，s；

$F$——法拉第常数，$9.648 \times 10^4$C/mol 表示；

$n$——物质的量，mol。

因此，只要正确使用相关的测量等式，且以SI单位表示等式中的其他量或常数，摩尔的复现就会自然地发生。

对照上述方法特点可以看出，当前物质的量的测量方法中，可能成为PMM的仅有同位素稀释质谱法（IDMS）、库仑法、质量法、滴定法和冰点下降法等5种。这些方法的精密度、准确度、测量范围和稳定性均已经过严谨的研究与验证，确认其具有最高水平。

（2）标准方法（RMM）。

经过系统的研究，确切而清晰地描述了准确测量特定化学成分量所必需的条件和过程的方法，其准确度和精密度能满足评价其他方法准确度和给一级标准物质赋值的要求。

（3）有效方法（VMM）。

已被证明技术性能可以满足其应用目的的方法。例如，经实验研究确认其选择性与适用性、测量范围与线性、检测限与精密度等技术参数能满足二级标准物质定值要求的测量方法。

2018年发布的国家标准《天然气》（GB 17820）规定的所有技术内容均为强制性的，故在规定仲裁试验方法时应非常慎重。该标准4.1节规定天然气组成分析以GB/T 13610规定的分析方法为仲裁方法；对此条规定宜仔细斟酌以下技术问题。

（1）GB/T 13610是以外标法定量的气相色谱测量方法，其中4.2节规定：

"分析需用的标准气可采用国家二级标准物质",此条规定没有说明要求的 RGM 组成及其不确定度,故不可能应用于天然气能量计量实验室的质量控制与组成分析结果的不确定度评定。

(2) ISO 10723:2012《天然气 在线分析系统的性能评定》中规定"应以 ISO 6974-2《天然气 气相色谱法测定成分和相关不确定度 第2部分:不确定度计算》规定的方法测定天然气组成并经不确定度评定后,以 ISO 6976 提供的方法计算高位发热量"。而 ISO 6974-2(GB/T 27894.2《天然气 用气相色谱法测定组成和计算相关不确定度 第2部分:不确定度计算》)中 5.5.1 节中则明确规定:"使用认证级参比气体混合物(CRM)测定检测器响应函数",从而保证 A 级计量站天然气发热量测定的准确度优于 0.5%。从表 1-2 规定的对(A 级计量站)在线发热量的准确度数据可以看出,CRM 级 RGM 的目标不确定度应不大于 0.5%。

(3)虽然 GB/T 13610 和 GB/T 27894.2 都属于标准方法,但后者对测量过程的描述更为具体且详尽;同时还规定了测量系统特性测定和数据处理的数理统计方法,以及测量误差和不确定度的计算方法。因此,至少可以认为 GB/T 27894(所有部分)规定的方法比 GB/T 13610 规定的方法更具备作为仲裁方法的技术条件。

### 三、化学成分测量基(标)准

1. 测量基(标)准的定义

(1)测量标准:为定义、保存或复现量的单位或一个或多个量值,用作参考的实物量具、测量仪器、标准(参比)物质或测量系统。

(2)基准:具有最高计量学特性,其值不必参考其他相同量的其他标准,被指定的或普遍承认的测量标准。

(3)国家测量(基)标准:经国家决定承认的测量标准,在一个国家内作为对有关量其他测量标准定值的依据。

国家测量(基)标准是测量溯源的对象,是构成测量溯源体系的关键要素。由于化学测量的特殊性,标准的特性量值是储存在标准物质中,故化学测量溯源链中的测量标准常以标准物质的形式给出。

(4)标准物质:具有一种或多种足够均匀且很好确定了的特性值,用以校准测量设备、评价测量方法或给材料赋值的材料或物质。通常标准物质分为下列 3 个层级:

① 基准物质（PRM）。具有最高计量品质，用基准方法确定量值的标准物质。此类标准物质一般都包括在国家有证标准物质中，符合基准和国家测量（基）标准的定义。

② 有证标准物质（CRM）。附有证书的标准物质，其一种或多种特性值用建立了溯源性的程序确定，使之可溯源到准确复现的表示该特性值的测量单位，每一种出证的特性值都附有给定置信水平的不确定度。

CRM 通常是与基准物质的量值比较，或用两种以上不同原理的标准方法，或其他准确可靠方法定值的标准物质，其特性量值均匀、稳定，定值结果有较高的准确度水平。CRM 符合国家测量标准的定义。

③ 工作级标准物质（WRM）。与 CRM 的量值比较，或用两种以上不同原理的有效测量方法，或其他可靠测量方法定值的标准物质。其一种或多种化学特性量值的均匀性、稳定性和量值准确度水平可满足分析检测仪器的校准、分析方法准确度评价、分析过程质量控制、分析检测结果溯源性保证的要求。我国二级有证标准物质相当于此类标准物质的水平，是溯源性定义中提及需与国家测量标准相比较的测量标准。

2. 溯源方式

图 1-10 示出了化学测量中实现量值溯源的 3 种主要方式。图中左边的过程是对测量仪器或装置执行检定规程或溯源规范，在此过程中用标准物质进行比较测量以实现量值溯源。这是检测与校准实验室经常使用的一种溯源方式。中间的过程是以测量方法加上标准物质进行溯源，也可以理解为用标准物质评价一种新的分析方法。右边的比对过程是目前国际或地区性专业组织在互认活动中经常开展的一种技术基础活动。比对的标准值一般为所有参加实验室测量结果的平均值。各参加实验室的测量值与标准值进行比较得到的一致程度，以等效度表示。

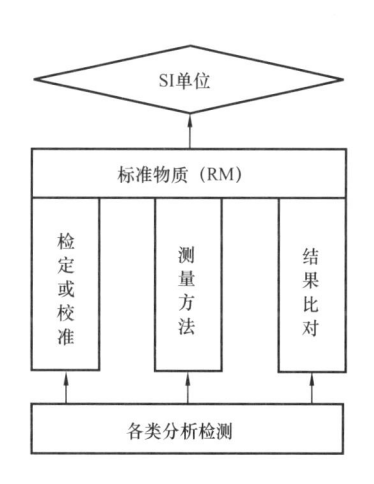

图 1-10 化学测量的溯源方式

这种比对在某种程度上可以实现国家或地区测量标准向国际标准的溯源。但检测与校准实验室之间（以发放密码样的方式）进行比对，则通常是对其检测能力的验证（GB/T 27025《检测和校准实验室能力的通用要求》），并不能实现量值溯源。

## 四、全球化学测量溯源体系

随着我国天然气国际贸易快速增长，能量计量技术的溯源体系也必须尽快与国际接轨，并建成完全立足于国内的技术保障体系。从全球化学测量溯源体系的角度，当前的科研工作主要涉及以下 3 项技术内容。

（1）以 SI 单位为基础开展测量活动，逐步建立从用户到国家计量实验室之间的纵向溯源，以及各国计量实验室之间、检测与校准实验室之间在不同测量层级上横向联系（图 1-11 和图 1-12）。

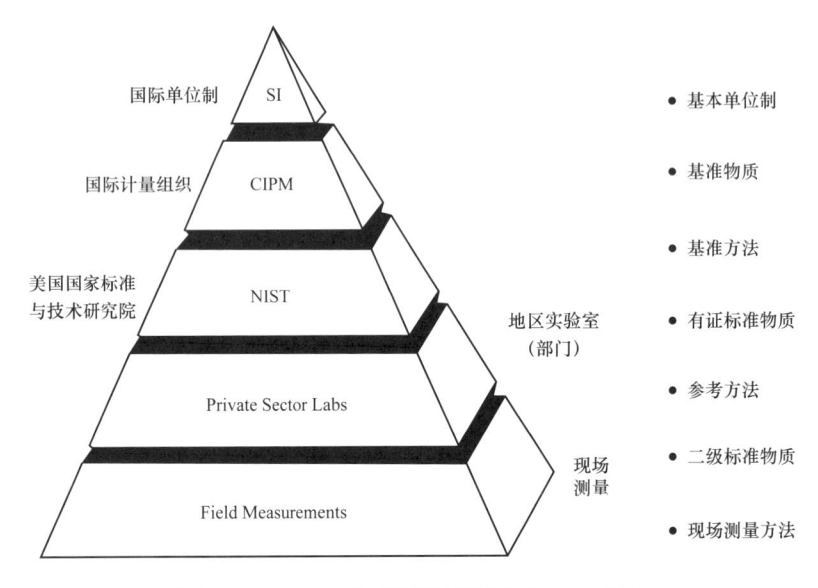

图 1-11　美国化学测量溯源层级示意图

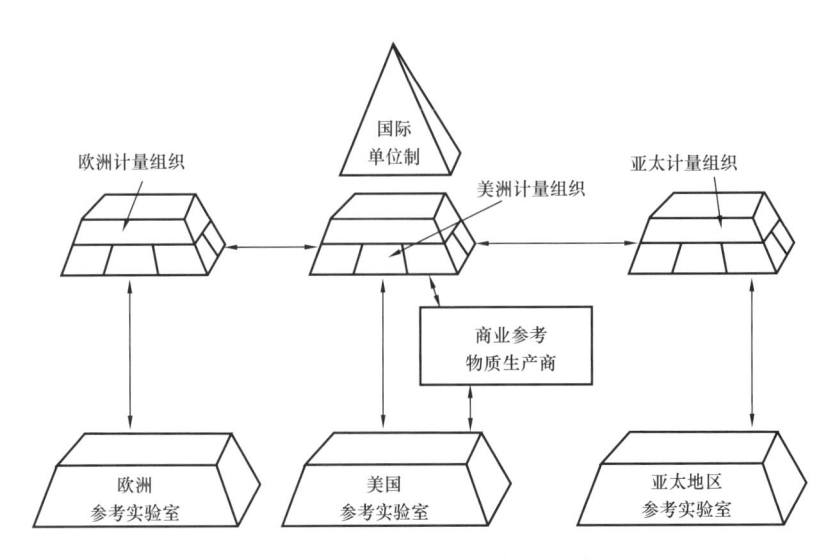

图 1-12　多国化学测量溯源示意图

（2）按国家计量技术规范《测量不确定度评定与表示》(JJF1059.1—2012)的规定进行不确定度评定，包括对测量过程建立模型和对不确定度分量的估算。

（3）参加CIPM组织的"国家计量（基）标准与国家计量院签发的校准与测量证书的互认"，按要求进行关键比对以取得国家（基）标准间的等效度。

## 第四节 天然气分析溯源准则

### 一、天然气分析溯源链

溯源性的含义是计量结果可以通过连续的、已知不确定度的溯源链与合适的国际或国家标准相联系。天然气组成分析在计量学上属化学计量范畴，其溯源链的对应关系见表1-8。从表1-8中可以看出，气相色谱法天然气组成分析溯源链的技术特点如下：

表1-8 溯源性的对应关系

| 水平 | 分析计量 | 物理计量 |
| --- | --- | --- |
| 0 | SI基本单位 | SI基本单位 |
| 1 | 基准标准气混合物（PSM） | 基准标准物 |
| 2 | 认证标准气混合物（CRM） | 副基准标准物 |
| 3 | 工作标准气混合物（WRM） | 工作标准物 |

（1）一般选择SI基本单位摩尔（mol）为计量单位，实际使用中大多采用摩尔比的形式表示计量结果。

（2）由于直接溯源至SI基本单位摩尔目前尚难以实现；作为替代的方法是溯源至另一个SI基本单位——质量（kg），然后利用被测组分的摩尔质量与其质量之间的关系进行换算。

（3）天然气是组成复杂的混合物，在量值溯源或量值传递过程中若采用分等级传递的方式，不仅很烦琐，而且不易实现。因此，一般采用标准气混合物（RGM）溯源的方式。

（4）根据 ISO/TC 193 的规定，天然气分析的溯源链及其相应的 RGM 传递系统如图 1-13 所示。

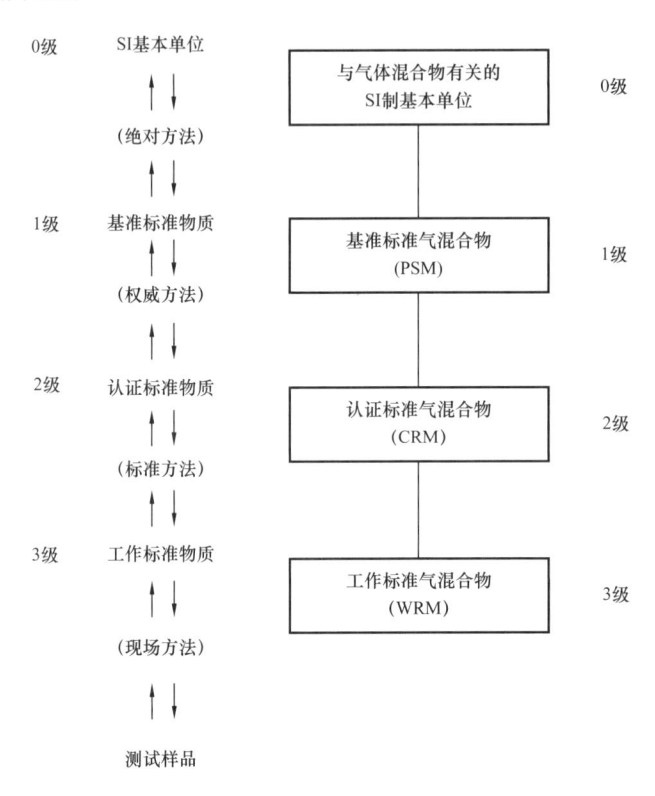

图 1-13　天然气分析溯源链及 RGM 传递系统

## 二、天然气分析用 RGM

为适应天然气分析的溯源要求，天然气分析用 RGM 的制备与量值传递系统具有以下特点：

（1）由于天然气的组成相当复杂，通常在商品天然气中至少要包括 10 个左右的常见组分，因而要求使用的 RGM 品种甚多，目前已形成了比较庞大的体系。

（2）天然气中各组分的含量变化范围颇大，而且要求所用 RGM 的组成尽可能接近被测样品，故同一组分的 RGM 还应形成含量不同的系列。

（3）RGM 在使用过程均被消耗掉，而且各类 RGM 都规定了有效期，故它们需要不断补充，故研制时必须考虑便于运输、储存、使用等方面的问题。

（4）制备高准确度的 RGM 时，应采用国际公认的绝对方法——称量法。

2008年我国以等同采用ISO 6142：2001的方式发布了国家标准《气体分析 校准用混合气体的制备 称量法》(GB/T 5274—2008)，并以此标准替代GB/T 5274—1985。2018年我国又以等同采用ISO 6142—1：2015的方式发布了国家标准《气体分析 校准用混合气体的制备 第1部分 称量法制备一级混合气体》(GB/T 5274.1—2018)。与2008版本相比，2018版标准在范围、原理、制备计划和不确定度计算等部分均作了重大修改，并增加了原料气纯度分析、对校准气混合物的均匀性和稳定性要求等重要内容。

### 三、不同层级RGM的不确定度

根据图1-13所示，天然气组成分析结果溯源链的顶层是SI基本单位质量(kg)。由于化学成分测量标准的特性值是储存于RGM之中，故其溯源链中的测量基（标）准即为相应的RGM。因此，天然气组分分析结果的溯源实质上被还原为RGM的溯源。同时，由于测量结果的不确定度是表征合理地赋予被测量之值的分散性，并与测量结果相联系的参数，故溯源链上每个层级的RMG皆有规定的不确定度。例如，在VAMGAS试验项目中由荷兰国家计量院(NMi)研制的两种PSM级RGM中包括8个组分（表1-9），其中甲烷组分的相对不确定度0.001%的水平，即使不确定度水平最差的戊烷组分也达到0.025%[1]。

表1-9 PSM级RGM中有关组分的不确定度　　　　　单位：%

| 组分 | 应用于H组天然气 | 应用于L组天然气 |
| --- | --- | --- |
| 甲烷 | 0.001 | 0.001 |
| 乙烷 | 0.006 | 0.009 |
| 丙烷 | 0.011 | 0.010 |
| 正丁烷 | 0.012 | 0.010 |
| 异丁烷 | 0.012 | 0.011 |
| 正戊烷 | 0.025 | — |
| 二氧化碳 | 0.005 | 0.006 |
| 氮 | 0.014 | 0.005 |

各个层级的、具有规定不确定度的 RGM，通过标准方法将其按图 1-9 所示的技术模型联系起来，从而构成了化学成分测量结果的溯源链。天然气组成分析溯源链具有如下特点：

（1）溯源链的顶层（0级）为 SI 基本单位质量（kg），此量值以 GB 5274 及 ISO 6142.1 规定的称量法作为基准方法制备的 RGM 予以复现；

（2）顶层的 SI 基本单位质量（kg）通过 PSM → CRM → WRM 等 3 个溯源层级，通过具有不同准确度的比较方法相联系；

（3）目前在各溯源层级之间进行比较的测量方法是不同测量不确定度要求的气相色谱法，按我国国家标准 GB/T 13610 的规定执行；

（4）目前国际上对各个级别的天然气分析用多组分 RGM 要求达到的不确定度水平大致为：PSM 级优于 0.1%；CRM 级优于 0.5%；WRM 级在 2.5%～3.0% 范围。

### 四、能量计量用 RGM

根据国际标准《天然气 分析系统性能评价》（ISO 10723：2012）的有关规定，目前国外的能量计量检测和校准实验室均已将气相色谱系统操作性能的评价方法，由以往的精密度评价改为不确定度评定。我国于 2018 年以等同采用的方式发表了国家标准，即 GB/T 28766—2018/ISO 10723：2012《天然气 分析系统性能评价》在不确定度评定过程中使用 RGM 的扩展不确定度（$U$）应不大于 0.5%（$k=2$）；RGM 的组成（及其组分含量变化范围）则根据被评价商品天然气的气质特点确定。国际法制计量组织（OIML）发布的国际建议 R 140 建议：分析系统操作性能评价的结果宜以最大允许误差（$MPE$）表示。当以符合要求的组成分析数据按 ISO 6976 的规定计算高位发热量时，$MPE$ 应不超过 0.1MJ/m$^3$。

根据 ISO 14111 和 ISO 10723：2012 的有关规定，欧美发达国家现已按天然气分析溯源链的结构特点，研制成功了多种不同用途的高准确度 RGM；并根据本国商品天然气的气质特点确定能量计量用 RGM 的组成及其含量变化范围。表 1-10 示出了部分国家天然气工业用 RGM 研制概况。表 1-11 示出了英国 EffeTech 公司能量计量检测和校准实验室，根据英国国家输气管网中天然气组成情况确定的 RGM 组成及其含量变化范围[1]。

表 1-10　天然气工业专用 RGM 研制概况

| 国家 | 主管部门 | 研制与审批 | 研制概况 |
|---|---|---|---|
| 中国 | 国家质量监督检验检疫总局 | 中国计量研究院标准物质中心 | 应用于天然气能量计量的、准确度优于0.5%的十元标准气体混合物（RGM）尚须依赖进口；研制情况未见报道。目前检测实验室用不同规格的RGM进行不确定度评定 |
| 美国 | 国家标准技术研究院（NIST） | NIST | 2014年发布《气体标准物质溯源程序（NIST）》（最新修订版）以供商业用天然气专用能量计量RGM溯源用；美国SCOTT公司出品的天然气发热量校准气畅销全球 |
| 英国 | 政府化学实验室（LGC） | 国家物理实验室（NPL） | LGC承担国家计量院的职责；NPL负责气体标准物质（RGM）的研发与审批。我国目前应用于天然气组成分析质量控制的高准确度十元RGM就是由NPL提供的 |
| 德国 | 联邦材料和测试研究院（BAM） | BAM | BAM是国际权威性的标准物质研制机构之一；应用于ISO/TC193组织的VAMGAS试验项目的两个准确度优于0.1%的基准级RGM中的一个就是由BAM研制的 |
| 荷兰 | 国家计量研究院（NMi） | NMi | NMi也是国际知名天然气工业专用RGM研制机构；应用于ISO/TC193组织的VAMGAS试验项目的两个基准级RGM中的另一个就是由NMi研制的 |

表 1-11　试验气体（RGM）组成及其涵盖的含量范围

| 组分 | 最低含量（摩尔分数），% | 最高含量（摩尔分数），% |
|---|---|---|
| 氮气 | 0.10 | 12.07 |
| 二氧化碳 | 0.05 | 8.02 |
| 甲烷 | 63.81 | 98.49 |
| 乙烷 | 0.10 | 13.96 |
| 丙烷 | 0.05 | 7.99 |
| 异丁烷 | 0.010 | 1.19 |
| 正丁烷 | 0.012 | 0.35 |
| 新戊烷 | 0.005 | 0.35 |
| 正戊烷 | 0.006 | 0.34 |
| 正己烷 | 0.005 | 0.35 |

近年来国内的能量计量检测实验室发表了一系列对天然气组成分析结果进行不确定度评定的学术论文；但各实验室在评定过程中使用的RGM规格却大

相径庭（表1-12）。表1-12所示的4种RGM具有3种不同的不确定度，且均未达到ISO 10723：2012的要求，故不具备应用于能量计量系统操作性能的基本条件。同时，由于论文中报道的不确定度评定数据并没有采用ISO 10723：2012规定的技术条件，故测量结果（数据）相互间缺乏可比性，更无法参与国际比对和互认，因而其实用价值有限。众所周知，不附有不确定度评定结果的测量数据没有任何实用价值！同时，所有进行能量计量活动的检测和校准实验室必须遵循图1-13所示的溯源链及其相应层级规定的测量不确定度。近期发表的文献[6]中的图2就违反了上述原则，故图1-14所示的溯源/量传链不能成立。

表1-12 国内检测实验室使用RGM的技术规格

| 单位 | 使用的RGM | 技术规格 | 备注 |
| --- | --- | --- | --- |
| （1）同济大学机械与能源工程学院 | 使用的RGM仅有4个组分 | $N_2$ 7.52%，$CO_2$ 0.213% $CH_4$ 89.6%，以 $C_2H_6$ 为平衡气。$CH_4$ 组分扩展不确定度 $U=0.2\%$（$k=2$） | 文献[7] |
| （2）中国石化天然气分公司计量研究中心（试验1） | GBW（E）061322（国家二级标准物质） | 标示了 $N_2$、$CO_2$、$C_2H_6$ 等9个组分的含量，以甲烷为平衡气。RGM的总不确定度 $U=1\%$（$k=2$） | 文献[8] |
| （3）中国石化天然气分公司计量研究中心（试验2） | GBW（E）061322（国家二级标准物质） | 标示了 $N_2$、$CO_2$、$C_2H_6$ 等9个组分的含量，以甲烷为平衡气。RGM的总不确定度 $U=1\%$（$k=2$） | 文献[9] |
| （4）国家煤层气产品质量监督检验中心 | 大连大特公司生产 BW（DT0142） | $CH_4$ 98.1%，$C_2H_6$ 0.213%，$O_2$ 0.196% $N_2$ 0.996%，$CO_2$ 0.495%。$CH_4$ 组分 $U=0.049\%$（$k=2$） | 文献[10] |

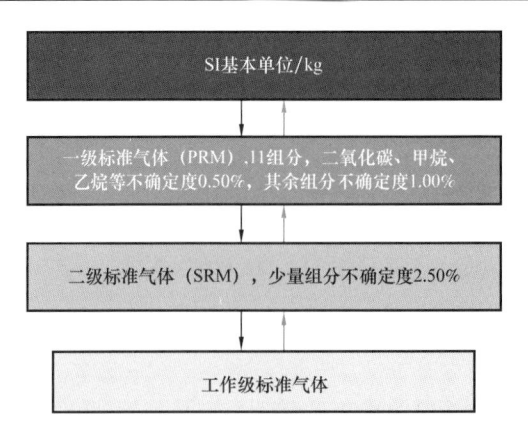

图1-14 我国天然气分析用气体标准物质量值传递和溯源链图

2021年我国进口天然气量在当年表观消费总量中的占比（对外依存度）已经达到的45%。但由于我国天然气组成分析测量结果不确定度评定的研究与标准化工作相对滞后，迄今未发布符合国际惯例的溯源准则与不确定度评定程序；应用于能量计量实验室质量控制的 RGM 尚需依赖进口，且其命名也不符合 GB/T 20604：2001/ISO 14532 的规定，故一旦发生争议而需要进行国际经济贸易仲裁时，其结果不容乐观。

## 第五节 热量计法测定发热量的溯源性

### 一、发展概况

以热量计直接测定发热量的技术特点是不涉及天然气组成的测定和计算，而通过在规定条件下燃烧一定量天然气以热量计法直接测定其发热量，故此类方法可以最终溯源至 SI 单位（焦耳，J）。从计量学溯源性的角度考虑，作为发热量测定的基（标）准装置必须采用直接法。但此类方法使用的仪器结构比较复杂，对实验室环境条件要求较高，且其标准化工作也相对滞后。我国在 1990 年曾发布国家标准《城市燃气热值测定方法》（GB 12206），主要介绍了水流式燃气热量计。此标准于 2006 年修订后更名为《城镇燃气热值和相对密度测定》（GB/T 12206）。此标准的规定并非完全针对天然气，且水流式热量计的准确度较差，使用的仪器仅适合实验室间歇测定，不适合应用于天然气能量计量现场的在线测定。

2017 年我国发布国家标准《天然气发热量测量　连续燃烧法》（GB/T 35211），规定了以商用连续记录式热量计测定商品天然气发热量的方法和程序。20 世纪 90 年代中期之前，此类仪器（在美国）曾广泛应用于能量计量现场；但目前已基本上为利用气相色谱仪分析组成后计算发热量的间接法测定装置所取代。应特别注意：此类连续记录式热量计只是商用测量仪器，不能作为标准仪器以提供溯源性。

自 2007 年 7 月 1 日起根据欧盟解除（天然气）管制法令，全面开放天然气市场以来，全球各种不同来源的天然气（包括液化天然气，LNG）分别从 70 多个交接点进入欧盟国家的输气管道网络，导致其商品天然气组成经常可能发生大幅度变化，现行的气相色谱分析间接测定发热量的结果需要加以校准，而此类校准的基础即为（以 0 级热量计）直接测定的发热量数据。

目前应用于 GB/T 11062（ISO 6976）中的各种烃类发热量（基础）数据都是在 20 世纪 30 年代和 70 年代测定。限于当时的技术条件，从重复性估计得到的甲烷测量不确定度约为 0.12%；而测量系统可能存在的 B 类不确定度则（由于仅有单个测定装置）无法确切估计。鉴于以上认识，从 20 世纪 90 年代末 ISO/TC193 组织"标准气确认（VAMGAS）试验"开始，天然气发热量直接测定技术及其基准装置的建设重新受到国内外普遍重视。欧洲气体研究组织（GERG）在德国联邦物理技术研究院（PTB）新建的一套等环境式参比热量计，用于测定纯甲烷高位发热量时的扩展不确定度可以达到优于 0.05%（$k=2$）的水平，从而可以确认 ISO 6976—2016 中给出的纯甲烷高位发热量的测量不确定度已经达到（天然气分析溯源准则所规定的）优于 0.1%（$k=2$）水平。

以热量计直接测定天然气发热量通常采用"谱系学"方式溯源；向顶层的质量（kg）、温度（℃）和电阻（Ω）等 SI 单位溯源的基准仪器称为 0 级热量计。

### 二、甲烷纯组分发热量的测定

天然气组成中甲烷组分浓度变化产生的分析偏差，是影响发热量计算值准确度的关键因素。根据 2012 年 ISO/TC 193 发布的技术报告《天然气 通过组成计算物性参数的技术说明》（ISO/TR 29922/GB/Z 35474—2017），从 1848 年首次测定甲烷发热量以来，仅有 5 次试验是在 25℃条件下系统地以 0 级热量计测定了甲烷的标准摩尔发热量，且这些试验研究完全独立进行的（表 1-12）。表中所示的 Rossini（重新计算）数据是指，1982 年由 Armstrong 和 Jobe 根据 1931 年以来由于国际温标及相对分子质量测定等方面的技术进步，对 Rossini 当年的测定数据重新计算、校正后得到的数据[11]。

从表 1-13 的数据可以看出，不同研究单位或研究者发表的测定结果相当一致，其差别仅在于平均标准偏差有所变化。而此种变化正反映出 20 世纪 70 年代以来发热量直接测定法的技术进步，从而使测量不确定度明显改善。将表 1-13 中 6 组测定数据的平均值加和后再取其平均值为 890.579kJ/mol。

### 三、以 0 级热量计确认标准气混合物（RGM）

2001 年由欧洲多家天然气公司联合开展的"气体标准物质的确认"项

目（VAMGAS）的目标是：应用溯源准则确认利用天然气分析数据计算其物理性质（如发热量、密度）的方法是可靠的。VAMGAS试验项目中涉及的天然气组成分析分为2个阶段进行：第1阶段是按ISO 6142规定，用称量法制备气体混合物并在天然气分析中作为RGM使用。这些RGM被定为基准级（PSM），由德国计量科学研究院（BAM）和荷兰国家计量院（NMi）研制，并按ISO 6976的规定计算其发热量。第2阶段是按ISO 6974的规定，用气相色谱法分析天然气组成，并按ISO 6976的规定由气相色谱法分析结果计算天然气的物理性质。ISO 6974-2规定了按天然气样品组分浓度得到及校准分析数据不确定度的方法，而这些组分浓度数据同样也是计算与之相对应的物性的不确定度时所需的（图1-15和图1-16）。

表1-13 不同单位或研究者测定的甲烷发热量

单位：kJ/mol（25℃）

| 测量值 | Rossini（重新计算） | Pittam和Pilcher | Lythall | Alexandrov和Dale | GERG | PTB |
|---|---|---|---|---|---|---|
| 1 | 891.82 | 890.360 | 890.600 | 890.340 | 889.630 | 890.64 |
| 2 | 890.63 | 891.230 | 890.690 | 890.110 | 890.470 | 890.46 |
| 3 | 890.01 | 890.620 | 890.870 | 890.490 | 890.850 | 890.44 |
| 4 | 890.50 | 890.240 | 890.620 | 891.340 | 890.370 | 890.78 |
| 5 | 890.34 | 890.610 | 890.810 | 890.360 | 890.440 | 890.57 |
| 6 | 890.06 | 891.170 | 890.940 | 890.440 | 890.790 | 890.53 |
| 7 | — | 890.710 | 890.470 | 890.660 | 890.597 | — |
| 8 | — | — | 890.590 | 890.870 | 890.020 | 890.628 |
| 9 | — | — | 890.640 | 890.310 | — | 890.562 |
| 10 | — | — | — | 890.330 | — | — |
| 平均值 | 890.562 | 890.705 | 890.719 | 890.506 | 890.404 | 890.578 |
| 标准偏差 | 0.663 | 0.411 | 0.126 | 0.351 | 0.408 | 0.102 |

注：表中数据摘自ISO/TR 29922。

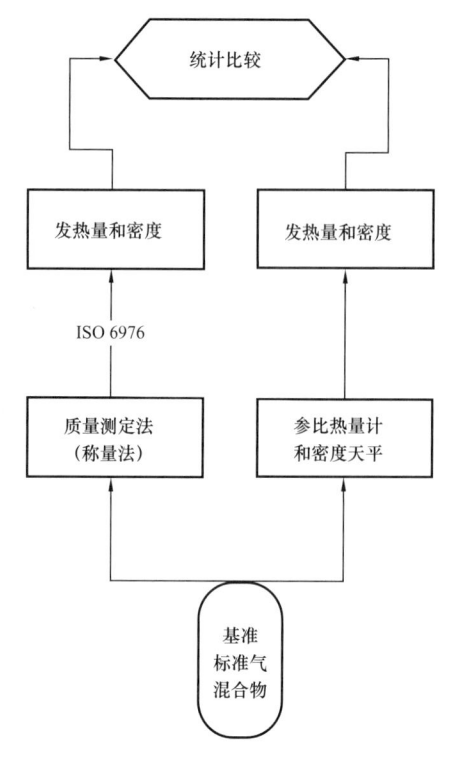

图 1-15　VAMGAS 项目第一阶段试验示意图

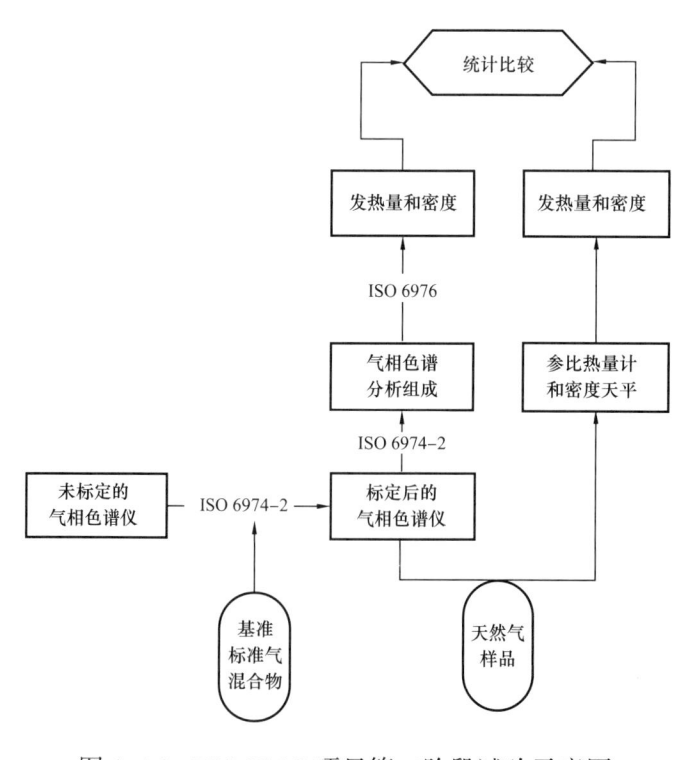

图 1-16　VAMGAS 项目第二阶段试验示意图

VAMGAS 试验项目得出的主要结论为：

（1）以 PSM 进行的比对结果表明：用称量法制备的 PSM 计算发热量和密度的结果，与由参比仪器直接测定的结果在统计学上是一致的。

（2）气相色谱法测定的比对结果表明：用称量法制备的 PSM 所得的分析数据计算出的发热量和密度值，与参比仪器直接测定值在统计学上也是一致的。

根据 VAMGAS 试验项目的结论，2006 年 ISO/TC193 发布了技术报告《以参比热量计确认天然气分析用标准气体混合物》（ISO/TR 24094）。该技术报告规定了以参比热量计和密度天平测定的天然气物性值，可以通过与组成分析数据计算出物性值进行统计比较而确认 RGM 的方法。

技术报告 ISO/TR 24094 不仅对确认多元 RGM 的方法与步骤作了详尽规定，且提出的确认方法成功地为确定多元 RGM 标准值及其不确定度提供了实验证据，使多元 RGM 室间循环比对试验定值法与计量学定值法相联系，确认了称量法制备的多元 RGM 可以通过与参比热量计测量结果比对而溯源至 SI 单位焦耳（J），从而奠定了为其定值的理论基础。

修改采用 ISO/TR 24094 发布的国家标准《天然气 气体标准物质的验证 发热量和密度直接测量法》（GB/T 31253—2014）存在一些计量技术规范的误用问题，且该标准的附录 B、附录 D 和附录 E 是否能成立还有待进一步研究。建议撤销该标准，并以等同采用方式将 ISO/TR 24094 转化为指导性国家标准（GB/Z）[12]。

# 第六节　天然气体积流量计量的溯源性

## 一、流量量值传递（溯源）系统

根据计量学原理，量值传递是指将国家基准所复现的计量单位量值，通过检定/校准（或其他传递方式）传递给下一个等级的计量标准，并依次传递至工作计量器具。在我国，流量仪表的检定是政府一种执法行为，带有强制性。但量值溯源则是通过一条具有规定不确定度的、不间断的比较链，使计量结果的值能与规定的参考标准，通常是国家测量标准或国际测量标准相联系的主题活动。因此，量值溯源在本质上可视为量值传递的逆过程，通常是企业为保证其计量器具准确度而主动进行的一种企业行为。

为了将天然气流量计量的准确度控制在法定的、供需双方均能接受的、技术经济皆合理的范围内，必须建立起完善而有效的量值传递（或溯源）系统，使现场使用的流量计能通过一个具有规定不确定度的传递系统与国家基准相联系，从而保证流量计量量值的统一和准确。

目前国际上以天然气为介质，常用的流量量值传递方法主要有 3 种：

（1）m-t 法原级装置→临界流文丘利喷嘴次级标准→涡轮流量计工作标准；

（2）PVTt 法原级装置→临界流文丘利喷嘴次级标准→涡轮流量计工作标准；

（3）HPPP（高压活塞）原级装置→涡轮流量计工作标准。

根据天然气供出能量计算公式 $E=HQ$，与天然气组成分析的测量结果及其不确定度对计算发热量（$H$）的影响类似，体积流量 $Q$ 测定结果的不确定度同样对能量计算结果有重大影响。因此，要保证能量计量结果准确可靠，必须保证流量计量和分析测试两个方面均有良好的溯源性。

在天然气流量标准装置（溯源链）建设方面，中国石油天然气集团公司根据我国的输气规模、管理模式和技术要求，选择了适合我国国情的 m-t 法原级装置和音速喷嘴次级装置，在设计压力为 10MPa 和 4MPa 的操作条件下，其测量不确定度分别达到 0.1% 和 0.25% 的国际先进水平，形成了较完善的溯源体系[1]。

## 二、南京计量测试中心

图 1-17 和图 1-18 分别示出了中国石油管道有限责任公司西气东输分公司南京计量测试中心的量传模式和工艺流程[13]。

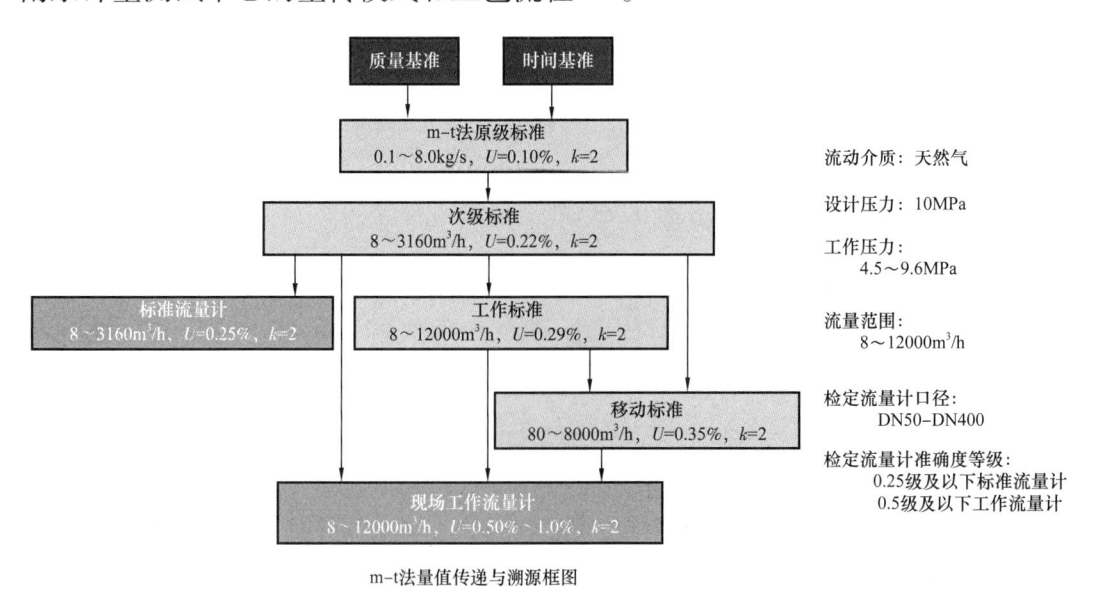

图 1-17 南京计量测试中心的量传模式

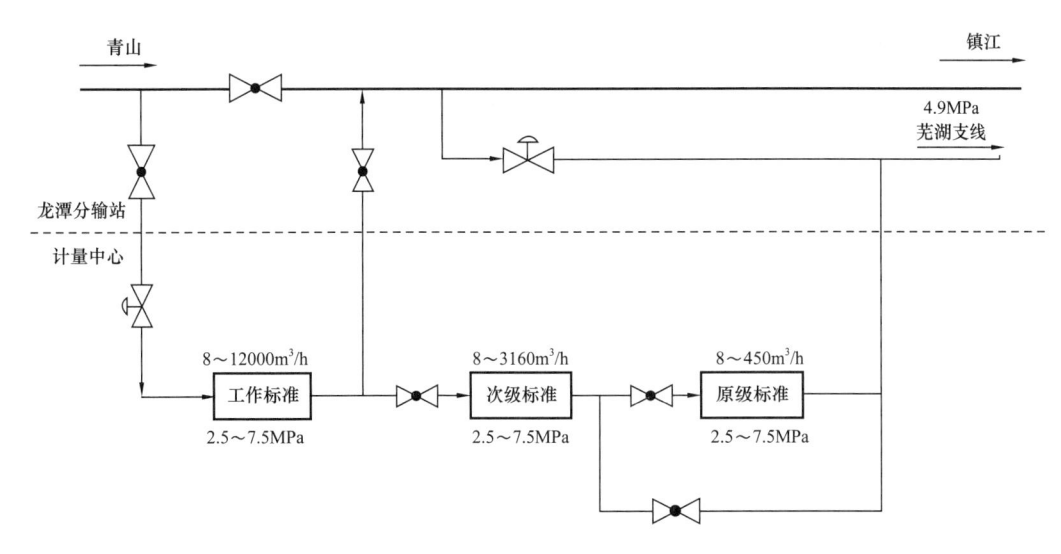

图 1-18 南京计量测试中心的工艺流程

从图 1-17 和图 1-18 可以看出，南京中心原级、次级和工作标准分别采用国际上使用较多、较成熟、可靠的 m-t 法装置→临界流喷嘴→涡轮流量计的量传模式。

m-t 法原级装置是采用质量与时间方法的流量标准装置，后者所复现的流量可以直接溯源至质量和时间的国家基准。通过静态测量球罐中从检定开始至结束时间内天然气质量的变化，获得准确的质量流量。球罐、陀螺电子秤及快速开关阀是原级装置中 3 个关键设备，测量范围 8~443m³/h，扩展不确定度为 0.10%。

次级装置选用 12 台并联安装的临界流喷嘴组，可复现的流量范围为 8~3160m³/h。由于 m-t 法原级装置和临界流喷嘴组都是进行质量测量，避免了流速、流态、温度及压力等因素（对体积测量）的影响，扩展不确定度为 0.25%。

以 11 台常用的涡轮流量计并联作为工作标准，可以复现的流量为 10~3160m³/h，其扩展不确定度为 0.32%。

由于超声流量计准确度较高，无运动部件，处诊断能力强，测量原理又与涡轮流量计不同；故南京中心选用超声流量计作为核查流量计。将 3 台超声流量计与工作标准流量计组串联安装，以便对涡轮流量计的流量量值进行总量核查，从而确保工作标准涡轮流量计的测量结果准确可靠。

### 三、m-t 法原级标准装置

天然气流量的原级标准装置是依据其定义而复现的装置，以工作量器、衡器等作为体积或质量的量度设备，从而复现出体积流量或质量流量。由于原级装置的量值均由质量、时间、温度等 SI 单位传递而来，故具有最高的计量学品质。

m-t 法原级装置的原理是：在恒温的容器中通入一定量的天然气，通过称量出通入气体的质量和通入时间，利用下式计算出质量流量：

$$Q_\mathrm{m} = \frac{m_\mathrm{end} - m_\mathrm{start}}{\Delta t} \quad (1-10)$$

式中　$Q_\mathrm{m}$——测得的质量流量；

　　　$m_\mathrm{end}$——容器通气后的质量；

　　　$m_\mathrm{start}$——容器通气前的质量；

　　　$\Delta t$——通气时间。

从图 1-19 所示原理可以看出，此类标准装置是将天然气流量（组合）量值溯源至 SI 质量（kg）基准和时间（s）基准，故可以达到很高的准确度。但因存在气体换向行程差和管道附加质量等影响因素，m-t 法原级标准装置的测量不确定度一般为 0.1%。此类标准装置用来复现高压、中小流量的量值，应用于次级标准装置和工作标准中的音速喷嘴流量计的检定或校准。

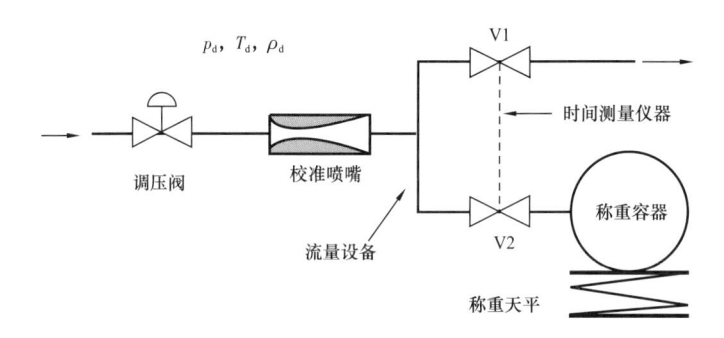

图 1-19　m-t 法原级标准装置的工作原理

## 第七节　能量计量测量不确定度评定及其标准化的发展动向

### 一、发展沿革

虽然测量误差和误差分析的有关理论早已成为计量学的一个重要组成部分，但具有定量特征的不确定度及其评定还是 20 世纪 80 年代中期才出现的新概念。

1963 年，美国标准局（NBS）的计量专家在研究测量校准系统的精密度和准确度过程中，率先提出了测量不确定度概念，并提出了对其进行定量评定与表示的具体意见。1977 年 7 月国际计量委员会（CIPM）下属的国际电离辐射咨询委员会（ICNIRP）建议在国际上对测量不确定度的评定与表示应该提出一个（国际上通用的）统一的规定。CIPA 接受此建议后向国际计量局（BIPM）提出组织一个专门工作组来进行此项工作。BIPM 在广泛征求世界各国计量科研部门及多个国际组织的意见后，于 1980 年提出了一个编号为 INC-1（1980）的建议书（《不确定度的表述》）。1981 年召开的第 70 届 CIPA 年会上批准了《不确定度的表述》建议书；并在 1986 年 CIPM 重申了采用有关测量不确定度的原则规定。至此，测量不确定度这个全新的概念正式诞生[14]。

对能量计量检测和校准实验室而言，天然气组成分析测量结果的不确定度评定涉及巨大的经济利益。因此，20 世纪 80 年代中期起美国就已经在商品天然气输配领域开始实施能量计量，并于 1996 年发布全球第一份阐明能量计量理论和实践的标准文件《燃气的能量测量》（AGA 5 号报告）以规范气体质量单位换算为能量单位的具体方法。由于 AGA 5 号报告的内容涉及美国天然气协会（AGA）、美国天然气加工者协会（GPA）和美国材料试验协会（ASTM）等有关学（协）会的一系列计量学标准，从而形成了一个较为完整的能量计量标准体系[15]。

进入 21 世纪以来，随着管输天然气和液化天然气（LNG）国际贸易的迅速发展，国际标准化组织天然气技术委员会（ISO/TC193）于 2007 年发布了国际标准《天然气能量的测定》（ISO 15111）；并根据该标准 6.3 节规定的天然气发热量测定技术发布和/或修订了一系列与之相配套的国际标准，从而形成了当前天然气国际贸易中普遍采用的能量计量 ISO 标准体系。

总体而言，当前天然气能量计量技术及其标准化的发展动向可归结为：根据计量溯源性是其同一性和准确性技术归宗的基本原理，通过建立与完善量值传递（溯源）链的途径以改善能量计量系统的测量不确定度；并将气相色谱分析系统的测量不确定度评定与其精密度评价结合于一体。对于不适合用 GUM 法进行评定的（非线性）系统则需要通过蒙特卡洛模拟（MCM）对整个商品天然气输配系统进行不确定度评定，并以最大允许误差（$MPE$）表示其评定结果[15]。

## 二、ISO/TC193 的发展动向

近期发表的文献[6]中的表 3（表 1-14）中总共列举了 11 项供国内外发展水平进行对比的（有关能量计量）标准；其中第 1 项是有关天然气能量计量的管理型标准（GB/T 22723/ISO 15112），后者对体积流量测定和发热量测定都是同样需要的。除 GB/T 22723 外，表 1-14 中供进行对比的其余 10 项标准中，有 7 项（第 2 项至第 8 项）都是从国外先进标准转化而来的有关天然气体积流量测量的国家标准，据此可以认为我国在天然气体积流量测量的采标方面已经

构建了一个较为完善且实用的、与国际接轨并适合国情的（小型）标准体系。但文献［6］在涉及天然气发热量（直接和/或间接）测定标准化方面的论述及大量基础性标准的转化方面则存在明显的不足之处。

表1-14中涉及天然气发热量直接和间接测定的基础性标准仅列举了3项（第9项至第11项）；同时，在这3项标准文件中（目前实际应用于现场的）仅有1项（GB/T 13610—2020）。但根据国际标准《天然气分析系统性能评价》ISO 10723：2012/GB/T 28766—2018的规定，在气相色谱分析测量结果的不确定度过程中，要求使用 ISO 6974 系列标准（中的某一个）；故 GB/T 13610 是否能准确地全面推广应用于我国能量计量过程的不确定度评定，应在与 ISO 6974 比对后才能确定。

表1-14　国内外天然气能量计量关键标准对比表

| 标准类别 | 中国标准 | ISO标准 | 美国标准 | 欧盟标准 |
|---|---|---|---|---|
| 天然气能量测定 | GB/T 22732—2008（待修订） | ISO 15112：2018 | AGA No.5：2009 | ISO 15112：2018 |
| 天然气计量系统技术要求 | GB/T 18603—2014（待修订） | OIML R 140：2007 | AGA No.4A：2009 | EN 1776：2015 |
| 超声流量计 | GB/T 18604—2014<br>GB/T 30500—2014（待修订） | ISO 17089.1：2019 | AGA No.9：2017<br>AGA No.10：2002 | ISO 17089：2019 |
| 孔板流量计 | GB/T 21446—2008（待修订） | ISO 5167.1、2、4：2003<br>ISO 5167.3：2019 | AGA No.3.p1：2012<br>AGA No.3.p2：2016<br>AGA No.3.p3：2013<br>AGA No.3.p4：2013 | ISO 5167.1、2、4：2003<br>ISO 5167.3：2019 |
| 涡轮流量计 | GB/T 21391—202×（待发布） | ISO 9951：1993 | AGA No.7：2006 | EN 12261：2018 |
| 旋转容积式流量计 | SY/T 6660—202×（待发布） | — | ANSI B109.1～3：2019 | EN 12480：2018 |
| 旋进旋涡流量计 | SY/T 6658—202×（待发布） | ISO 12764：2017 | — | — |
| 流量计算机 | JJG 1003—2016 | ISO 15970：2008 | API MPMS 21.1：2013 | EN 12405-1：2018<br>EN 12405-2：2012<br>EN 12405-3：2015 |

续表

| 标准类别 | 中国标准 | ISO标准 | 美国标准 | 欧盟标准 |
|---|---|---|---|---|
| 天然气分析溯源准则 | — | ISO 14111：1997 | 气体标准物质溯源程序（NIST） | BS EN ISO 14111：1999 |
| 天然气分析气体标准物质的确认 | — | ISO/TR 24094：2006 | — | DS/CEN ISO/TR 24094：2008 |
| 用气相色谱法分析天然气和相似气体混合物 | GB/T 13610—2020 | — | GPA STD2261：2020 | — |

综上所述，笔者认为：在我国全面推广应用天然气能量计量的过程中至少还有5个基础性的国际标准（或ISO技术文件）是需要仔细研究、准确转化并认真地加以宣贯的。它们分别是：《天然气分析溯源准则》（ISO 14111）、《天然气分析系统的性能评定》ISO 10723：2012、《天然气在一定不确定度下用气相色谱法测定组成》ISO 6974（由6个标准组成的系列标准）、《天然气发热量和沃泊指数的测定》（ISO 15971）和技术报告《天然气分析用气体标准物质的确认》（ISO/TR 24094）。上述5个基础性的标准文件构成直接法和/或间接法测定天然气发热量的理论与实践基础，并指导当前全球能量计量领域的技术进步（表1-15）。这也是编著本书的主要目的之一。

表1-15 有关天然气发热量测定的基础性ISO文件

| 标准号 | 标准名称 | 年份 | 主要内容 | 备注 |
|---|---|---|---|---|
| ISO 14111 | 天然气分析溯源准则 | 1997 | 提出天然气分析溯源链的结构层次及其相应的不确定度 PSM→CRM→WRM | 是将分析结果的溯源还原为标准气混合物的溯源。此标准迄今未转化为国家标准 |
| ISO 6974.1～ISO 6976.6 | 在规定不确定度下用气相色谱法测定组成（由6个部分组成的系列标准） | 2012 | 规定了在一定不确定度下测定天然气组成的气相色谱操作要求和过程 | 现已转化为相应的国家标准GB/T 27894系列标准（由6个部分组成） |
| ISO 6976 | 天然气发热量、密度、相对密度和沃泊指数计算方法 | 1998 | 规定了已知用摩尔分数表示的气体组成时，计算干天然气、天然气代用品和其他气体燃料的高位发热量、密度、相对密度及沃泊指数的方法 | 已经用修改采用ISO 6976：1995的方法转化为GB/T 11062—2014 |

续表

| 标准号 | 标准名称 | 年份 | 主要内容 | 备注 |
|---|---|---|---|---|
| ISO 10723 | 天然气分析系统性能评价 | 2012 | 规定了评价分析系统是否适用的方法；介绍了蒙特卡洛（MCM）的原理和方法 | 翻译法等同采用 ISO 10723:2012 转化为国家标准 GB/T 28766—2018 |
| ISO 15971 | 天然气发热量和沃泊指数的测定 | 2008 | 对燃烧法连续测定商品天然气发热量所用仪器的安装、操作、校准和不确定度估计等作了较详细的规定；并在附录 C 中规定了气体燃料发热量测定的基准装置——0 级热量计 | 尚未转化为国家标准 |
| ISO/TR 24094 | 天然气分析用标准物质的确认 | 2006 | 确认了以称量法制备的多元标准气体混合物可以与 0 级热量计比对而溯源至 SI 单位焦耳 | 奠定了 0 级热量计可以通过与多元标准气体混合物比对而为其定值的理论基础；此工作报告也未转化为国家标准 |

## 三、我国的发展概况

长期以来，我国在测量误差及其处理的标准化方面一直缺乏一个统一的、正规的技术规范；直到 1986 年国际计量委员会（CIPM）重申了采用有关测量不确定度的原则规定后，我国才于 1991 年发布了编号为 JJF 1027—1991 的国家计量技术规范《测量误差及数据处理》。但由其标题即可看出，此国家计量技术规范仍然没有采用当时已经在国际上普遍接受的"测量不确定度"这个术语。

1993 年以 ISO、BIPM（国际计量局）、IEC（国际电工委员会）、OIML（国际法制计量组织）等 7 个国际组织的名义，委托 ISO 出版了《测量不确定度表示指南》（即 ISO/IEC 指南 98-3）；此标准文件受到各国、不同学科的广泛认同，目前已经成为国际通用的有关测量不确定度评定与表示的基础性标准。在此发展背景下，我国于 1999 年发布了（等同采用 GUM 内容的）JJF 1059—1999《测量不确定度评定与表示》以替代 JJF 1059—1991。

根据我国贯彻 JJF 1059—1999 所积累的较丰富经验，并结合当前国际标准的发展情况，2017年12月由全国法制计量管理技术委员会牵头组织有关单位，以修改采用（MOD）ISO/IEC98-3 指南的方式制订了国家标准《测量不确定度评定和表示》（GB/T 27418）。后者与ISO/IEC指南相比虽无技术内容的差别，但经修改采用的GB/T 27418不仅内容加丰富，标准文件的篇幅由53页增加至76页，附录也由4个增加至8个，因而使之更适合我国使用者的需求。

根据各国在进行不确定度评定方面积累的经验与技术进步，ISO/IEC 于2019年发布了ISO/IEC指南98-3：2019（GUM 2019）。我国也据此发布了最新版本的JJF 1059—2019；相对于JJF 1059—1999，其主要修订内容可归纳如下：

（1）根据最新版本的JJF 1001—2019更新了有关术语；
（2）增加了补充件以阐明GUM与蒙特卡洛模拟MCM之间的关系；
（3）增加了预评估重复性、协方差和相关系数估计等新内容；
（4）弱化了给出自由度方面的要求；
（5）增加了有关测量不确定度评定应用的有关实例（规范性附录）。

### 四、对国家标准 GB/T 35186—2017 的认识

2019年5月24日，国家发展和改革委员会联合国家能源局、住房和城乡建设部和市场监督管理总局联合发布了《油气管网设施公平开放监管办法》（发改能源规〔2019〕916号文件）。该文件明确规定：天然气管网运营企业接收和代天然气生产、销售企业向用户交付天然气时，应当对发热量、体积、质量等进行科学计量，并接受政府计量行政主管部门的计量监督检查。国家推行天然气能量计量计价，并规定于文件施行之日起24个月内建立天然气能量计量计价体系。但该文件发布至今已经3年多，天然气能量计量并没有在我国全面推广；最重要的原因是：我国天然气发热量（直接和间接）测定技术尚未达到与国际接轨的水平。

根据国家标准《天然气能量的测定》（GB/T 22723）规定的天然气供出热量计算公式 $E=H \times Q$，天然气发热量单位 $H$ 的测量误差及其不确定度与气体体积流量 $Q$ 的测量不确定度，同样对能量计量测量结果的（总）不确定度有重要影响。但当前的现实情况是：在天然气体积流量 $Q$ 的量值测量方面，中国石油天然气集团有限公司根据我国输气规模、管理模式和技术要求，已经建成了适合我国国情的m-t法原级（基准）装置和音速喷嘴次级（标准）装置，在设计压力为10MPa和4MPa的工况下，其测量不确定度分别达到0.05%～0.10%和

0.5%的国际先进水平,并形成了完善的量值溯源体系;并已经列入法制计量范畴[16]。

按我国计量法规的规定,目前天然气体积计量属于法制计量,因而在我国全面实施能量计量后,用于天然气发热量测定的热量计(法)也必须列入法制计量的范畴。由此可见,在天然气发热量测量尚未列入法制计量范畴前不太可能在我国全面推广能量计量。基于上述能量计量的发展态势,推荐性国家标准《天然气计量系统性能评价》(GB/T 35186)的发布无疑是有助于能量计量在我国推广实施。但笔者认为:该标准还存在以下问题需要进一步探讨和/或修订。

(1)根据国家标准《天然气计量系统技术要求》(GB/T 18603)附录A的规定,该标准适用于天然气的体积、质量和能量等3类计量系统;但在GB/T 35186规范性引用文件这一章中只字未提涉及天然气能量计量的一系列基础性标准,故此标准不可能应用于能量计量系统的性能评价。

(2)根据国际标准《天然气分析系统性能评价》(ISO 10723:2012)的规定,我国以等同采用的方式转化为同名的国家标准(GB/T 28766—2018)。但是,GB/T 35186附录C中C1.3节中所述的(天然气)组成分析不确定度评定与国家标准GB/T 28766—2018的规定大相径庭,故附录C不能成立。

(3)GB/T 35186附录A中表A.6所示数据仅仅考虑了由标准气混合物(RGM)导入的A类不确定度;完全没有考虑分析系统的非线性、操作人员素质等因素导入的不确定度。这不符合GB/T 28766—2018的有关规定,故表A.6不能成立。

(4)GB/T 35186的第1章提出:本标准规定了天然气计量评价的内容、方法、程序、结果和时间。此处,不清楚结果和时间两项评价是指什么?根据GB/T 28766—2018的规定,对天然气发热量测定结果的质量评定,当前国外校准实验室只进行不确定度评定一项,并以此作为实验室认可与国际互认的基础[15]。

(5)GB/T 35186给出的计量系统性能评定的定义为:按规定的方法,分别对计量系统中计量器具和设备的配置及性能进行评价,综合给出整个计量系统的性能评价结果。此定义宜仔细斟酌。众所周知,天然气组成分析属化学分析计量范畴,按《化学分析测量不确定度评定》(JJF 1135)规定的评定程序如图1-20所示。

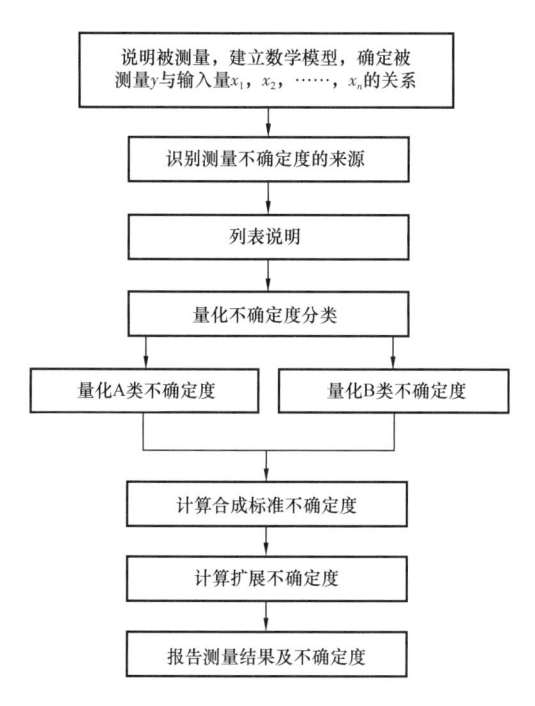

图 1-20　JJF 1135 规定的化学测量结果不确定度评定程序

## 五、对推进我国能量计量技术进步的建议

1. 溯源链是能量计量不确定度评定的基础

溯源链是气相色谱法测定天然气组成分析测量结果不确定度评定的基础，故国际标准《天然气分析溯源准则》（ISO 14111）是实施间接法测量发热量不可或缺的基础标准[17]。但我国大力推广实施天然气能量计量 10 多年来，作为能量计量最关键基础标准之一的 ISO 14111 却迄今尚未转化为我国国家标准。

按国际惯例，在遵循 ISO 14111 规定的基本原则基础上，各国政府主管部门有权对溯源链上的具体内容根据国情加以修改。例如，表 1-16 所示是英国国家物理实验室（NPL）发布的气体标准物质溯源链结构及其有关的标准气混合物（RGM），后者虽然与 ISO 14111 的规定并不完全一致，但基本原则是完全相同的。

2. 标准气体混合物（RGM）的命名必须规范

目前在很多有关天然气能量计量的研究报告和学术论文中，经常可以见到"已经研制和/或使用了国家一级气体标准物质"的提法[13]，从而误导了某些有关部门及其领导。鉴于此，笔者建议使用上述术语的有关人士注意下列信息：

表 1-16　英国 RGM 溯源链的结构

| 名称 | 代号 | 不确定度范围 |
| --- | --- | --- |
| 基准标准气混合物 | PSM | ±0.02%～±0.10% |
| 基准参比气体混合物 | PRGM | ±0.2%～±0.3% |
| 二级气体标准物质 | SGS | ±0.5%～±1.0% |
| 认证标准气混合物 | CRM | ±1%～±3% |

（1）2006 年发布的国家标准《天然气词汇》(GB/T 20604) 和 1987 年 7 月由当时国家计量局发布的《标准物质管理办法》中，均未查到"国家一级气体标准物质"这个术语及其定义。

（2）1987 年发布的《标准物质管理办法》属于计量法的子法，是指导气体、液体和固体等各类标准物质按（JJF 1006《一级标准物质技术规范》）的规定进行研制与应用的法规性文件，故它是针对所有标准物质而言的。此管理办法将（经认证的）标准物质分为一级、二级两个级别。由于当时国际标准化组织天然气技术委员会（ISO/TC 193）尚未成立，所以不可能出现诸如一级气体标准物质（PSM）之类的术语。

（3）1997 年国际标准《天然气分析溯源准则》（ISO 14111）发布后，对于标准气体混合物（RGM）而言，所谓"一级标准物质"实质上就是 ISO 14111 规定的溯源链上的认证级（二级）标准气体混合物（CRM）；而"二级标准物质"则是溯源链上的工作级标准气混合物（WRM）。

（4）《标准物质管理办法》规定的国家一级标准物质的代号为 GBW；而 ISO/TC193 为建立天然气分析溯源链而发布 ISO 14111 与该管理办法是互为补充的。前者用于所有标准物质的研制与应用；而后者是为建立天然气分析溯源链奠定基础。根据国家标准 GB/T 20604 的规定，在 ISO 14111 规定的溯源链上处于顶层位置的标准气混合物（RGM）称为一级标准气混合物，代号为 PSM（表 1-17）。

**3. 直接法测定发热量领域中不存在所谓的溯源链**

笔者认为：文献 [6] 图 1 中提出的 3 条溯源链皆不能成立。首先，直接法测定发热量属于物理化学计量范畴，一般采用谱系学溯源方式（表 1-18）[17]；其次，以 Cutier-Hammer（C-H）热量计为代表的连续记录式热量计是商用测量仪器，它们相互之间，以及它们与 0 级热量计之间，皆不存在量传/溯源关系。

表1-17 国家一级标准物质与一级标准气混合物的区别

| 项目 | 国家一级标准物质 | 一级标准气体混合物 |
|---|---|---|
| 代号 | GBW | PSM |
| 审定机构 | 国家市场管理总局 | 国际标准化组织天然气技术委员会 |
| 定义 | 又称为一级标准物质,是指由国家权威机构审定,准确度具有国内最高水平的标准物质 | 组分量水平被最准确地测定的标准气体混合物;可作为测定其他气体混合物中有关组分量水平的气体混合物 |
| 应用 | 根据"标准物质管理办法"的规定,明确按JJF 1006制备时应达到的技术条件 | 按ISO 14111的规定,形成PSM→CRM→WRM量值传递(溯源)链,以确定天然气组成分析结果的不确定度 |
| 发展概况 | 按2014年的统计,我国已研制出约2000种GBW,广泛应用众多行业。例如,国家一级标准物质GBW 06340的准确度为1.0%,虽属国内最高;但远未达到GB/T 18603对A计量站规定的、准确度应达到0.5%的技术要求 | 应用于天然气能量计量的PSM和CRM虽只有很少几种,但必须根据本国的国情研发;国外也仅有很少几个机构具备此类产品的研发能力。由于此类产品的研发相当困难,故我国目前应用于天然能量计量实验室的CRM级标准气体混合物尚须依赖进口 |

表1-18 两种不同类型的溯源方式

| 计量类型 | 热量计法直接测定（物理化学计量） | 气相色谱法间接测定（分析化学计量） | 备注 |
|---|---|---|---|
| 适用规范与标准 | ISO 15971<br>ISP/TR 24094 | JJF 1135<br>GB/T 13610<br>ISO 6974（系列标准） | ISO/TR 24094关联了室间循环试验定值法与计量学定值法 |
| 溯源/量传方式 | 以0级热量计向SI单位溯源;然后通过与PSM比对而为其定值 | 将天然气组成分析结果的溯源还原为RGM的溯源 | 物理化学计量领域中不存在ISO 14111规定的溯源链结构 |
| 计量基准 | 0级热量计 | PSM的公议值 | 公议值通过室间循环比对试验而获得 |
| 溯源链结构 | 不存在溯源链 | PSM→CRM→WRM | 连续记录式热量计之间;或它与0级热量计之间皆不存在溯源关系 |

（1）根据国际标准《天然气 发热量和沃泊指数测定》(ISO 15971)的规定,直接法测定发热量领域中不存在所谓的量传/溯源链。国际标准ISO

15971中介绍的1～3级连续记录式热量计都是以燃烧纯甲烷方式进行校准，因而三者之间不可能存在溯源/量传关系。

（2）国际标准ISO 15971附录C中规定的0级热量计是发热量测定的计量基准（仪器），它是通过电学校准方式向SI单位溯源。商用连续记录式热量计是普通测量仪器，它们不可能向计量基准溯源。

（3）20世纪90年代中期之后，C-H型连续记录式热量计几乎全部为气相色谱仪所取代。但全国天然气标准化技术委员会却在2017年发布了由中国石油西南油气田分公司和中国计量科学院联合起草的国家标准《天然气发热量的测量 连续燃烧法》（GB/T 35211）。当时，韩国标准科学研究院已经开发成功了适合国情的、准确度约为0.35%的（金属燃烧器）0级热量计作为内部计量基准[18]，并通过与进口RGM比对而为其定值，取得了国际仲裁中的话语权[15]。

4. 0级热量计是不可或缺的计量基准

计量基准是统一国家量值的最高依据，也是与其他国家（地区）保持计量结果等效性的接口。由于ISO 14111规定的一级标准气体混合物PSM因不能直接溯源至SI单位而存在计量学上的缺陷而不能作为计量基准。因此，在我国全面推广实施能量计量后，用于发热量测定的热量计法（直接测定）也必将列入法制计量的范畴，故0级热量计是不可或缺的计量基准，本书第三章中还将深入讨论。

ISO/TC193于2006年发布了题为《天然气分析用气体标准物质的确认》的技术报告（ISO/TR 24094）。该技术报告不仅对通过室间循环比对试验验证多元RGM的方法和步骤作了详尽规定，且该技术报告提出的确认方法成功地为确定多元RGM的标准值及其不确定度提供了实验证据，使多元RGM室间循环比对试验定值法与计量学定值法相关联；确认了以称量法制备的多元RGM可以与0级热量计比对而溯源至SI单位焦耳（J），从而奠定了为其定值的理论基础[16]。

# 参 考 文 献

[1] 周淑慧, 王军, 梁严. 碳中和背景下中国"十四五"天然气行业发展[J]. 天然气工业, 2021, 41(2): 171.

[2] 黄黎明, 陈赓良, 张福元, 等. 天然气能量计量的理论与实践[M]. 北京: 石油工业出版社, 2010.

[3] 顾龙芳. 计量学基础[M]. 北京: 中国计量出版社, 2006.

[4] 卫杰，李宁．天然气的计量方法与发展［J］．煤炭与化工，2020，43（4）：143．

[5] 艾明泽，肖哲．化学计量［M］．北京：中国计量出版社，2007．

[6] 黄维和，段继芹，常宏岗，等．中国天然气能量计量体系建设探讨［J］．天然气工业，2021，41（8）：186．

[7] 戴万能，秦朝葵，郭超，等．一种天然气组成分析结果的不确定度评定方法［J］．石油与天然气化工，2011，40（1）：79．

[8] 林敏，夏宝丁，邹伟，等．天然气组分含量分析的不确定度评定［J］．云南化工，2013，40（3）：58．

[9] 闫文灿，王池，裴全斌，等．气相色谱法测量天然气热值的不确定度评定［J］．计量学报，2018，39（2）：280．

[10] 王强，杨培培，乔亚芬．基于 Top-down 法评估天然气中组分测量不确定度［J］．石油与天然气化工，2019，48（3）：98．

[11] 周理，陈赓良，潘春锋．天然气发热量测定的溯源性［J］．天然气工业，2014，34（11）：122．

[12] 周理，陈赓良，郭开华．对天然气推荐性国家标准 GB/T 31253 的讨论［J］．天然气工业，2017（12）：87．

[13] 刘喆．基于 m-t 法的天然气量值传递与溯源方法探讨［C］．全国天然气标准化技术委员会 2018 年论文报告会，中国成都，2018 年 11 月 15 日．

[14] 李慎安，王玉莲，范巧成．化学实验室测量不确定度［M］．北京：化学工业出版社，2006．

[15] 周理，蔡黎，陈赓良．天然气气质分析与不确定度评定及其标准化［M］．北京：石油工业出版社，2021．

[16] 高立新，陈赓良，李劲，等．天然气能量计量的溯源性［M］．北京：石油工业出版社，2015．

[17] 陈赓良．天然气能量计量的溯源性与不确定度评定［J］．石油与天然气化工，2017，46（1）：83．

[18] J Lee，W Joung．Measurement of the calorific value of methane by Colorie meter using metal burner［J］．International Journal of Thermophysics，2017，38（11）：171．

# 第二章 发热量直接测定技术

## 第一节 基础知识与基本概念

### 一、天然气发热量及其测定

发热量（calorific value）又称为热值，是商品天然气最重要的技术指标之一。由于此指标体现了商品天然气的经济价值，故各国气质标准对此均有明确规定（表2-1）。我国国家标准 GB 17820—2018 规定：一类天然气高位发热量不小于 36.0MJ/m³；二类和三类天然气高位发热量不小于 31.4MJ/m³。

表2-1 国外商品天然气高位发热量典型值　　　　　　　　　　单位：MJ/m³

| 国别 | 高位发热量 | 国别 | 高位发热量 |
| --- | --- | --- | --- |
| 阿根廷 | 42.00 | 巴基斯坦 | 34.90 |
| 孟加拉国 | 36.00 | 俄罗斯 | 38.23 |
| 加拿大 | 38.20 | 沙特阿拉伯 | 38.00 |
| 印度尼西亚 | 40.60 | 美国 | 39.71 |
| 荷兰 | 33.32 | 英国 | 38.42 |
| 挪威 | 39.88 | 乌兹别克斯坦 | 37.89 |

资料来源：国际能源署（IEA）2005年度报告。

20世纪80年代中期起，天然气能量计量技术在北美和西欧迅速发展，现已成为大规模交接计量中，进行贸易结算时采用的主要计量方式。普遍使用的能量计量方式是分别确定天然气体积流量及其发热量，然后以两者的乘积——总发热量（GCV）作为结算的依据，故准确测定天然气发热量的重要性是不言而喻的。

燃气发热量有高位和低位两种。高位发热量（$H_s$）是指规定量的天然气在空气中完全燃烧时所释放的热量。在燃烧反应发生时，压力 $p_1$ 保持恒定，所有燃烧产物的温度降到与规定燃烧 $t_1$ 燃烧相同的温度，除燃烧反应中生成的水在 $t_1$ 以下为液态外，其余所有产物均为气态。低位发热量（$H_i$）也是指规定量的天然气在空气中完全燃烧时所释放的热量。但在燃烧反应发生时，压力 $p_1$ 保持恒定，所有燃烧产物的温度降到与规定燃烧 $t_1$ 燃烧相同的温度，所有产物均为气态；其值约为高位发热量的90%。除特别说明外，天然气能量计量均使用高位发热量。

规定的燃气燃烧时，其计量的温度和压力，称为计量参比条件；规定的燃气燃烧时的温度（$t_1$）和压力（$p_1$）则称为燃烧参比条件（表2-2）。

表2-2 各国规定的燃烧参比条件和计量参比条件

| 国别 | 燃烧参比温度 $t_1$ | 燃烧参比压力 $p_1$ | 计量参比温度 $t_2$ | 计量参比压力 $p_2$ |
| --- | --- | --- | --- | --- |
| 中国 | 20℃ | 101.325kPa | 20℃ | 101.325kPa |
| 韩国 | 15℃ | 101.325kPa | 0℃ | 101.325kPa |
| 日本 | 0℃ | 101.325kPa | 0℃ | 101.325kPa |
| 澳大利亚 | 15℃ | 101.325kPa | 0℃ | 101.325kPa |
| 俄罗斯 | 25℃ | 101.325kPa | 20℃ | 101.325kPa |
| 加拿大 | 15℃ | 101.325kPa | 15℃ | 101.325kPa |
| 美国 | 15℃/60°F | 101.325kPa | 15℃/60°F | 101.325kPa |
| 英国 | 15℃/60°F | 101.325kPa | 15℃/60°F | 101.325kPa |
| 德国 | 25℃ | 101.325kPa | 0℃ | 101.325kPa |
| 法国 | 0℃ | 101.325kPa | 0℃ | 101.325kPa |
| 意大利 | 25℃ | 101.325kPa | 0℃ | 101.325kPa |
| 西班牙 | 0℃ | 101.325kPa | 0℃ | 101.325kPa |

天然气发热量的单位可以表示为质量基（MJ/kg）、摩尔基（MJ/kmol）和体积基（MJ/m$^3$）。但基准级（0级）热量计必须采用质量基以降低测量不确定度；商品天然气能量计量过程中在线测定的发热量一般采用体积基。

现有测定天然气发热量的方法可分为两大类。一类是以气相色谱法测定天然气的组成，然后由组成计算其发热量（简称间接法）；另一类则是以各种类型的热量计直接测定天然气发热量（简称直接法）。应用于天然气能量计量现场在线测定的仪器，1990年以前使用的都是基于直接法测定原理，此后则大多改为间接法原理。但是，根据分析数据计算发热量的间接测定方法是通过标准气混合物（RGM）进行溯源，其溯源链最终只能溯源至由室间比对试验确定的"公议值"，而没有溯源至 SI 单位，故存在计量学溯源性方面存在缺陷。鉴于此，美国在能量计量的实施过程中又进一步提出了以供出能量为基准的原则，即能量计量的发热量（$H$）是指单位量天然气在燃烧过程中实际释放的能量，而不是以其中可燃组分含量在规定条件下计算的能量，故直接法是法定的基（标）准方法[1]。

直接法测定发热量的特点是不涉及天然气组成的测定和计算，而是在规定条件下通过燃烧一定量天然气的方法（直接）测定其发热量。总体而言，直接法使用的仪器结构比较复杂，对实验室环境条件要求较高，且其标准化工作也相对滞后。我国在 1990 年曾发布过国家标准 GB 12206《城市燃气热值测定方法》，主要介绍了水流式燃气热量计。此标准于 2006 年修订后更名为《城镇燃气热值和相对密度测定》（GB/T 12206）。但由于此标准的规定并非完全针对天然气，且水流式热量计的准确度较差，在常规实验室条件下扩展不确定度仅为 1%（$U$，$k=2$），不能满足 GB/T 18603《天然气计量系统技术要求》，对发热量测定的准确度等级要求达到扩展不确定度 0.5%（$U$，$k=2$）。

根据国际标准 ISO 15971《天然气发热量和沃泊指数的测定》中附录 A 的规定，直接法测定仪器中的 0 级热量计可以最终溯源至 SI 单位（焦耳，J）。因此，从计量学溯源性的角度考虑，作为发热量测定的基准装置必须采用 0 级热量计。

为加速天然气计量技术全面与国际接轨的步伐，我国于 2009 年初发布了国家标准《天然气能量的测定》（GB/T 22723—2008），目前很多进口 LNG 的单位均已经采用能量计量方式进行结算。有关实验室均采用气相色谱法测定天然气组成后，计算其高位发热量；但能量计量实验室质量控制用的标准气混合物（RGM）需要依赖进口。

自 2007 年 7 月 1 日起根据欧盟解除管制法令，全面开放天然气市场以来，各种不同来源的天然气（包括液化天然气，LNG）分别从 70 多个交接点进入欧盟国家的输气管道网络，导致其商品天然气组成经常可能发生大幅度变化，现行的气相色谱分析间接测定发热量的结果需要进一步加以校准，而此类校准的基础即为发热量直接测定（数据）。

目前应用于 GB/T 11062（ISO 6976）中的各种烃类发热量（基础）数据都是在 20 世纪 30 年代和 70 年代（以 0 级热量计法）测定的。限于当时的技术条件，从重复性估计得到的甲烷测量不确定度约为 0.12%；而测量系统可能存在的B类不确定度则(由于仅有单个测定装置)无法估计。鉴于以上认识,从20世纪90年代末国际标准化组织天然气技术委员会(ISO/TC193)组织标准气确认(VAMGAS)试验开始[2],天然气发热量直接测定技术及其基准装置(0级热量计)的建设重新受到国内外普遍重视。

## 二、天然气发热量测定的 ISO 标准体系

2019年5月国家发展和改革委员会等四部委联合发布了《油气管网设施公平开放监管办法》,要求在该办法实施之日起,两年之内建立天然气能量计量体系。近期发表的文献[3]中提出:"中国天然气能量计量体系基本满足实施天然气能量计量的要求"。笔者认为此观点对天然气体积计量而言完全准确;但对天然气发热量直接和/或间接测定方面与国外先进水平相比则尚存在较大差距。尤其在若干关键ISO标准(或工作报告)的转化与宣贯方面还存在非常明显的不足之处,亟待进一步改善。

同样,文献[3]在涉及体积流量计量标准化方面的论述比较全面而准确;但在天然气发热量测定标准化方面的论述则乏善可陈。参照国外有关发展经验,除了如GB/T 22723之类的管理型标准外,至少应转化并大力宣贯如表2-3所示一系列关键的ISO技术文件,才能全面指导我国能量计量领域的技术进步。

表2-3 有关天然气发热量测定的关键ISO技术文件

| 标准号 | 标准名称 | 年份 | 主要内容 | 备注 |
| --- | --- | --- | --- | --- |
| ISO 14111 | 天然气分析溯源准则 | 1997 | 提出天然气分析溯源链的结构层次及其相应的不确定度 PSM → CRM → WRM | 是将分析结果的溯源还原为标准气混合物的溯源。此标准迄今未转化为国家标准 |
| ISO 6974.1 ~ ISO 6976.6 | 在规定不确定度下用气相色谱法测定组成(由6个部分组成的系列标准) | 2012 | 规定了在一定不确定度下测定天然气组成的气相色谱操作要求和过程 | 现已转化为相应的国家标准GB/T 27894系列标准(由6个部分组成) |
| ISO 6976 | 天然气发热量、密度、相对密度和沃泊指数计算方法 | 1998 | 规定了已知用摩尔分数表示的气体组成时,计算干天然气、天然气代用品和其他气体燃料的高位发热量、密度、相对密度及沃泊指数的方法 | 已经用修改采用ISO 6976:1995的方法转化为GB/T 11062—2014 |

续表

| 标准号 | 标准名称 | 年份 | 主要内容 | 备注 |
|---|---|---|---|---|
| ISO 10723 | 天然气分析系统性能评价 | 2012 | 规定了评价分析系统是否适用的方法；介绍了蒙特卡洛（MCM）的原理和方法 | 翻译法等同采用 ISO 10723：2012 转化为国家标准 GB/T 28766—2018 |
| ISO 15971 | 天然气发热量和沃泊指数的测定 | 2008 | 对燃烧法连续测定商品天然气发热量所用仪器的安装、操作、校准和不确定度估计等作了较详细的规定；并在附录C中规定了气体燃料发热量测定的基准装置——0级热量计 | 尚未转化为国家标准 |
| ISO/TR 24094 | 天然气分析用标准物质的确认 | 2006 | 确认了以称量法制备的多元标准气体混合物可以与0级热量计比对而溯源至SI单位焦耳 | 奠定了0级热量计可以通过与多元标准气体混合物比对而为其定值的理论基础；此工作报告也未转化为国家标准 |

# 第二节 ISO 15971 的技术要点

## 一、连续记录式热量计

国际标准 ISO《天然气 性能测量 热值和沃泊指数》15971 对燃烧法（在线）连续记录式热量计测定商品天然气发热量所用仪器的安装、操作、校准和不确定度估计等作了较详细的规定。该国际标准中所规定的连续记录式热量计的测定值均以体积基表示，其测定范围为 30~60MJ/m³；相应的沃泊指数范围则为 40~60MJ/m³。

燃烧法连续记录式热量计测定天然气发热量的基本特点是：将一定量天然气配以适量的空气后完全燃烧，再利用不同的方式来测定其释放出来的热量。根据测定释放热量的原理，测定方法主要可以分为直接式和间接式两大类。

直接式连续测定热量计是利用另一种介质（通常为空气）与燃烧后的烟气换热，再测定换热介质的温升以确定天然气的发热量；间接式（连续测定）热量计是以间接方式测定天然气燃烧过程的某种物理化学特性，再利用此特性与发热量的线性关系确定发热量。按直接式热量计测定原理，只有在符合以下两个条件时，才能通过测定进、出口换热空气之间的温升以测定天然气的高位发热量：

（1）所有样品气燃烧释放出的发热量均转移至与之换热的空气；

（2）所有燃烧生成的冷凝水均为液态。

上述两个要求在实际操作中不可能完全实现，因而连续测定式热量计不可能精确地达到热力学第一定律要求的热平衡。同时，此类热量计也难以达到完全不受环境变化的影响。因此，它们经合适的标定后最佳准确度只能达到0.5%ISO 15971 附录 B 规定的连续记录式热量计的技术规范见表 2-4。

**表 2-4  连续记录式热量计技术规范**

| 项目 | 技术要求 |
| --- | --- |
| （1）运行要求<br>—高位发热量范围<br>—全量程测量误差<br>—重复性<br>—变化 1MJ/m³ 时的 95% 响应时间 | <br>36～45MJ/m³<br>±0.10MJ/m³<br>±0.05MJ/m³<br><4min |
| （2）规定运行的环境要求<br>—温度范围<br>—温度稳定性<br>—相对湿度<br>—电磁兼容性（EMC） | <br>10～50℃<br>无要求<br>30%～85%<br>3 级 |
| （3）标定<br>—标准气标定<br>—标定间隔 | <br>±0.05 MJ/m³<br>无要求 |
| （4）电源 | （240±20）VAC，单相，（50±5）Hz |
| （5）自动再点火 | 再点火程序可执行 3 次；如尚未成功就进入安全状态 |
| （6）安全特点 | 出现危险状态时，装置自动停车并进入安全状态 |
| （7）发热量记录 | 自动数字显示，并按选定时间间隔打印 |

## 二、直接燃烧（空气换热）式热量计

直接燃烧式热量计是一种典型的、使用广泛的现场用连续记录式热量计。仪器由热量计本体、流量计和调压器等部件组成热量测定系统，其基本结构和热循环系统的示意图分别如图 2-1 和图 2-2 所示。进行样品测定时，天然气

（于准稳态下，quasi-stationary）在水封式流量计中计量体积后，连续地进入燃烧器。在空气过剩条件下进行控制燃烧产生的烟气，在换热器中与换热介质（空气）连续逆流换热后产生的准稳态（平衡）温升，以电阻式温度计连续测定并记录。采用认证级标准气混合物（RGM）对热量计进行标定。

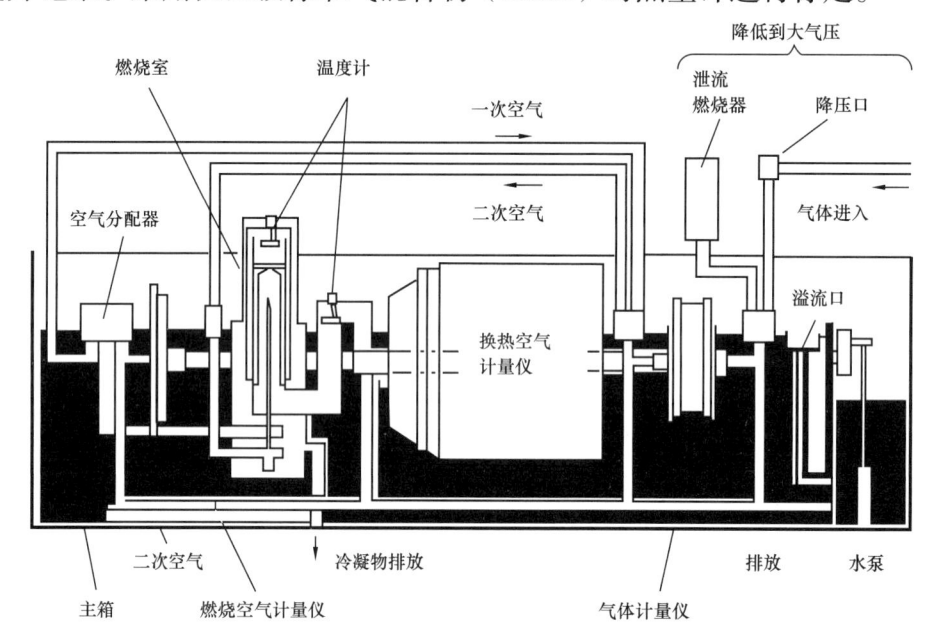

图 2-1　直接燃烧式热量计的结构示意图

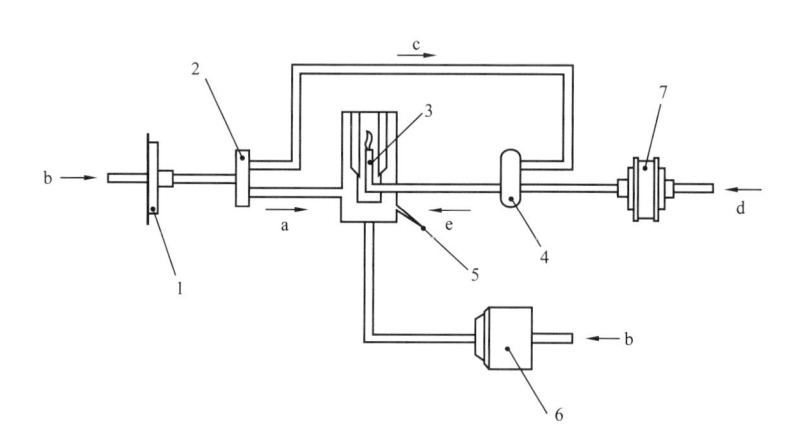

图 2-2　直接燃烧式热量计的热循环系统

1—燃烧用空气流量计；2—空气分配器；3—燃烧器及换热器；4—混合器；5—冷凝物出口；6—换热空气流量计；7—样品气流量计；a—空气；b—二次空气；c—主流空气；d—样品气；e—样品气/空气混合物

直接燃烧式热量计一般是在常温、常压下操作，故确定发热量记录仪上的计量及燃烧参比条件极为重要；与此有关的环境温度稳定性也应考虑。确定样品气中水含量的参比条件（即是干气或水饱和气）也很重要；在标准参比条件下，干气与水饱和气的高位发热量差值可达到 1.7%。

基于直接燃烧原理的连续记录式热量计的准确度可以达到 0.5%，满足天然气能量计量现场测定的要求。但是，由于在烟气/空气换热器中传热的滞后性，必然导致热量计的响应滞后，故在天然气组成变化较大时影响测量的准确性。

### 三、当量燃烧（间接）式热量计

文献中曾报道过多种间接式测定发热量的仪器，如催化燃烧式热量计、推论（关联）式热量计，但工业上使用较多的是利用当量燃烧原理的热量计。此类仪器的最大特点是适合于在线测定。

当量燃烧（间接）式热量计的测量原理是：仅含烷烃和惰性组分的天然气在进行当量燃烧时所需的空气/天然气比例与其体积基发热量呈线性关系。根据当量（完全）燃烧原理，目前市场上有两种不同类型的此类商用热量计：一种是根据在达到当量燃烧时烟气中的氧含量应为零的原理进行测定；另一种是根据在当量燃烧的条件下火焰温度应达到最高的原理进行测定。按 ISO 15971 附录 E 的规定，利用前一种测量原理的热量计称为 A 式（图 2-3）；利用后一种则称为 B 式（图 2-4）。

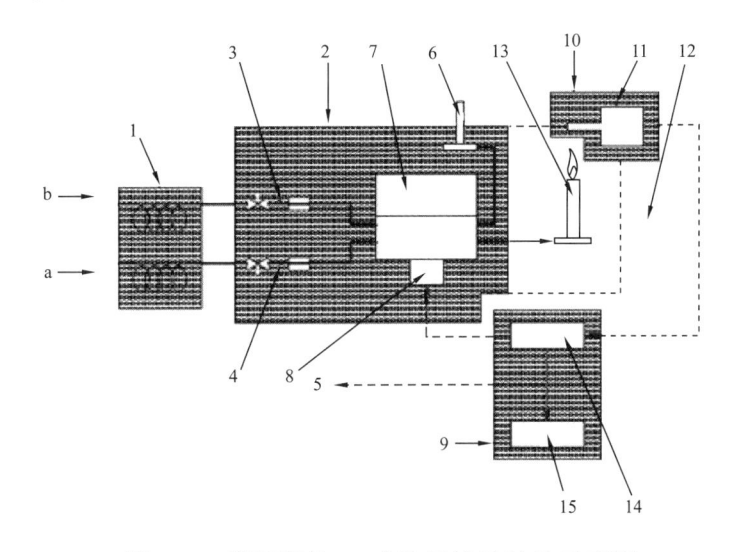

图 2-3　当量燃烧 A 式热量计的结构示意图

1—换热器；2—流量计与调节器；3—燃烧气控制器；4—空气控制器；5—输出信号变送器；6—火焰；
7—空气/燃料气控制阀；8—同步电动机；9—电子设备；10—烟气传感器；11—氧化锆传感器；12—燃烧室；
13—燃烧器；14—计算机；15—发热量显示器；a—样品气；b—燃烧用空气

当量燃烧式热量计的特点是响应时间很短，能随时指示出天然气发热量的变化，比直接燃烧式热量计更适用于在线测定；以往欧美市场上供应的此类仪

器的扩展不确定度 $U$（$k=2$）也可以达到 0.5%；能满足国家标准《天然气计量系统技术》（GB/T 18603）规定的 A 级计量站发热量测定的准确度等级要求（表 2-5）。它们主要缺点是天然气中的可燃组分必须全部是烷烃，如果天然气中还含有烯烃、氢气、一氧化碳等其他可燃组分或氧气时，可能产生较大的误差，必须加以校正。

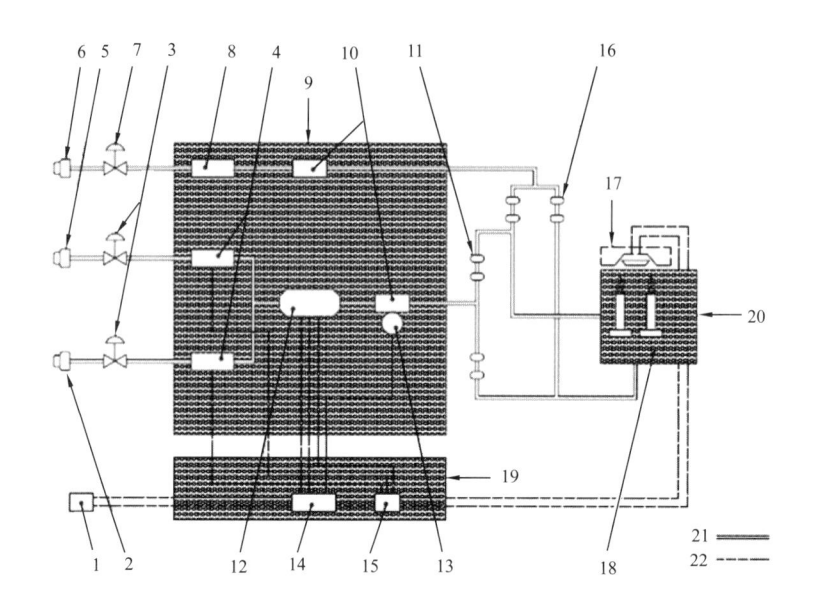

**图 2-4　当量燃烧 B 式热量计的结构示意图**

1—记录图；2—样品气或管输气入口；3—燃料气阀；4—电磁阀；5—校准用标准气入口；6—空气入口；7—空气阀；8—过滤器；9—流量计；10—调节器；11—燃料气毛细管；12—固态流量计；13—电动机；14—计算机；5—防故障装置；16—空气毛细管；17—烟气传感器；18—燃烧器；19—电子设备；20—燃烧室；21—燃料气/空气管路；22—电气管路

**表 2-5　计量系统配套仪表准确度**

| 测量参数 | 准确度 |  |  |
|---|---|---|---|
|  | A 级（1.0） | B 级（2.0） | C 级（3.0） |
| 温度 | 0.5℃ | 0.5℃ | 1℃ |
| 压力 | 0.2% | 0.5% | 1.0% |
| 密度 | 0.25% | 0.75% | 1.0% |
| 压缩因子 | 0.25% | 0.5% | 0.5% |
| 发热量[①] | 0.5% | 1.0% | 1.0% |
| 工作条件下体积流量 | 0.75% | 1.0% | 1.5% |

① 当供用气双方用能量流量交接时需要配套的项目。

表 2-6 所示为 ISO 15971 附录 F 所示的非烷烃组分对当量燃烧式热量计测定结果可能产生的影响。表中数据是理论计算所得的近似值，正号表示热量计记录仪的示值偏高，负号则表示偏低。

表2-6 非烷烃组分对测定结果的影响

| 组分 | 组分变化10%时产生的误差，% | 误差为±0.1%时要求天然气中组分含量，% |
| --- | --- | --- |
| 氧 | −5.5 | 0.2 |
| 氢 | −0.7 | 1.5 |
| 一氧化碳 | −0.7 | 1.6 |
| 硫化氢 | +1.3 | 0.6 |
| 乙烯 | −0.8 | 1.2 |
| 丙烯 | −0.6 | 1.5 |
| 丁烯 | −0.5 | 1.7 |
| 苯 | +0.2 | 3.8 |
| 甲苯 | +0.4 | 2.2 |
| 甲醇 | −1.1 | 1.0 |
| 氮 | +0.07 | 14.5 |
| 二氧化碳 | +0.07 | 14.5 |

从图 2-3 可以看出，进入热量计的样品气和空气的流量均由调节器严格控制，使燃烧过程在（近似）当量燃烧的条件下进行，从而使火焰温度达到最高。当样品气的发热量变化时，可以通过控制空气控制器喷嘴的开度，使热量计能自动调节空气流量以维持恒定的温度。因此，通过喷嘴的空气流量是与样品气的发热量呈比例关系，并用已知发热量的天然气标准气体混合物进行校准。

1990 年前，在美国能量计量现场的在线测定中，曾广泛使用过此类热量计。为此，美国材料与试验学会（ASTM）发布了两项有关标准：ASTM D4891《用当量燃烧法测定天然气发热量的标准试验方法》和 ASTM D1826《用连续记录式热量计测定天然气发热量的试验方法》。20 世纪 90 年代中期以后，几乎所有采用能量计量方式的大规模（贸易）交接计量均采用在线气相色谱分析系统。但作为法规要求的仲裁方法及有关工艺过程控制的需求，近年来当量燃烧式热量计仍有所发展，ASTM D4891 和 ASTM D1826 分别于 2013 年和 2010 年发布了最新的修订版本。

美国在推广气相色谱法（在线）间接测定天然气发热量的过程中，曾对间接法与燃烧式热量计（在线）直接测定这两类方法进行过大量现场比对试验，有代表性的试验结论可大致归纳如下[1]。

（1）对发热量约为38MJ/m³的天然气，以2台气相色谱仪同时进行测定时，两者平均测定结果（170个数据）的差值仅为0.0026MJ/m³（0.007%）。2台仪器的标准偏差均在±0.036MJ/m³的范围内。这表明气相色谱仪用于天然气组成测定具有良好的重复性和再现性。

（2）当用3台气相色谱仪和1台燃烧式热量计同时测定发热量高于34.2MJ/m³的天然气时，3台色谱仪准确度均优于0.2%，即与标准气测定值的差值不超过0.07MJ/m³。色谱法的测定值与燃烧法测定值相一致，93天的平行测定结果表明两者的差值仅0.0036MJ/m³，也表明这两类仪器之间有良好的关联性。

（3）以3台气相色谱仪和1台燃烧式热量计同时测定发热量约为38MJ/m³的管道天然气时，现场连续测定的平均值（104天）比较结果表明，2类方法测定结果的变化范围在0.06~0.07MJ/m³之间，此数据均在仪器的测定误差范围之内。表明两类方法准确度相当，均能准确而可靠地应用于现场连续测定。

（4）当天然气发热量低于34.2MJ/m³时，3台气相色谱仪中有2台的准确度迅速变差，大致下降到±0.5%的范围内；仅有1台色谱仪与燃烧法热量计的测定结果相一致，准确度保持不变。

### 四、对燃烧式热量计分级的建议

ISO 15971规定天然气热量计分为间歇式和连续式两大类，前者可以在检测和校准实验室内用作标准装置，后者则为现场使用的检测仪器。

ISO 15971的3.3节提出了一个按测量不确定度（在包含因子$k=2$，包含概率=0.95条件下）对燃烧式热量计进行分级的建议。对ISO 15971中涉及测量不确定度和测量误差的有关术语及其定义说明如下：

（1）测量不确定度（measurement uncertainty），简称不确定度是指"根据所得到的信息，表征赋予被测量值分散性的非负参数"；故不确定度不应以负值表示；且不确定度通常以相对标准不确定度表示，故一般也没有单位。

（2）当测量不确定度以扩展不确定度（$U$）的形式表示时，应示出其包含因子（$k$）和包含概率。例如，ISO 15971提出的热量计分级建议均假定测量所得数据呈正态分布，故$k=2$；包含概率则规定为0.95。因此，规范的表示方式应为："1级热量计的$U \leqslant 0.25\%$（$k=2$）"。

（3）当前在讨论仪器不确定度的文献中，准确度（accuracy）仅用于表示测量仪器的精度等级。例如，美国国家标准局1956年研制成功的Cutler-Hammer热量计[4]，其扩展不确定度为$U \leqslant 0.25\%$（$k=2$），故该仪器的准确度等级为0.5%（级），符合国家标准《天然气计量系统技术要求》（GB/T 18603—2014）规范性附录B中，对A级计量系统实施能量计量时配套使用的在线热量计规定的准确度要求。

（4）测量误差（measurement error）是指测得的量值减去约定真值。例如，国家计量技术规范JJF 412—2005规定水流式气体热量计的扩展不确定度为$U \leqslant 0.50\%$（$k=2$），其准确度等级为1.0%；在测定高位发热量约40MJ/m³的天然气时，其测量误差为不大于±0.2MJ/m³。

根据上述定义，ISO 15971对热量计分级的建议可归纳为表2-7。但必须强调指出：根据测量不确定度对燃烧式热量计进行分级仅仅是个"建议"。它与国际标准《天然气分析溯源准则》（ISO 14111）规定的标准气混合物（RGM）应分为基准级→论证级→工作级等3个级别的溯源链完全不同。它也与我国目前已基本与国际接轨的天然气流量计量基（标）准装置分为原级→次级→工作级等3个级别的溯源链并无关系。表2-8中除0级热量计是实验室测定用基准装置外，其他3个级别都是供现场连续测定的商用记录式热量计，它们均不是计量学上定义的标准装置。因此，0级热量计（基准装置）与1级~3级商用连续记录式测定装置之间，以及它们相互之间都不存在逐级检定的量值传递或溯源关系。由此可见，文献[3]图1中所示的溯源/量传链都不能成立（图2-5）。

表2-7 天然气（发热量直接测定式）热量计的分级建议

| 等级 | 测量不确定度（$k=2$），%（$\leqslant$） | 准确度等级 % | 测量误差① MJ/m³（$\leqslant$） | 备注 |
| --- | --- | --- | --- | --- |
| 0 | 0.10 | 0.2 |  | 可以作为量值传递或溯源的基（标）准仪器，GREG新建的参比热量计测量纯甲烷时扩展不确定度可达到优于0.05%（$k=2$） |
| 1 | 0.25 | 0.5 | ±0.1 | 供现场使用的准确度等级最高的热量计，Cutler-Hammer热量计即为属此类型的连续式测定仪，20世纪80年代中期曾广泛应用于美国能量计量现场，现已为气相色谱仪取代 |
| 2 | 0.50 | 1.0 | ±0.2 | 测量不确定度不符合能量计量要求，在天然气工业中不使用 |
| 3 | 1.0 | 2.0 | ±0.5 | 测量不确定度不符合能量计量要求，在天然气工业中不使用 |

① 假定样品天然气的体积高位发热量为40MJ/m³。

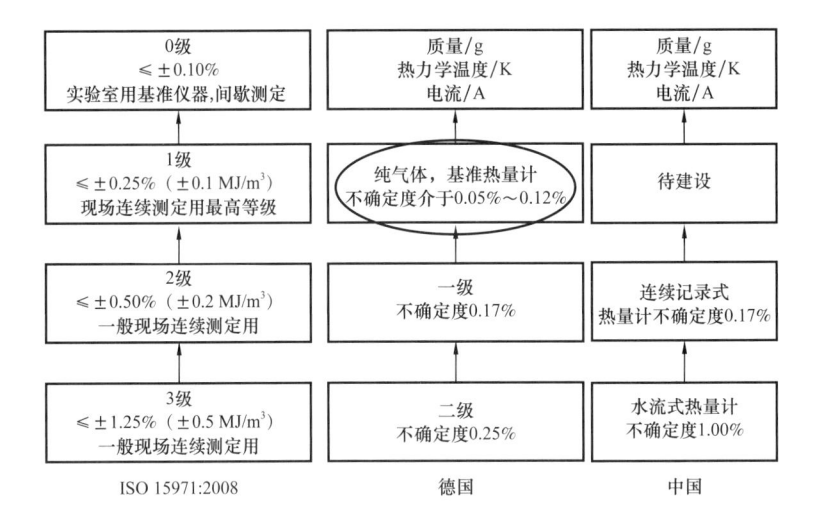

图 2-5 文献［3］所示的发热量直接测定水平对比图

根据 ISO 技术报告《天然气分析用气体标准物质的确认》（ISO/TR 24094）的规定，0 级热量计以电学方式向 SI 单位焦耳（J）溯源；然后以纯甲烷或标准气体混合物（RGM）进行量值传递或溯源。例如，测定天然气发热量常用的水流式热量计是以 99.999% 高纯甲烷（5 个 9 的纯甲烷）进行标准物质溯源（校准）。ISO 15971《天然气发热量与沃泊指数的测定》规定的 1 级～3 级热量计同样也是以纯甲烷校准。因此，目前天然气热量计的量值溯源是采用纯甲烷或 RGM。德国联邦物理技术研究院（PTB）在量值传递与溯源的过程中，采用称量法制备的 RGM 与基准热量计进行比对，从而将这两种溯源方式结合使用的方式值得借鉴（表 2-8）。

表 2-8 德国天然气能量计量的溯源链

| 天然气能量计量 | 发热量测定 | | 体积流量测定 | |
|---|---|---|---|---|
| | 测量方法 | 不确定度 | 测量方法 | 不确定度 |
| 原级（PS）↓ | 燃烧纯气体 称量法制备基准级 标准气混合物（PS） | 0.05%～0.12% 0.05%～0.12% | 高压体积管（HPPP） | 0.04% |
| 次级（SS）↓ | 气相色谱法与 PS 比对 热量计法与 PS 比对 | 0.12%～0.17% 0.17% | 涡轮流量计 | 0.15% |
| 工作级（WS）↓ | 气相色谱法与 SS 比对 热量计法与 SS 比对 | 0.12%～0.17% 0.25% | 不同工作原理的气体流量计 | 0.30% |
| 现场仪器 | 气相色谱法与 WS 比对 | 2%（最大允差） | 不同工作原理的气体流量计 | 2%（最大允差） |

# 第三节　燃烧量热学

## 一、发展概况

燃烧量热学是一门测定可燃物质发热量的新兴学科。

测定发热量（燃烧热）的方法一般分为定容和定压两种。定容发热量等于燃烧反应的内能（$\Delta U$）变化；而定压发热量则等于燃烧反应的焓值（$\Delta H$）变化。固体和液体燃料使用氧弹式热量计测定的是定容发热量。

焓值和内能都是热力学上表示物质系统能量的状态参数。焓值等于物质系统的内能加上推动力；而内能则表示物质系统内部分子动能和位能的总和。两者之间的关系可以用下式表示：

$$H = U + PV \tag{2-1}$$

20世纪初开始采用当时已经可以比较准确地测量的电能来标定热量计，从而使燃烧量热学的发热量测定数据皆可统一在电能的基础上。1921年国际纯粹与应用化学联合会（IUPAC）通过决议，采用高纯的苯甲酸作为标定氧弹式热量计的热化学标准，从而推动了燃烧量热学向更加精密、准确的方向发展。在20世纪50年代中期，国际上几个检测和校准实验室对高纯苯甲酸发热量的测定结果都落在平均值附近0.02%的范围之内。

20世纪30年代以来，随着石油和石化工业的迅速发展，新型化合物的数量剧增，大大地推动了燃烧量热学的技术进步。美国国家标准局的Rossini等于1930年研制成功的等环境型0级热量计，则为建立燃气量热学的基准装置奠定基础。

除特别说明外，天然气能量计量过程中均使用高位发热量。规定的燃气燃烧时其计量温度和压力，称为计量参比条件；规定的燃气燃烧时的温度（$t_1$）和压力（$p_1$）则称为燃烧参比条件（表2-2）。2016年发布的ISO 6976中，以图2-6所示说明了燃烧量热学中计量和燃烧参比条件的含义。

天然气发热量的单位可以表示为质量基（MJ/kg）、摩尔基（MJ/kmol）和体积基（MJ/m³）。但作为基准热量计必须采用质量基以降低测量不确定度；商品天然气能量计量采用的在线测定的发热量一般采用体积基。

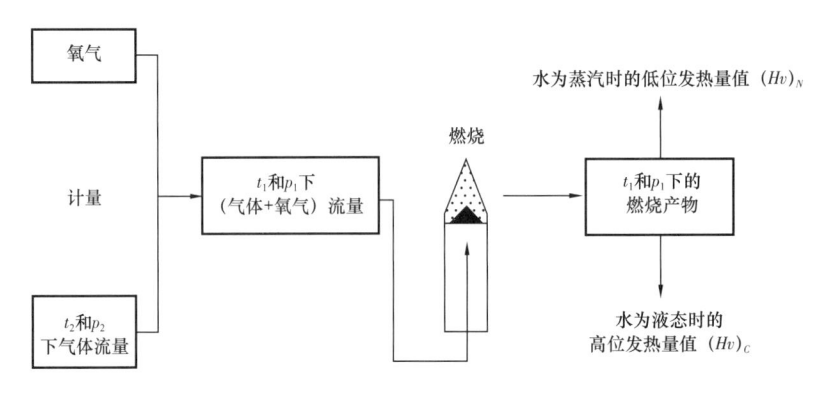

图 2-6　体积基发热量的燃烧和计量对比条件

## 二、纯甲烷发热量的测定

使用 0 级热量计精确地测定纯甲烷的发热量是当代燃烧量热学的重大研究成果，后者不仅有重要理论意义，也有重大经济价值。

从 1848 年首次测定甲烷燃烧热（发热量）以来的 170 多年间，虽开展过大量试验研究，但从文献报道的情况看，仅有 5 次是在 25℃下全面地测定了甲烷的标准摩尔燃烧焓，且这些试验研究是完全独立进行的。这 5 次研究分别由美国国家标准局 Rossini（1931）、英国曼彻斯特大学 Pittam 和 Pilcher（1972）、英国天然气与电力市场办公室（OFGEM）Lythall 和 Dale（2002）、俄罗斯门捷列夫计量技术研究院 Alexandrov（2002）和欧洲气体研究集团/德国计量技术研究院（GERG/PTB，2010）完成的（表 2-9）。OFGEM 的 Lythall 和 Dale 是在同一套热量计上各自独立地测定了一组数据，故表 2-9 中列出的数据为 6 组[5]。

表 2-9 中第 1 列所示的 Rossini（重新计算）数据是指 1982 年由 Armstrong 和 Jobe 根据 1931 年以来在国际温标及相对分子质量测定等方面的技术进步，对 Rossini 当年的测定数据重新计算、校正后得到的[6]。从表 2-9 所列数据可以看出，各研究者发表的测定结果相当一致，其差别仅在于平均标准偏差有所变化；而此种变化正反映出 20 世纪 70 年代以来国外在 0 级热量计技术开发方面取得了长足的进步。将表 2-9 中的 6 组测定数据的平均值加和后再取其平均值得到 890.578kJ/mol；根据此值 ISO 6976：2016 选定甲烷的理想气体高位摩尔发热量为 890.58kJ/mol（25℃）。1995 版 ISO 6976 中此值为 890.63kJ/mol，与 ISO 6976：2016 选取值的相对偏差仅 0.008%。ISO 6976：2016 的表 3 中，同时给出了甲烷理想气体摩尔基高位发热量的标准不

确定度为0.19kJ/mol，此值显然被低估，但由于无法确定被低估的量，故仍然以此值为最佳估计值。

表2-9 部分研究者的甲烷发热量测定值　　　　单位：kJ/mol（25℃）

| 研究者\项目 | Rossini（重新计算） | Pittam 和 Pilcher | OFGEM Lythall | OFGEM Dale | Alexandrov | GERG/PTB |
|---|---|---|---|---|---|---|
| 数值 | 891.823 | 890.36 | 890.60 | 890.34 | 889.63 | 890.639 |
| | 890.633 | 891.23 | 890.69 | 890.11 | 890.47 | 890.459 |
| | 890.013 | 890.62 | 890.87 | 890.49 | 890.85 | 890.443 |
| | 890.503 | 890.24 | 890.62 | 891.34 | 890.37 | 890.780 |
| | 890.340 | 890.61 | 890.81 | 890.36 | 890.44 | 890.568 |
| | 890.061 | 891.17 | 890.94 | 890.44 | 890.79 | 890.530 |
| | — | — | 890.71 | 890.47 | 890.66 | 890.597 |
| | — | — | 890.59 | 890.87 | 890.02 | 890.628 |
| | — | — | 890.64 | 890.31 | — | 890.562 |
| | — | — | — | 890.33 | — | — |
| 平均值 | 890.562 | 890.705 | 890.719 | 890.506 | 890.404 | 890.578 |
| 标准偏差 | 0.663 | 0.411 | 0.126 | 0.351 | 0.408 | 0.102 |

## 三、氧弹式热量计

应用于实验室间歇测定的热量计种类很多，大体可分为氧弹式、水流式和等环境（isoperibplic）式3大类。氧弹式热量计是测定固体或液体燃料发热量（$Q$）的基准仪器，其基本结构示意图如图2-7所示。我国国家计量科学院保存的氧弹式燃烧热测定基准装置的热容量（13438±1.2）J/℃（$k=2$）；在标准氧弹条件下测定标准物质苯甲酸的发热量为26434.4J/g，相对测量不确定度达到0.01%。此装置对该院提纯的一级燃烧热标准物质苯甲酸定值时，标准氧弹条件下测定结果为（26432.1±4.4）J/g（$k=2$），相对不确定度为0.02%。但是，氧弹式热量计测定的是定容发热量（$Q_v$）；而热化学计算中的燃烧热一般均采用定压发热量（$Q_p$）。因此，测定天然气发热量的热量计及其标准装置大多采用水流式；而基准装置则必须采用等环境式（0级热量计）。

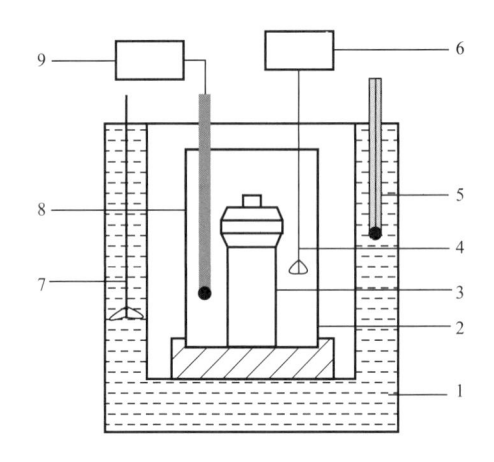

图 2-7 氧弹式热量计结构示意图

1—外筒；2—内筒；3—氧弹；4—内筒搅拌器；5—外筒温度计；6—控制箱；7—外筒搅拌器；
8—内筒贝克曼温度计；9—温差测定仪

用热量计直接测定燃烧热的基本原理是：样品燃烧所释放出的热量（$Q$）全部为量热系统（通常是一定量的水）所吸收，$Q=C\Delta T$。式中，$\Delta T$ 是体系吸热后量热体系的温升；$C$ 为量热体系的热容（当）量，通过燃烧一定量标准物质进行标定。标准物质（一般采用苯甲酸，下标为 1）完全燃烧后放出的热量（$Q_1$）是已知的，故可以由测定 $\Delta T_1$ 计算得到热容量：

$$C = \frac{Q}{\Delta T_1} \qquad (2-2)$$

然后，在相同参比条件下测定一定量待测物质样品（下标为 2）完全燃烧后量热体系温度的温升 $\Delta T_2$，由此即可计算得到一定量待测物质样品完全燃烧释放出的热量（$Q_2$）：

$$Q_2 = C\Delta T_2 = Q_1 \frac{\Delta T_2}{\Delta T_1} \qquad (2-3)$$

用氧弹式热量计进行测定时，将一定量样品置于充有一定压力（2.8～3.0MPa）的密封氧弹中，令样品在充足氧气的条件下完全燃烧，燃烧释放出的热量为其周围的（内桶）水所吸收，吸收水的温升与样品燃烧释放出的热量（$Q$）成正比。按 JJG 672 的规定，氧弹式热量计的计量性能要求如下：

（1）在规定条件下，热量计搅拌器连续搅拌 10min，量热体系温度升高不超过 0.01K；

（2）在规定条件下，用燃烧热标准物质苯甲酸检定热量计的热容量 5 次，按不同的平均热容量，其极差不大于表2-10的规定。

表2-10　热容量检定技术指标　　　　　　　　　　单位：J/K

| 热容量 | <1500 | 9000～11000 | 14000～15000 |
| --- | --- | --- | --- |
| 极差 | 9 | 40 | 60 |

（3）在规定条件下，测得发热量与其标准值之间差值不超过60J/g。

（4）绝热式氧弹热量计初期温度达到平衡后，在3min内量热体系温度变化不大于0.001K。

### 四、水流式热量计

国家标准GB/T 12206规定的水流式热量计是一种有代表性的气体发热量（直接式）测定仪器。该仪器是分两步完成测定的：第一步测定甲烷燃烧热标准物质的发热量，得到热量计的修正系数（即热效率或热当量）；第二步采用同样的测试条件测定样品气，然后经过热效率修正后得到其发热量。此类测量方法是国际公认的（气体）发热量基本测量方法之一，按其能达到的最佳准确度可以作为溯源链的一个环节以供低级别标准气定值，但此类热量计只适合于实验室间歇测定。水流式热量计的结构和连接示意图分别如图2-8和图2-9所示。

根据国家计量检定规程《水流型气体热量计》（JJG 412）的规定，水流式热量计适用于发热量范围为8370～62800kJ/m³的燃料气，也可以应用于工业生产中使用的（连续）记录式热量计的验证。目前国内此类热量计的准确度约为1%，测定天然气发热量时的误差约为±0.2MJ/m³。

水流式热量计进行测定时，一定量样品气经稳压、稳流后进入本生灯（燃烧器），并在热量计内壳中完全燃烧。燃烧释放的热量被连续的水流吸收，根据热量计达到平衡时测得的各项参数计算出天然气的体积基发热量。新型的水流式热量计在空气入口处设置有增湿器，使进入热量计的天然气和空气均呈饱和状态。由于热量计中已有凝结水出现，故热量计排出烟气也处于饱和状态。根据热量计水平衡计算，保持天然气和空气带入热量计的水分等于烟气带出热量计的水分时，天然气/空气的相对湿度应控制为81%。若热量计没有空气增湿器，可根据测定的进入热量计的空气相对湿度，通过计算求出高位发热量。按JJG 412的规定，水流式热量计的修正系数应在0.99～1.01之间；测量重复性应小于0.8%。

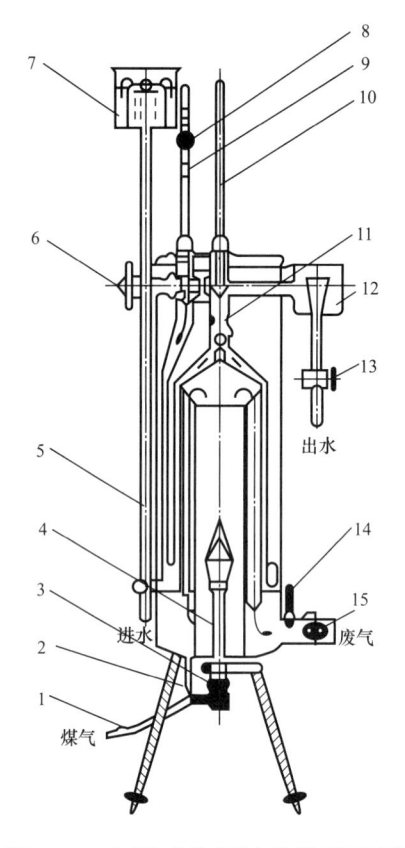

图 2-8 水流式热量计结构示意图

1—进气管；2—冷凝水管；3—一次空气调节板；4—本生灯；5—进水管；6—进水调节阀；7—进水位器；8—放大镜；9—进水口温度计；10—出水口温度计；11—匀水混合片；12—出水位器；13—出水口切换阀；14—废气温度计；15—蝶型调节阀

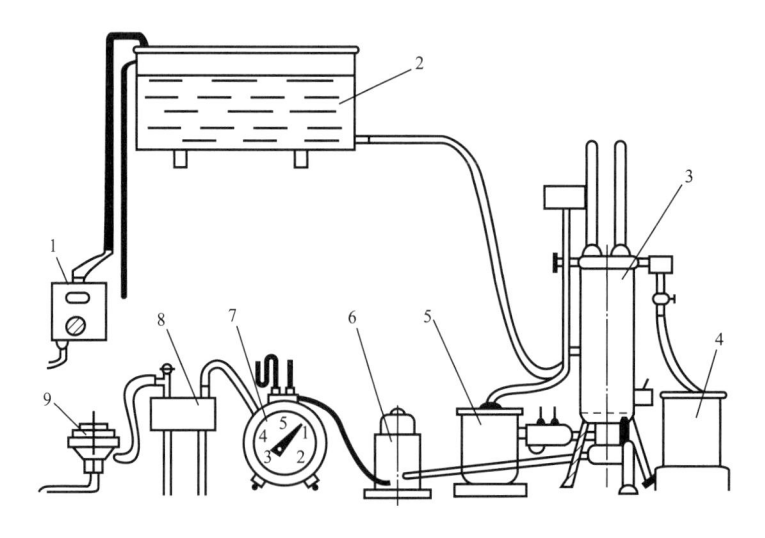

图 2-9 水流式热量计连接示意图

1—水温调节器；2—高位水箱；3—热量计；4—盛水容器；5—空气湿润器；6—气体稳压器；7—湿式气体流量计；8—燃气湿润器；9—调压器

20世纪90年代末期,天然气研究院曾采用精密型水流式热量计测定了一系列天然气样品的发热量,并与以气相色谱分析结果为基础的间接法进行了比对。结果表明:采用水流式热量计测定天然气高位发热量时,8次平行结果的相对标准偏差为0.19%。若以间接法测定值为基准进行比对,两者的相对误差不大于 ±1.51%[7]。

## 第四节  商用连续记录式热量计

### 一、发展概况

1910年开始,美国就广泛地采用水流式热量计测定城市煤气及其他工业燃气的发热量(ASTM D900;此标准试验方法已经于1973年撤销)。但以水流式热量计测定一次燃气发热量也至少需要30min,因而此类设备不适合应用于在连续测定的基础上监控天然气发热量。

20世纪20年代起就在煤气工业中广泛应用的Cutler-Hammer连续记录式热量计,后者当时是美国唯一可以在连续测定的基础上对燃气发热量进行监控的设备。鉴于此,美国标准局决定选择此仪器作为连续监控商品天然气发热量法定的仲裁设备,并在20世纪50年代中期,对此设备在发热量在33.8~45.1MJ/m³范围内的操作、标定和准确度进行了全面考察,最终在1961年首次发布了《用连续记录式热量计测定天然气标准试验方法》(ASTM D1826),当前最新版本为2010年再次批准。

根据1957年Eiseman和Potter(在实验室)以纯甲烷试验估计此类热量计准确度的研究结果表明(表2-11),在严格控制试验条件的情况下,对发热量为37.48MJ/m³的纯甲烷,测量误差为 ±0.1MJ/m³,即测量误差为 ±0.27%[8]。

表2-11  纯甲烷分析结果

| 钢瓶编号 | 组分 | 含量,%(摩尔分数) | 计算发热量,MJ/m³ |
|---|---|---|---|
| 127 | 甲烷<br>乙烷<br>氮气 | 99.93<br>0.00<br>0.07 | 37.48 |
| 130 | 甲烷<br>乙烷<br>氮气 | 99.92<br>0.00<br>0.08 | 37.47 |

续表

| 钢瓶编号 | 组分 | 含量，%（摩尔分数） | 计算发热量，MJ/m³ |
|---|---|---|---|
| 133 | 甲烷<br>乙烷<br>氮气 | 99.93<br>0.00<br>0.07 | 37.48 |
| 134 | 甲烷<br>乙烷<br>氮气 | 99.93<br>0.00<br>0.07 | 37.48 |

20世纪60年代起，Cutler-Hammer连续记录式作为商用测量仪器广泛应用于天然气工业。20世纪80年代中期以后，也曾作为能量计量现场在线测定天然气发热量的主要设施。进入90年代后，此类仪器由于操作比较复杂，对实验室环境要求相对较高，才逐步被以天然气组成气相色谱分析为基础的间接测定法设备所替代。

根据ASTM D1826-94（2010）提供的信息，在现场连续测定的基础上对此类热量计以已知发热量的标准气进行标定时（连续试验时间不少于1.5h，标定周期为1周），对发热量为33.8~45.1MJ/m³的天然气，估计测量误差0.019~0.034MJ/m³，此数据明显高于表2-14所示的实验室测定结果。

根据此类热量计近年来工业应用的情况估计，在严格按使用手册要求控制操作条件时，其重复性约为0.3%；故在现场操作条件下，要求达到《天然气计量系统技术要求》（GB/T 18603）附录B规定的0.5%准确度比较困难。

20世纪80年代中期，美国航空航天局（NASA）的兰利（Langley）研究中心又利用$ZrO_2$电化学传感器对微量氧含量极为敏感的原理，开发成功了以烟气中残余氧含量与燃气高位发热量相关联的当量燃烧（B）式热量计。此类热量计可以通过试验确定一个仅与燃气中饱和烃类组成及烟气中残余氧含量有关的$A$值；后者又与氧气流量体积（$m$）与饱和烃类流量体积（$n$）之比呈线性关系（图2-10）。此类热量计的响应时间比空气换热式更短，很适合于只含饱和链烃（及少量非烃不可燃气体）的商品天然气，但其准确性则略低于上述空气换热式热量计[9]。由于当量燃烧式热量计对天然气中的非链式烷烃敏感，故推荐的天然气中合适组分范围见表2-12。

根据ASTM D1826-94（2010）提供的信息，在重复性条件下所得实验室试验结果以最小二乘法估计其标准偏差为0.03MJ/m³；对应包含概率95%的重复性区间为0.09MJ/m³。在再现性条件下所得实验室试验结果以最小二乘法估计其标准偏差为0.06MJ/m³；对应包含概率95%的再现性区间为0.19MJ/m³。

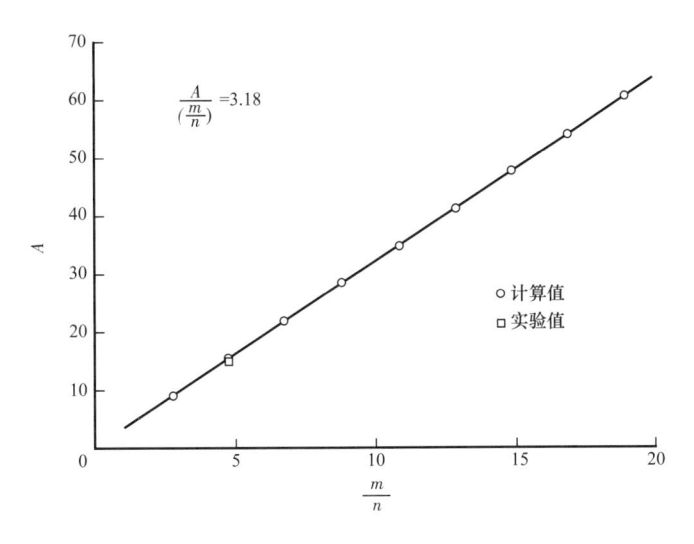

图 2-10　$A$ 值与 $m/n$ 值之间的线性关系

表 2-12　推荐的天然气组分范围

| 化合物 | 含量范围（摩尔分数），% |
|---|---|
| 氦 | 0.01～5 |
| 氮 | 0.01～20 |
| 二氧化碳 | 0.01～10 |
| 甲烷 | 50～100 |
| 乙烷 | 0.01～20 |
| 丙烷 | 0.01～20 |
| 正丁烷 | 0.01～10 |
| 异丁烷 | 0.01～10 |
| 正戊烷 | 0.01～2 |
| 异戊烷 | 0.01～2 |
| $C_{6+}$ | 0.01～2 |

综上所述，关于连续记录式热量计的基本信息可归纳为表 2-13。为便于此类仪器实现操作程序的标准化，美国材料与试验协会（ASTM）于 2008 年

首次发布了《用热量计法测定气体燃料发热量及其在线/离线取样实施规程》（ASTM D7314），并于2010年发布了修订版。

表 2-13 连续记录式热量计的基本信息

| 型式 | 基本原理 | 精密（准确）度 | 标准化 | 应用 |
|---|---|---|---|---|
| 空气换热式 | 换热空气的温升与燃气发热量成正比 | 现场连续测定基础上，对发热量范围为 33.8～45.1MJ/m³ 天然气的测量误差为 0.019～0.034MJ/m³ | ASTM D1826-94（2010再次批准）；ISO 15971 规定现场用1级热量计 | （1）记录式测定仪器的仲裁方法；（2）交接计量中作为结算的依据；（3）工艺过程控制。ASTM D7314 规定了用热量计法测定气体燃料发热量及其在线/离线取样的实施规程 |
| 当量燃烧A式 | 达到当量燃烧时，火焰温度最高 | 在实验室操作条件下：置信概率95%的重复性区间为 0.09MJ/m³；置信概率95%再现性区间为 0.19MJ/m³ | ASTM D4891-13；ISO 15971 规定的现场用2级、3级热量计 | |
| 当量燃烧B式 | 达到当量燃烧时，燃烧产生的烟气中残余氧含量最低 | | | |

## 二、空气换热式热量计技术要点

### 1. 基本原理

燃气在恒定流速下燃烧，释放的全部热量由（作为换热介质的）一股空气流所吸收。燃气、助燃空气和换热空气均以常用的湿式流量计计量；这些流量计量设备皆通过齿轮连接并由电动机驱动齿轮，从而保持这三者的流速恒定。燃烧产生的烟气与换热空气换热至接近空气的起始温度，并使燃烧产生的水蒸气冷凝成液态。换热空气的温升与燃气的高位发热量成正比，此温升用（镍）电阻温度计连续测量并记录在条形记录器上。燃烧室的基本结构如图 2-11 所示。

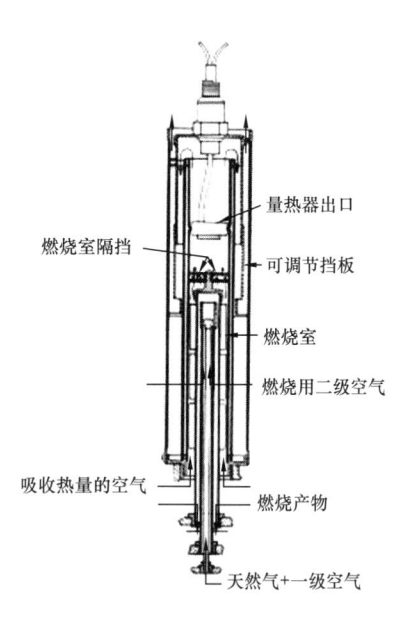

图 2-11 燃烧室的基本结构

### 2. 温升测量系统

换热空气的温升由镍电阻温度计测定，后者连接至 Wheatstone 电桥的一个相邻臂。该电桥中设有一个经准确标定的滑线电阻（S），并配备有合适的记录器。Wheatstone 电桥的电路图如图 2-12 所示。

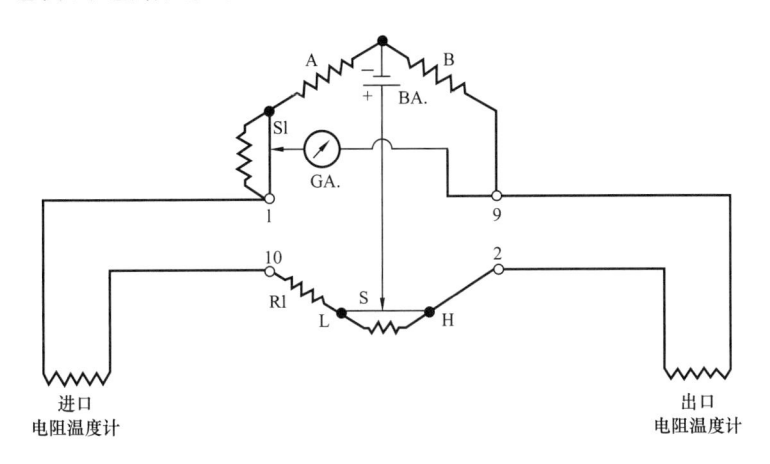

图 2-12　Wheatstone 电桥的电路图

### 3. 初步（预）标定

初次安装或维修后重新安装的热量计，在纯甲烷标定前应以氢气进行初步标定，其主要原因是：

（1）氢气密度很低，故系统中任何微小的漏失都将导致读数下降；因而实质上初步标定过程中也对从气体流量计至燃烧室之间的系统进行了检漏。

（2）氢气标定试验的结果实质上提供了热量计在不同量程范围内（滑线电阻与温度计校准两个方面）的交叉检验数据；因此，合适的氢气标定对降低热量计在低发热量量程范围内的测量误差进一步提供了保证。

（3）氢气实质上不存在不完全燃烧的可能性，故合适的氢气标定试验将提供较准确的供入系统的热量数据，它们可应用于校正记录器的读数。如果通过氢气标定试验得到了标准气在低发热量范围内读数值，在进行样品天然气燃烧试验时，就能更方便地察觉其燃烧是否完全。

### 4. 比例校正器试验

（1）此项试验目的是确认预先设定的空气/燃气体积流量是准确的；因为此体积比是保证热量计测量准确度的关键因素。

（2）比例校正器试验过程中应保持室温（合理地）恒定。

（3）应准确地调整如图 2-13 所示的比例校正器。

（4）燃气流量计、换热空气流量计、比例校正器及它们的连接处应无漏失。

（5）试验开始前应核对储水罐的液面。

（6）应以表2-14所示格式记录比例校正器试验结果。

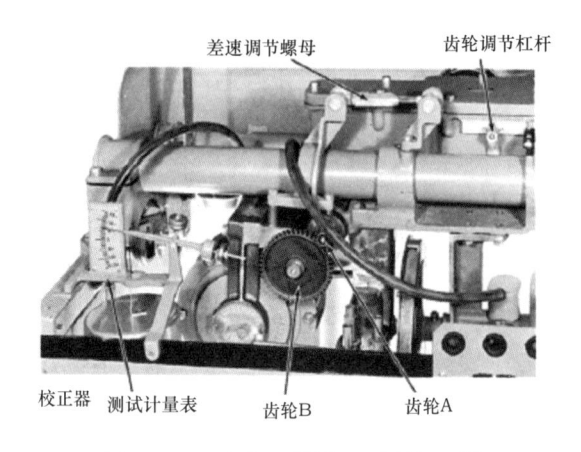

图 2-13 空气/燃气比例校正器

表 2-14 典型的空气/燃气比例校正器试验记录（示例）

| 螺纹数 | 空气流量计校准器开始与结束自旋时的读数 ||||  第1、第2和第3次旋转一圈后校准器读数减去开始时读数 ||| 校准器旋转一圈读数平均值 |
| --- | --- | --- | --- | --- | --- | --- | --- | --- |
| | 开始时读数 | 第1次旋转一圈后 | 第2次旋转一圈后 | 第3次旋转一圈后 | 1-0 | 2-0 | 3-0 | |
| …… | 0 | 1 | 2 | 3 | 1-0 | 2-0 | 3-0 | …… |
| 15 | -0.01 | -0.08 | -0.15 | -0.21 | -0.07 | -0.14 | -0.20 | -0.07 |
| 16 | -0.02 | -0.07 | -0.13 | -0.19 | -0.05 | -0.11 | -0.07 | -0.06 |
| 17 | -0.03 | -0.09 | -0.16 | -0.21 | -0.06 | -0.13 | -0.18 | -0.06 |

5. 对燃气样品的要求

燃气样品中不应含有粉尘、游离水和其他固体杂质。如果操作经验表明燃气样品中可能含有上述杂质，就应在取样管线上安装合适的过滤器。为防止液态水在取样管线中积累，应在其低点处设置排水支管。

样品气中应基本上不含硫化氢。为此，可以在取样管线上设置一个小型的、内装固体脱硫剂的净化管；其合适的尺寸为1h处理84.5L燃气样品。

### 三、当量燃烧式热量计技术要点

1. 基本原理

如图2-14所示，空气与燃气混合后在燃烧室内进行燃烧，并将空气/燃气之比调节至基本接近当量比；再进一步调节此值至某个与燃气发热量有关的固定值。然后设定此值，并利用燃气燃烧的某个特性（如火焰温度、烟气中残余氧含量等）与此设定值之间的线性关系测定发热量。

2. 仪器结构

按与之关联的不同燃烧特性，当量燃烧式热量计有多种型式，它们的仪器结构也有所不同，但一般至少都包括4个主要组成部分：流量计和/或压力调节器、燃烧室、烟气传感器和电子控制设备（图2-14）。

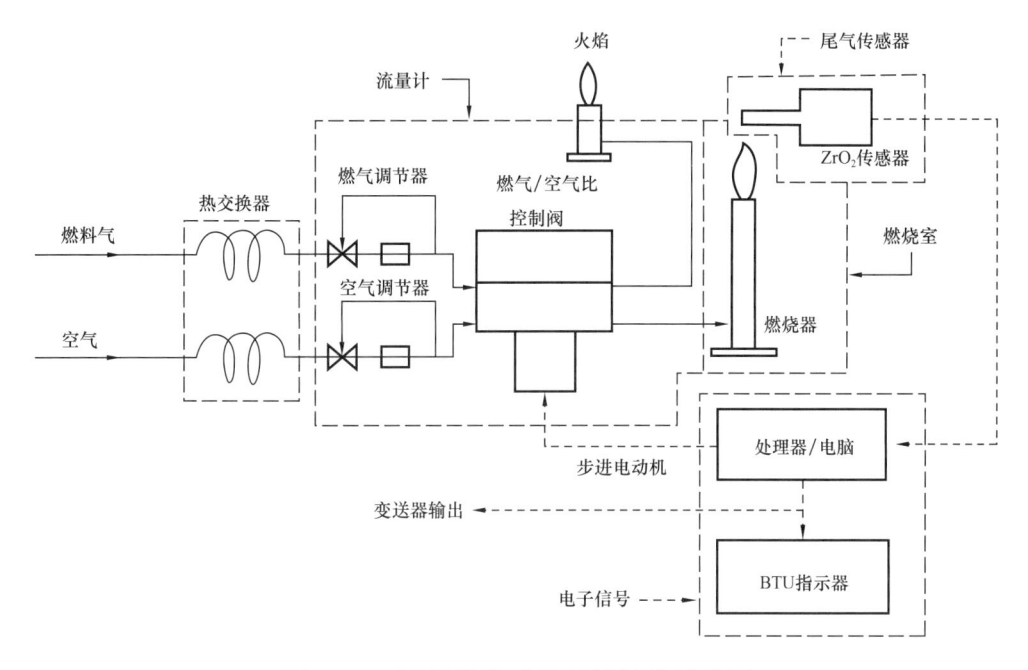

图2-14 当量燃烧式热量计结构示意图

3. 标定程序

当量燃烧式热量计通过下式进行标定：

$$C = F \times R + B \quad (2\text{-}4)$$

式中  $C$——燃气发热量；
  $F$——标定因子；
  $R$——空气/燃气比；
  $B$——常数。

在热量计初次投入运行时，必须使用2种以上已知发热量的标准气对热量计进行标定以确定 $F$ 和 $B$。在日常使用过程中也必须定期进行标定。ASTM D7314规定了用（当量燃烧式）热量计法测定气体燃料发热量及其在线/离线取样的实施规程，该标准于1989年首次发布，并于2013年发布了最新修订版本。

## 第五节 发热量赋值

无论使用直接法或间接法测定天然气发热量都涉及比较复杂的技术和设备，因而只适用于大型计量站，而供气量较少的界面一般都应用赋值方法来估计供出气体的发热量。鉴于此，中国石油西南油气田公司天然气研究院与中国石油大学（北京）合作，于2006年完成了题为《天然气发热量等物性参数赋值方法及软件编制》的研究报告，并在陕京输气管道、西气东输管道沿线的一系列分输站、清管站和压气站对计算软件进行了现场测试，证实其计算精度完全符合要求。

发热量赋值的具体计算过程是：根据基本的流体力学方程组推导出管线压力分布和质量流量的计算公式，结合物性参数求出体积流量和流动速度，进而求出装备有在线气相色谱设备的站点测出的气体组分到达被赋值站点的流动时间，从而对组分和发热量进行赋值计算。在发热量赋值模型方面，由流体力学基本理论出发，结合等温和稳态流动假设，得到水平管段和起伏管段各自的流速计算公式，并给出气体在管道内流动时间的计算方法，从而奠定赋值软件的基础[10]。

但在实际生产中，管道的输气温度必然与环境温度相关，在阀门、接头、流量计等处必然存在湍流，因此模型的计算和赋值精度必然受到一定程度的限制。另外，在天然气输送过程中，管道的实际运行参数如流量、压力、温度、管道坡度等均会对赋值模型计算结果的不确定度产生影响。因此，管道管理公司提高信息化管理水平和数据应用能力是赋值技术能够达到现场赋值精度要求的必要条件。

根据GB/T 22723《天然气能量的测定》的规定，天然气能量测定中有下列多种赋值方法。

### 一、固定赋值

1. 利用测定发热量的固定赋值（一种气质——一个气体流动方向）

如果能够满足发热量和体积测量点之间的气体流动方向不变，且在能量测定周期中天然气的气质变化及发热量测定点与流量测定点之间的输送时间变化均甚小等条件时，通常在一段简单的、分开的管网内进行能量测定周期中，计费区内发热量可采用固定赋值。图 2-15 所示例子是单一气源向某管道的众多界面供气，由天然气输送公司在管道入口点测定气体发热量（$H_S$），然后赋值给所有界面作为入口点的发热量。此时，不对气体输送至不同界面所用的时间进行修正。

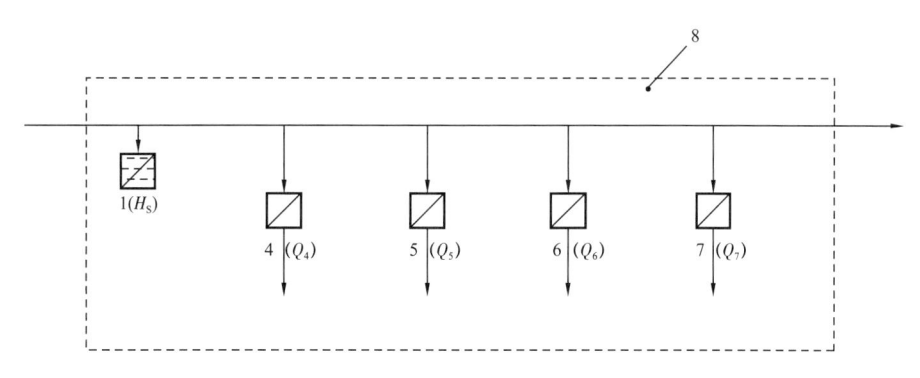

图 2-15　固定赋值应用于一种气质——一个气体流动方向的示例

1、4～7—界面；8—能量测定管网

**2. 两种经测定发热量的气体——一个气体流动方向的固定赋值**

图 2-16 的示例是表明气体输送公司有可能将两股不同气质的天然气送入同一管道，但在管道入口处分别测定了这两股气体的发热量 $H_{S1}$ 和 $H_{S2}$，并利用这两个数据向入口点下游的界面 4～界面 7 赋值。

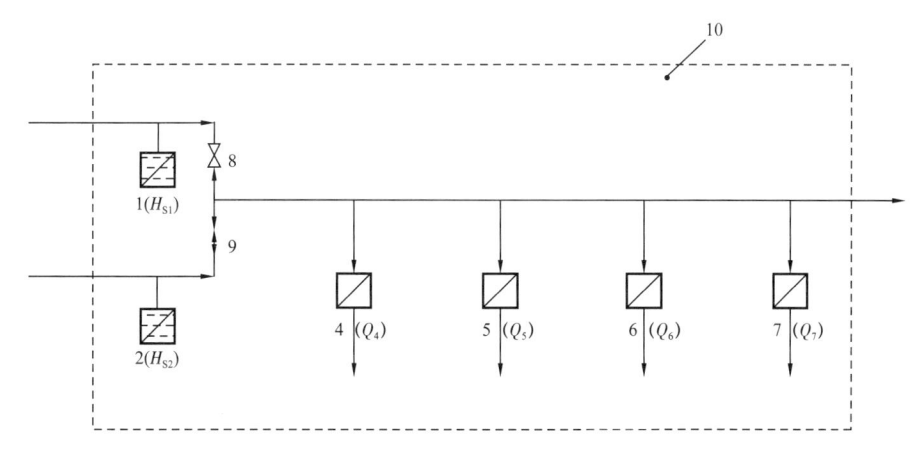

图 2-16　固定赋值应用于两种气质——一个气体流动方向的示例

1、2、4～7—界面；8—阀1；9—阀2；10—能量测定管网

当实施此种固定赋值方式时，气体输送公司应保证做到以下几点：

（1）在一个供气时段内保证从一个气源持续地稳定供气；

（2）不能出现同时供应两种不同气质的天然气；

（3）记录下两种不同气质天然气各自的供气周期；

（4）在相应的供气周期中，应能从一个或几个发热量测定点选择用于固定赋值的数据。

### 二、利用公告发热量的固定赋值

假定发热量在整个能量测定周期中是合理的恒定值，且在发热量测定站测定的数据已经过核实。此时，该发热量可作为公告发热量合理地赋值给所有下游界面。当本地分销公司决定对其输气管网上所有界面使用固定赋值的公告发热量时，在某一时间段内应以下列条件为基础进行公告：

（1）向用户所供气体的平均发热量应等于或略高于公告发热量（约高 $0.1MJ/m^3$）；

（2）在公告期间，应以每天所供天然气的最低发热量的平均值来计算向用户所供气体的平均发热量；

（3）每天应测定进入管网的所有天然气的发热量；

（4）如果能量测定的任何时间段内的发热量低于公告数据，本地分销公司应在后续时间段内修订公告值，以便使发热量测定值等于或高于这两个时间段的平均公告发热量。

### 三、可变赋值

1. 可变赋值应用于两种气质——两个气体流动方向

在开放的输气管网中界面处的气质可能会有显著的变化；此时固定赋值方法不再适用，而应该使用可变赋值的方法。如图2-17所示，在一个能量测定周期中有不同数量和质量的天然气通过（输入站）界面1和界面2，定义的零位浮点可位于这两个界面之间。根据界面4～界面7的外输结构，发热量为 $H_{S1}$ 的天然气可能供给界面4和界面5，而发热量为 $H_{S2}$ 的天然气可能供给界面7。从界面1和界面2来的天然气所组成的混合气体可能通过界面6。在此供气条件下，发热量 $H_{S1}$ 可赋值给界面4和界面5，发热量 $H_{S2}$ 可赋值给界面2。但对界面6而言，有代表性的发热量或在此界面处测定，或通过来自界面1的气量 $Q_1$ 和界面2的气量 $Q_2$，以及可以利用的发热量 $H_{S1}$ 和 $H_{S2}$ 用流量或算术加权平均的方法确定。

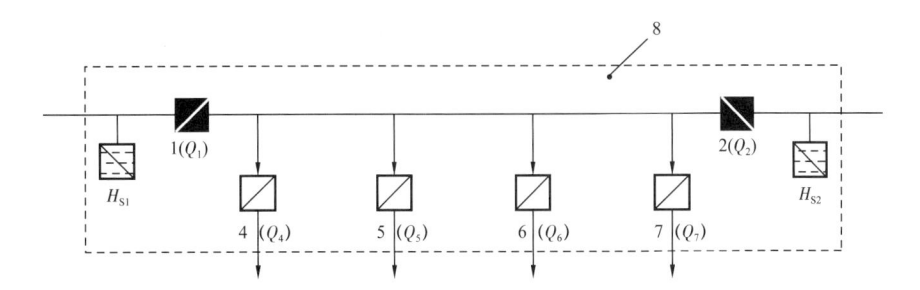

图 2-17 可变赋值应用于两种气质——两个气体流动方向的示例

1、2、4~7—界面；8—能量测定管网

## 2. 可变赋值应用于两种气质——一个气体方向流动

如图 2-18 所示，在整个能量测定中都应测量界面 1 处的天然气流量 $Q_1$ 及其发热量 $H_{S1}$ 和在界面 2 处的天然气流量 $Q_2$ 及其发热量 $H_{S2}$。据此计算得到的两个总发热量彼此不同，而且在整个能量测定周期中还可能有变化。根据有关已知条件，在将发热量赋值给界面 4~界面 7 的过程中，应在界面 4 处形成类似于图 2-18 那样的图形。在能量测定周期中，对于流量分别为 $Q_4$~$Q_7$ 的天然气而言，应该在阀 1 和阀 2 后面的混合点处计算（混合后天然气的）加权平均发热量，并结合考虑发热量为 $H_{S1}$ 和 $H_{S2}$ 的两种天然气从计量站至混合点的输送时间。

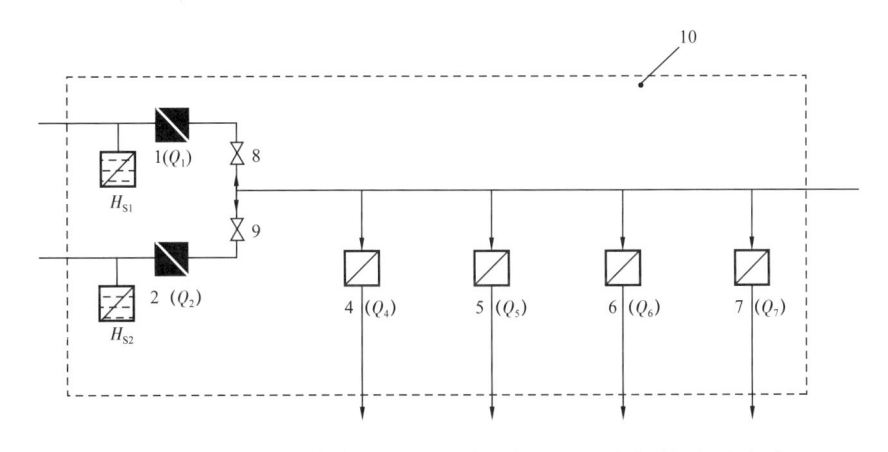

图 2-18 可变赋值应用于两种气质——一个气体流动方向

1、2、4~7—界面；8—阀 1；9—阀 2；10—能量测定管网

# 参 考 文 献

［1］陈赓良. 天然气能量计量的有关法制问题［J］. 天然气工业，2003，23（1）：88.

［2］陈赓良. 对 ISO 技术报告（TR）24094 的几点认识［J］. 石油工业技术监督，2007，23（8）：5.

[3] 黄维和，段继芹，常宏岗，等．中国天然气能量计量体系建设探讨［J］．天然气工业，2021，41（8）：186．

[4] 高立新，陈赓良，李劲，等．天然气能量计量的溯源性［M］．北京：石油工业出版社，2021．

[5] 周理，蔡黎，陈赓良．天然气气质分析与不确定度评定及其标准化［M］．北京：石油工业出版社，2021．

[6] 周理，陈赓良，潘春锋，等．天然气发热量测定的溯源性［J］．天然气工业，2014，34（11）：122．

[7] 曾文平，李忠诚．天然气发热量测定方法研究［J］．石油与天然气化工，1999，28（1）：65．

[8] J H Eiseman, E A Potter. Accuracy of the Cutler-Hammer calorimeter when used with high heating value [J]. J. of Research of the National Bureau of Standard, 1957, 58（4）: 2754.

[9] A Attari, D. L. Klass. Natural gas energy measurement [M]. London : Elsevier Applied Science Publisher, 1987: 196.

[10] 李克，潘春锋，张宇，等．天然气发热量直接测定及赋值技术［J］．石油与天然气化工，2013，42（3）：297．

# 第三章 0级（参比）热量计

## 第一节 法制计量与0级热量计

### 一、法制计量

法制计量是保证公众安全、国民经济和社会发展，根据法制、技术和行政管理的需要由政府或官方授权进行管理的计量，包括对计量单位、计量器具（特别是计量基准和标准）、计量方法测量不确定度都有明确规定和具体要求。

根据天然气供出热量计算公式（$E=H \times Q$）可知，天然气发热量单位$H$的测量准确度与气体体积流量$Q$的测量准确度，同样对能量计量测量结果的准确度有重要影响。当前我国天然气体积计量已经列入法制计量范畴，故随着天然气能量计量逐步推广，天然气发热量测定也必将列入法制计量范畴，故建设天然气发热量的计量基准的重要性是不言而喻的。

在$Q$的量值测量方面，中国石油天然气集团有限公司已经建成了适合我国国情的m-t法原级装置和临界流喷嘴次级装置，在设计压力为10MPa和4MPa的工况下，测量不确定度分别达到0.1%和0.5%的国际先进水平，并形成了较完善的量值溯源体系。但对于0级热量计的建设，则迄今尚未落实一个切实可行的方案。

发热量计量单位焦耳（J）属SI制导出量单位，其计量基准是0级热量计；它通过电学校准方法直接溯源至SI单位焦耳（J）。目前建于欧洲的3套0级热量计的扩展不确定度（$U$，$k=2$）已经达到优于0.1%水平，主要用于科研与确认发热量基础数据。国家计量研究院由氧弹式热量计改装而成的0级热量计，虽然也属于双体等环境式，但它测定的是定容（体积基）发热量，将其换算为质量基发热量时会产生较大的不确定度，故目前$U$（$k=2$）只能达到0.6%的水平，估计也很难再进一步改善。因此，建设一套$U$（$k=2$）能达到优于

0.35% 的、可用以确认能量计量用 RGM 的 0 级热量计，是当前亟待完成的一项基础性研究工作[1]。

近期文献中报道了韩国标准科学研究院研制成功了使用金属燃烧器的 0 级热量计（图 3-1）。以该 0 级热量计进行了 8 次纯甲烷发热量测定，测定结果见表 3-1。表中数据表明，测定结果与国际标准值的偏差为 0.16%，此偏差主要来源于燃烧甲烷的质量测定。此测量结果的不确定度虽稍逊于建于德国联邦物理技术研究院（PTB）的 0 级热量计，但完全可以满足确认天然气能量计量用多元 RGM 的要求[2]。

图 3-1　装有金属燃烧器的 0 级热量计

表 3-1　8 次试验的测定结果

| 试验编号 | 1 | 2 | 3 | 4 | 5 | 6 | 7 | 8 |
|---|---|---|---|---|---|---|---|---|
| $H_S$，kJ/g | 55.38 | 55.45 | 55.4 | 55.38 | 55.44 | 55.52 | 55.45 | 55.39 |

## 二、ISO 15971 附录 C 的规定

ISO 15971 附录 C 对 0 级热量计规定了如下特定要求：

（1）所有操作皆应严格地按照最佳计量学实践方式进行，且所有相关物理测量皆可通过不间断的比较链溯源至 SI 单位；

（2）目前已建成的所有 0 级热量计都是"直接"测量质量（$m$）和温升（$\Delta t$）这两个参数；

（3）测量结果必须表示为质量基发热量，即 kJ/g 或 MJ/kg；

（4）其基本结构形式皆根据 20 世纪 30 年代美国国家标准局研制成功的 Rossini 型等环境双体式热量计为基础进行设计（图 3-2）。

如图 3-2 所示，参比热量计组合件置于带有搅拌器的恒温水浴中，在高于参比温度约 2K 的条件下，恒温水浴的温度控制精度可以达到 10mK。组合件由两个同轴的铜/黄铜（筒形）容器组成，燃烧器、换热器、搅拌器、测温设备及温度传感器等均安装在内筒中。内、外之间的空隙充有空气，两者相对的金属表面均高度抛光并镀金以防止通过辐射转移热量。内筒中充满换热介质（通常为水），并密封以防止换热介质的质量发生变化，从而影响测得的热当量。进行测定时，燃料气可以通过双喷射系统与一级氧气+氩气、二级氧气进行预混合，然后进入燃烧器。配入氩气是为了稳定火焰，并改善燃烧特性。

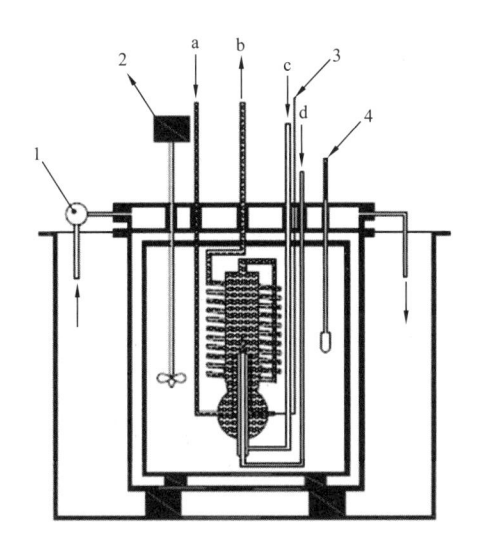

图 3-2　0 级热量计结构示意图

1—水泵；2—搅拌器；3—点火电极；4—石英晶体温度计
a—二级氧气；b—燃烧产物；c——级氧气+氩气；d—燃料气

0 级热量计有两种标定方法：电加热法和燃烧标准物质（纯甲烷）法。用燃烧法标定时，由于其操作过程与样品气测定完全相同，故其系统误差低于电加热法。但是，燃烧法测定发热量的溯源链涉及的不确定度来源多于电加热法，因而目前国外大多用电加热法标定。

# 第二节　Rossini 型热量计

## 一、基本结构

现代测定天然气发热量的直接燃烧式（参比）热量计的研制工作始于 1930 年。在 1873—1930 年间，曾有多个研究者测定了水的生成热，但他们测定数据之间的误差达到 ±0.08%。鉴于此，美国国家标准局作为其热化学基础数据研究的一部分，决定重新测定水和甲烷、乙烷、丙烷等一系列烃类的生成热，并设计了基本结构如图 3-3 所示的 Rossini 型热量计。该热量计反应容器和支持框架的剖面图如图 3-4 所示。热量计在开始时以燃烧氢气和氧气的方式测定水的生成热；此后就燃烧各种烃类以测定其发热量。在 20 世纪 30 年代，该热量计的测量准确度达到当时最高水平；迄今为止全球所建的 0 级热量计均以此为雏形——等环境型[3]。该热量计的特点是其测量不确定度仅与燃烧反应生成的水量、换热介质的温升及标定过程消耗的电能有关,而这三者均可溯源至美国国家标准局保存的 SI 制国家标准。

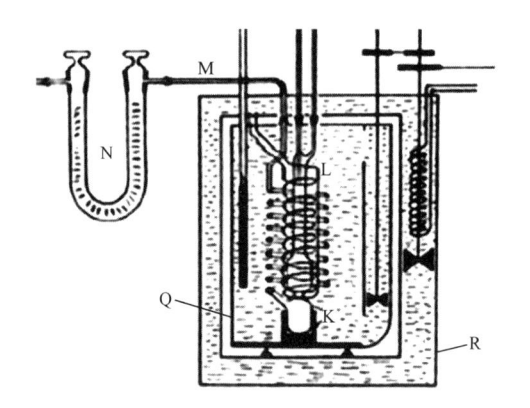

图 3-3 Rossini 型热量计的基本结构示意图

K—反应器及其支架;L—热量计加热器;M—连接管;N—干燥器;Q—金属外壳;R—保温夹套

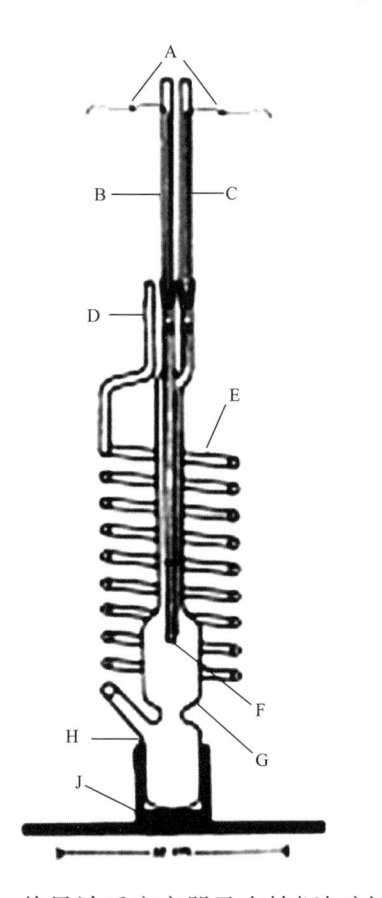

图 3-4 热量计反应容器及支持框架剖面图

A—点火导线;B,C—进气管;D—排气管;E—冷却盘管;F—燃烧器;G—反应室;H—冷凝室;J—支持框架

## 二、测定结果

图 3-3 所示为 Rossini 型热量计的基本结构。内筒装有一定质量的水作为吸热介质，并安装有测温设备、搅拌器、恒压下燃烧气体的反应容器；容器中安装有燃烧器和（标定用）加热线圈。进行样品测定前，先用电学方法标定热量计的热当量。然后以此热量计进行了两组试验。第 1 组在 25℃进行了 11 次标定和 9 次燃烧试验；第 2 组在 30℃进行了 5 次标定和 9 次燃烧试验。第 2 组试验取得的数据校正至 25℃后与第 1 组比较。最终确定在参比条件为 1 标准大气压（101.325kPa）和 25℃时水的生成热为 285775J/mol。表 3-2 和图 3-5 分别示出了 Rossini 等测定数据与其他研究者测定数据的比较。从图 3-5 可以明显看出，Rossini 等的测定数据重复性最好。

表 3-2　各研究者的测定数据

| 编号 | 研究者 | 生成热，J/mol | 测定年份 |
|---|---|---|---|
| 1 | Rossini（R）等 | 285775 | 1930 |
| 2 | Mixter（M） | 285810 | 1903 |
| 3 | Schuller 和 Wartha（SW） | 285890 | 1877 |
| 4 | Thomsen（T） | 285820 | 1873 |

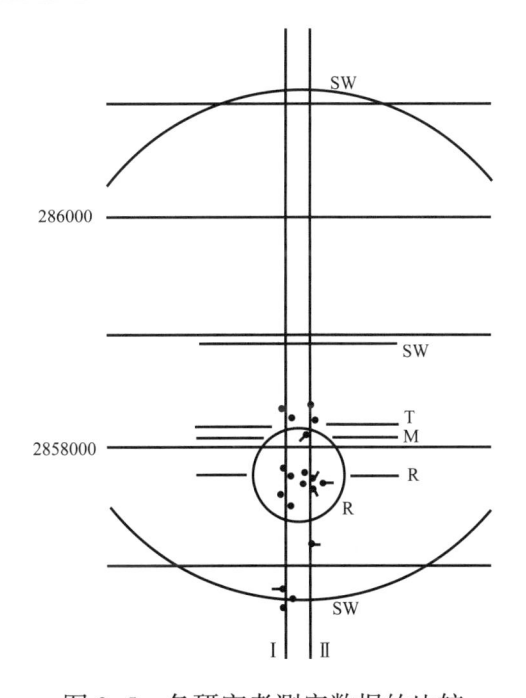

图 3-5　各研究者测定数据的比较

## 第三节　英国 Manchester 大学的参比热量计

### 一、Ofgas 参比热量计的基本结构

英国天然气市场办公室（Ofgas）建于 Manchester 大学的参比热量计的基本结构如图 3-6 所示。量热系统由嵌套的金属内筒和外筒组成，其间隙中充空气。内筒中充有蒸馏水，并安装有带换热器的玻璃反应容器、标定加热器、定速搅拌器和 Tinsley 型铂电阻温度计。热量计盖板上还设有插入（将量热系统冷却至起始温度的）指形冷却器的开口；当热量计开始运行后，取出指形冷却器，并塞住开口处。所有通过盖板进入内筒的元件均采用硅橡胶和 O 形密封以防止内筒中换热用蒸馏水的质量发生变化。

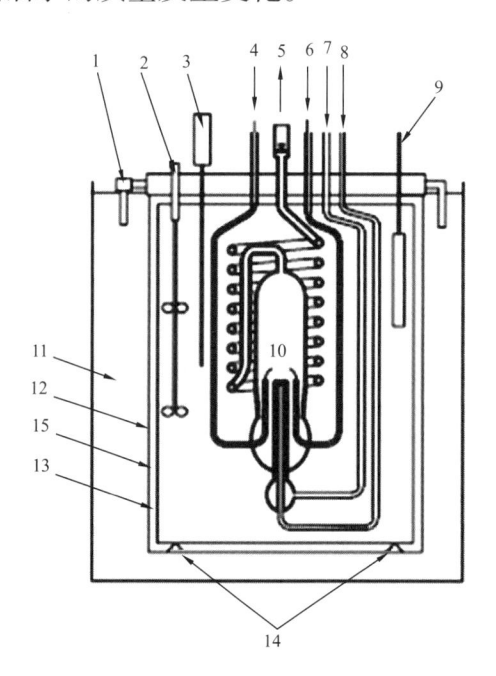

图 3-6　Ofgas 参比热量计的基本结构
1—水泵；2—搅拌器；3—铂电阻温度计；4—氧气；5—烟气；6—点火电流；7—氧气＋氩气；8—燃料气；9—标定回执器；10—点火间隙；11—外水浴；12—外筒；13—内筒；14—支脚；15—空气间隙

内筒搁置在外筒底部 3 个（相互间距相等的）塑料支脚上，其顶部设有中空的盖板，并浸入恒温水浴刚好至盖板底部处。水浴用水由循环泵打入，从而保持内筒周围环境恒温。外筒温度控制在约 27.3℃，这是由冷却盘管提供的（水与防冻剂）混合物的恒定背景温度。用英国 ASL 公司的 3000 系列精密温

度控制器供应水浴加热器所需之电能，控制器连接到 ASL F17 电阻电桥和铂电阻温度。此系统可以使每次试验的水浴温度稳定地控制在 ±0.001℃范围内。

铂电阻温度计的一端输入为带有 Tinsley 25Ω（5685 型）标准电阻的 ASL F18 电阻电桥以平衡其另一端。电阻比读数每 3s 记录一次。25Ω 标准电阻浸入温度控制于 20℃ 的油浴中，此温度应用于通过校准曲线计算 25Ω 标准电阻的精确值。

## 二、参比热量计的原理

国际标准化组织天然气技术委员会（ISO/TC 193）于 2000 年组织标准气验证（VAMGAS）试验时，曾使用英国天然气市场办公室（Ofgas）设于 Manchester 大学的参比热量计，它是 Pittam 等建于 20 世纪 60 年代末，用于测定甲烷、乙烷等烃类物质的燃烧热以验证 Rossini 等于 20 世纪 30 年代的测定数据[4]。

Ofgas 参比热量计的目标是在 Pittam 等使用的基础上，进一步提高其测定天然气发热量的准确度。该热量计的基本结构与 Rossini 型类似，也属于等环境式（图 3-6），但在前者基础上作了 3 项重大改进：

（1）燃烧的样品天然气直接称量；

（2）由计算控制试验，并自动收集数据；

（3）以较快的速度完成每次测定。

从理论上讲，等环境式热量计应与周围环境完全没有热交换；但实际上仍有以下 3 个外部因素可能对热量计产生影响，且三者都可能是热能的来源[5]。

（1）液体水的搅拌器；

（2）温度测量设备自身的发热；

（3）由于存在温差，热量可能从恒温夹套传入热量计。

图 3-7 示出了 Ofgas 参比热量计在典型的标定或试验过程中的时间—温度关系曲线。从此图可以看出，在测量过程中需要分为 4 个阶段测定温度（表 3-3）。从试验开始至时间点 $t_b$ 为预测定阶段（750s），测定由外部影响因素而产生的系统温升，第 1 阶段结束后系统的温度升至 $T_b$。第 2 阶段为主要测定阶段，历时 1030s；通过燃烧反应向换热介质传热，并使系统产生约 3℃温升。第 3 阶段为额外测定阶段，历时 1020s 以保证测量系统达到热平衡（在热平衡时间点 $t_e$ 测得的量热系统温度为 $T_e$）。第 4 阶段为历时 1780s 的后测定阶段，目的是再次测定由外部影响因素而产生的系统温升。图 3-7 中，$T_j$ 表示夹套内

的温度；$T_{inf}$ 为热量计经长时间试验（4580s）后最终达到的温度，它略高于夹套温度 $T_j$。

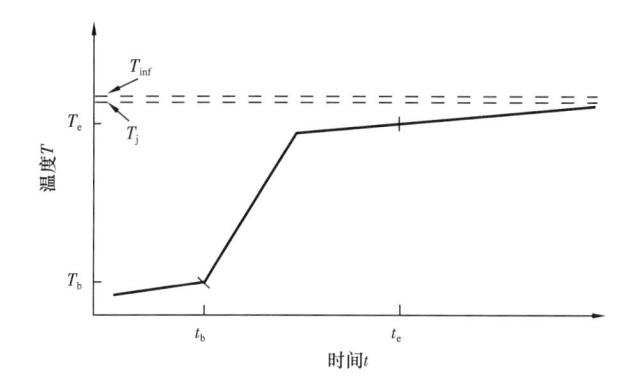

图 3-7 Ofgas 参比热量计的时间—温度曲线

表 3-3 Ofgas 参比热量计测温的 4 个阶段

| 阶段编号 | 阶段名称 | 持续时间，s | 目的 |
| --- | --- | --- | --- |
| 1 | 预测定 | 750 | 测定由外部影响因素产生的温升 |
| 2 | 主要测定 | 1030 | 测定燃烧反应向换热介质传递热量产生的温升 |
| 3 | 额外测定 | 1020 | 保证量热系统达到热平衡 |
| 4 | 后测定 | 1780 | 再次测定由外部影响因素产生的温升 |

在预测定和后测定阶段，热量计的温度变化速率可以由式（3-1）给出：

$$\frac{dT}{dt} = u + \kappa \left( T_j - T \right) \tag{3-1}$$

式中　$T$——热量计温度；

　　　$T_j$——夹套温度；

　　　$u$——由搅拌及温度测量而输入的恒定热量；

　　　$\kappa$——冷却常数。

如果经很长试验时间后，热量计的最终达到的温度为 $T_{inf}$，此时就应不再发生传热，即 $dT/dt=0$；同时，由式（3-1）可以得到 $T_j=T_{inf}-u/\kappa$。将 $T_j$ 代入式（3-1）中即可得到式（3-2）：

$$\frac{dT}{dt} = \kappa \left( T_{inf} - T \right) \tag{3-2}$$

合并式（3-1）和式（3-2）即可得到式（3-3）

$$T = T_{\text{inf}} - (T_{\text{inf}} - T_0)\exp(-\kappa t) \tag{3-3}$$

式（3-3）中预测定阶段和后测定阶段，在 $t=0$ 时的 $T_0$ 值是不同的。

将预测定及后测定阶段得到的温度—时间数据代入式（3-2），以 $T_f$ 和 $T_a$ 分别表示这两个阶段的中间点温度，并以 $g_f$ 和 $g_a$ 分别表示系统的热当量（d$T$/d$t$），从而消去式（3-2）中的 $T_{\text{inf}}$，得到式（3-4）和式（3-5）：

$$\kappa = \frac{g_f - g_a}{T_a - T_f} \tag{3-4}$$

$$T_{\text{inf}} = \frac{g_f T_a - g_a T_f}{g_f - g_a} \tag{3-5}$$

在预测定和后测定阶段，通过温度（$t$）对 $\exp(-\kappa t)$ 进行线性回归将数据拟合至式（3-3），从而求得 $T_{\text{inf}}$ 和 $T_0$ 的精确值。在这两个阶段，$T_{\text{inf}}$ 值是不同的。将求得的精确值内插至式（3-3）即可求得在时间点 $t_b$ 和 $t_e$ 的温度值 $T_b$ 和 $T_e$。

从实际温升（$T_e-T_b$）中扣除由外部影响因素导致的额外温升（$T_{\text{ex}}$）可以求得经校正后的温升。此校正值可以由式（3-2）的积分式（3-6）和式（3-7）来估计：

$$T_{\text{ex}} = \kappa \int_{t_b}^{t_e} (T_{\text{inf}} - T)\, dt \tag{3-6}$$

$$T_{\text{ex}} = \kappa (T_{\text{inf}} - T_m)(t_e - t_b) \tag{3-7}$$

式（3-7）的 $T_m$ 为主要测定阶段的中间点温度，它可以由式（3-8）求得：

$$T_m = \frac{1}{(t_e - t_b)} \int_{t_b}^{t_e} T\, dt \tag{3-8}$$

应用 Trapezium 规则，以温度—时间数据对式（3-8）进行数字积分即可确定 $T_m$ 值；但此值不一定等于（$T_b+T_e$）/2。

## 三、样品气试验

### 1. 试验过程

样品天然气在内筒浸于蒸馏水中的燃烧容器中燃烧。超纯氧气+氩气混合后通过反应器的一个臂供入燃烧器；在其中与由另一个臂供入燃烧气混合。二级氧气由反应器底部的第三个臂供入以保证样品气在富氧条件下燃烧。燃烧器上部的两个铂电极提供20kV的脉冲电流，通过汽车用点火线圈点燃样品气。

以250mL钢瓶在1.4MPa下供入样品气。钢瓶本身质量约190g，每次试验使用的样品气量约为1g。每次试验前、后用Mettler AT 201型天平称量钢瓶，其读数可精确至$10^{-5}$g。同时称量另一个外形尺寸与之相同的模拟钢瓶以抵消浮力影响。样品气钢瓶连接到精密针形阀。当预测定阶段临近结束时，计算控制系统设定在60s后自动打开氧气及氩气管线上的阀门，并同时点燃气样。一旦点火成功，操作者就要连续地调节针形阀以保持气流稳定。气体流速应保持在与标定时温升速度相当的水平。

气体燃烧试验结束后，操作者应立即切断样品气，将控制系统切换至打开氩气吹扫管线和燃料管线的针形阀，以保证所有样品气均燃烧掉。30s后，所有气体供应全部切断；热量计保持此状态至后测定阶段结束。

### 2. 反应产物

从反应容器流出的热烟气经换热后于热量计（总体平均）温度下排出，进入3个串联的水分吸收管，再经电子式一氧化碳（CO）监测仪分析后外排。CO监测仪是用来监测不完全燃烧反应，并按其测定数据来调节氧气+氩气及二级氧气的流速，从而在能保持火焰稳定的前提下，尽可能降低烟气中的CO含量。

水分吸收管中装有过氯酸镁。它们在Mettler天平上称量，并以称量模拟管校正浮力影响。过氯酸镁吸收水分后其体积会膨胀，每吸收1g水分其体积增大0.6cm$^3$；此数据可应用于校正生成水的损失量。新装填好的吸收管，在使用前应置于干燥的氧气流中处理12h。

主要测定阶段，大部分燃烧反应生成水均冷凝，并以液态保留在反应容器中；但还有约10%的水以水蒸气形式存在，并被烟气携带出热量计。水蒸气的冷凝热以2441.78J/g计，这部分水的冷凝热约为470J。试验结束后，反应容器的气体出口臂应以氧气吹扫20min，以便把其中的所有（微量）水分吹扫到水分吸收管。必须确保：所有吸收管在初次称量时是经过充氧的。卸下并称量吸收管，所得数据应用于校正能量平衡。

为测定残留于热量计中的水，把水分吸收管两次连接到反应容器的气体出口臂，并用氧气吹扫过夜。这部分水也将使时热系统的热当量有所增加。增加量以水的热容量 4.18J/（g·℃）的 1/2 计，这部分热量约为 12J。

3. 气体校正

燃烧反应在略高于大气压力的条件下进行，相对于标准大气压（101.325kPa）将使产生的热能有 $q$ 的变化：

$$q = nRT \ln\left(\frac{p}{101325}\right) \tag{3-9}$$

式中  $q$——试验增加的能量，J；

$p$——反应容器总压力，Pa；

$R$——气体常数，其值为 8.314J/（mol·K）；

$T$——热力学温度，K；

$n$——气体体积减少的摩尔数，mol。

由式（3-9）计算得到的 $q$ 值为 ±80J。

4. 其他能量校正

反应容器经第二次吹扫后尚有极少量水蒸气残留，这部分未被冷凝的水蒸气约有 7J 能量，且后者随不同的温度与压力稍有变化。但大多数情况下，在两个试验周期之间可以不考虑这部分校正。

另外还需要考虑两方面的校正：

（1）来自点火时的能量；

（2）点火及熄火时，由于不完全燃烧而产生的影响。

上述两个影响因素可以通过无气体燃烧的试验，并测量其温升来进行量化。在参比热量计上，这些影响因素也可以进行燃烧气体约 80s 的短周期试验进行校正。可以预期：在点火与熄火中气体质量损失，以及点火时输入能量在长周期和短周期试验中是相同的。假定在短周期试验中释放的能量（$E_s$）和燃烧气体的质量（$m_s$），分别从长周期试验的能量（$E_l$）和质量（$m_l$）中扣除，从而即可求得气体的燃烧热等于（$E_l-E_s$）/（$m_l-m_s$）。仅在长周期试验及短周期试验在几天之内完成才能应用于上述计算，从而防止火花点火条件发生变化而影响结果。

## 5. 电学标定

将电阻丝缠绕在小钢瓶上，制成一个 50Ω 的电阻加热器，并通过一个 1Ω 的 Tinsley 1659 标准电阻连接到 50V 的稳定电源。用一个微机控制的 Solatron 7065 型电压计，每隔 3s 测定一次流过 50Ω 电阻和 1Ω 标准电阻的电流电压。由通过 1Ω 标准电阻的电压可求得加热电路的电量。为了稳定标准电阻的温度，可以将其悬置在油浴中，温度控制的精度可优于 0.1℃。1Ω 标准电阻的精确值可以由其温度系数求得。当不需要加热时，切换至另一个 50Ω 模拟电阻以保持稳定供电。

在加热周期中，通过 Quaztzlock 2A 石英锁，向一个 Malden 8816 型脉冲计数器输入 10MHz 单相标准频率信号进行计时，并将此信号锁定在英国广播公司（BBC）4 台发出的 198kHz 频率上。

由时间、电压和电流三者的乘积可以求得向参比热量计供入的能量；并由校正后的温升可以给出其热当量（J/K）。整个校准过程全自动进行；一旦启动，一天之内可以完成 4 次。然后将多次（长、短周期）校准数据加以平均，即可得到分别应用于长、短周期测定的量热系统热当量。

# 第四节　GERG 建于德国 PTB 的 0 级热量计

## 一、主要建设目标

2001 年欧洲气体研究组织（GERG）成立了一个由英国 Advantica Technologies 公司、德国计量科学研究院（PTB）、Ruhrgas 公司和意大利 Snam Rete Gas 公司派出的 6 个成员组成的小组，对在 PTB 建设一套新的高准确度天然气发热量测定用参比热量计开展可行性研究。研究结论提出，参比热量计采用 Rossini 型热量计的基本原理，它可以式（3-10）表示：

$$H_s = \frac{C_{cal} \Delta T_{ad,comb} + \kappa}{m_{gas}} \quad (3\text{-}10)$$

式中　$H_s$——气体燃料的高位发热量，J；

$C_{cal}$——量热系统的热容量（电学标定），J/K；

$\Delta T_{ad,\,comb}$——燃烧过程的绝热温升，K；

$m_{gas}$——燃烧掉的气体质量，kg；

$\kappa$——能量校正系数（传热系数或冷却系数）。

GERG 参比热量计的主要建设目标为[6]：

（1）对纯甲烷的测量不确定度达到优于 0.05%（$k=2$）；

（2）高位发热量（SCV）测定范围为 42~56kJ/g（燃烧参比温度 298.15K）；

（3）测定天然气发热量时，允许其中 $N_2$ 和 $CO_2$ 浓度分别达到 15% 和 10%；

（4）适用于对流体流态分布和传热过程的温度场分布开展深入研究。

在 GERG 参比热量计建设的同时，作为合作研究计划的一部分，法国计量科学研究院（LNE）与法国燃气公司（Gaz fe France）合作在法国也建设了一套原理、结构和测量不确定度要求相似的参比热量计；它用以与 GERG 热量计的测定结果比对，并考察量参比热量计之间的系统误差变化情况。

GERG 和 LNE 参比热量计分别于 2007 年和 2008 年完成试运行，并证实其对纯甲烷的测量不测定度达到预期目标。目前 GERG 参比热量计正在对设备和试验方法作进一步改进的基础上，继续开展各种烃类组分的 SCV 测定；LNE 参比热量计则结合理论分析，开展热量计（内部）传热过程的数值模拟研究[7]。

可行性研究报告对 2000 年以前建设的 3 套参比热量计进行了综合技术分析（表 3-4），提出应从以下 3 个方面改善 GREG 参比热量计的测量不确定度：

（1）改进燃烧样品气质量（$m$）和温度差（$\Delta t$）的测量技术；

（2）改进标定和样品气测定过程的试验程序；

（3）改进生成水和烟气中一氧化碳等的分析测试方法。

表 3-4 等环境双体式参比热量计的技术改进

| 项目 | 美国国家标准局 Rossini（1931） | Pittam 和 Pilcher（1972） | 英国 Ofgas（2000） | GERG 项目（2004） |
|---|---|---|---|---|
| 操作条件 | 等环境（isoperibplic） | 等环境（isoperibplic） | 等环境（isoperibplic） | 等环境（isoperibplic） |
| 质量（$m$）测量 | 生成的水 | 生成的 $CO_2$ | 差减称量（样品气） | 自动差减称量 |
| 气体分析 | $CO_2$ 吸收管 | 水分吸收管 | $CO_2$ 分析水分吸收管 | CO、NO 及烃类分析仪；水分吸收管 |
| 温差（$\Delta t$）测量 | 标准铂电阻温度计 | 标准铂电阻温度计 | 标准铂电阻温度计 | 标准铂电阻温度计；热敏电阻 |

续表

| 项目 | 美国国家标准局 Rossini（1931） | Pittam 和 Pilcher（1972） | 英国 Ofgas（2000） | GERG 项目（2004） |
|---|---|---|---|---|
| 标定方式 | 电学方式（加热管） | 燃烧 $H_2$ 和 $O_2$ | 电学方式（加热管） | 电学方式（加热电阻丝绕在燃烧器上） |
| 备注 | 20 世纪 30 年代应用于测定水的生成热 | 火焰燃烧式热量计，用于测定轻烃燃烧热 | VAMGAS 验证试验应用，现已停用 | 燃烧气体 $m$ 测量不确定度达 0.01%（$k=2$） |

## 二、样品气质量测定

为避免浮力影响，可以将天平置于真空中进行称量。但在真空条件下称量时，用于监控的所有电子设备必须进行改造，并置于真空仓外；且天平制造商提供的标定设备不适应真空操作条件。鉴于此，决定采用如图 3-8 所示的差减称量法；其称量原理和步骤如下：

（1）用两套自动控制设备（robot Ⅰ 和 robot Ⅱ）将气样容器和模拟容器（dummy container）交替地置于天平称量盘上；

（2）气样容器（gas container）中气体通过毛细管进入参比热量计；

（3）用上述两套自动控制设备，通过对每个容器的抬升与下降操作，在一套由 PTB 设计的自动称量系统上进行称量及校准（图 3-8）。

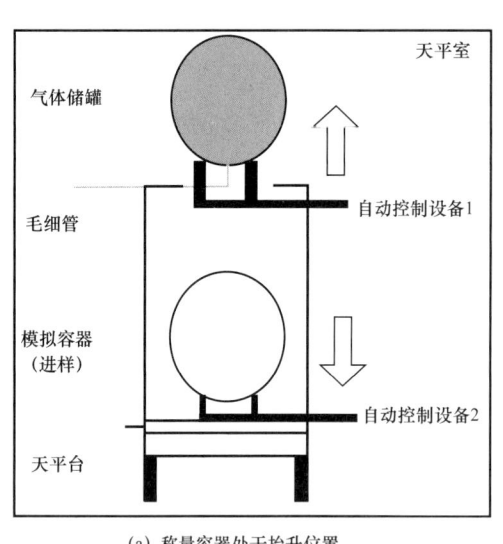

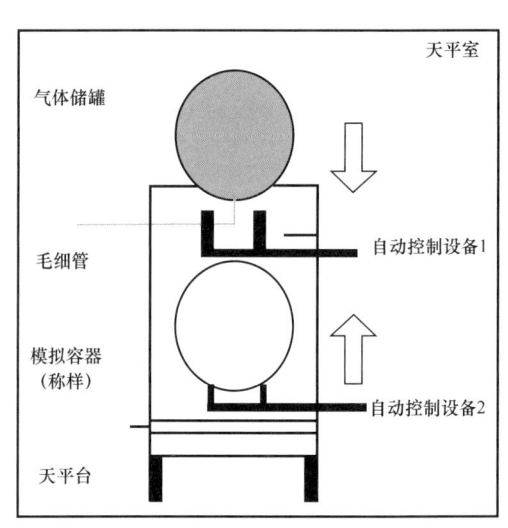

图 3-8 自动称量设备的操作步骤示意图

精密天平置于密闭仓内，并配置有校准用的 1g 环形标准砝码。称量过程在接近天平仓的温度和压力下进行，从而保持仓内的空气组成及密度不变。每次称量气样容器后随即称量模拟容器（或反之）以抵消浮力产生的影响。

如图 3-9 所示，称量过程大致可分为 6 个阶段。第Ⅰ阶段模拟容器处于天平盘的下降位，此时将天平操作设置在称量皮重的位置；以 1g 环形标准砝码校准数次，从而得到天平标准偏差及飘移等信息（第Ⅱ阶段）。第Ⅲ阶段是将模拟容器转换为抬升位，而将气样容器置于下降位进行称量，从而得到燃烧试验前气样容器与模拟容器之间的表观质量差 $\Delta m_{GD1}$。如果空气密度为 $\rho_A$，两个容器的体积为 $V$，则浮力影响的校正值为 $\Delta(\rho_A V)_{GD1}$（下标 1 是表示燃烧前）。

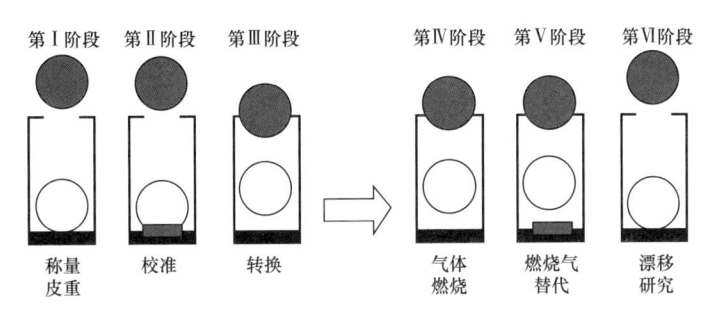

图 3-9 称量过程 6 个步骤示意图

第Ⅲ阶段之后，燃烧试验（第Ⅳ阶段）开始，并持续约 20min；在此期间气样质量连续监测，当燃烧掉 1g 气样后即停止进样。第Ⅴ阶段（置换）是将另一个 1g 校准砝码置于天平盘的下降位，以置换被燃烧掉的气样质量。在第Ⅵ阶段，最终以模拟容器替代气样容器及校准砝码，确定两者的质量差和天平飘移的影响。燃烧试验后（下标为 2）气样容器与模拟容器之间的表观质量差可以表示为 $\Delta m_{GD2}=m_{G2}-m_{D2}$。综上所述，燃烧掉的样品气样质量（$m_{gas}$）可以由式（3-11）求得：

$$m_{gas} = \Delta m_{GD1} - \Delta m_{GD2} + m_{subst} + \Delta(\rho_A V)_{GD1} - \Delta(\rho_A V)_{GD2} + m_{subst}\rho_{A,V}\rho_{subst}^{-1} + m_R + m_{CAP} \tag{3-11}$$

式中 $\Delta(\rho_A V)_{GD1}$——燃烧前的浮力校正；

$\Delta(\rho_A V)_{GD2}$——燃烧后的浮力校正；

$\rho_{A,Ⅱ}$、$\rho_{A,Ⅲ}$、$\rho_{A,Ⅴ}$、$\rho_{A,Ⅵ}$——分别为Ⅱ、Ⅲ、Ⅴ或Ⅵ阶段的空气密度；

$m_{subst}\rho_{A,V}\rho_{subst}^{-1}$——校准砝码的浮力校正；

$m_R$——对毛细管恢复力的质量校正；

$m_{CAP}$——气体在毛细管中的质量差。

$m_R$ 可能要分两次测定。由于气体在毛细管中（因燃烧试验前、后的压力差别）也会产生 $m_{CAP}$ 的差值。

### 三、绝热温升的测定

等环境式热量计通过 Reguault-Pfaudler 法测定绝热温升[8]；此法是基于双体热量计模型的假设（图 3-10）。所谓"双体"是指内层（筒）的热量计组合件与外层（筒）的水夹套，内、外双体之间通过传导、对流和辐射 3 种方式进行传热；而外层的水夹套则保持在恒定的温度（$T_0$）。

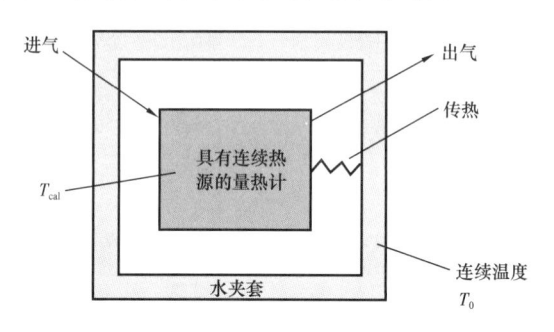

图 3-10 等环境式热量计的双体模型

此模型假定：在双体间只要有微小的温度差就进行传热，所有的传热过程均可视为线性，并可以传热系数（$\kappa$）来表征（式 3-12）：

$$\dot{Q}_{\text{heat transfer}} = \kappa \cdot \left[ T_0 - T_{cal}(t) \right] \quad (3-12)$$

式中 $\kappa$——热量计与周围环境之间的传热系数；

$T_0$——水夹套温度；

$T_{cal}$——热量计（表面平均）平均温度。

由于热量计内、外层之间有空气间隙绝缘层及恒温空气管线，故可以认为试验过程中燃烧样品气所释放的热量均不会由系统散失至环境。

### 四、空气间隙绝缘层的改进

设计 GREG 参比热量计时，考虑从 3 个方面防止热量由系统散失至环境：

（1）将热量计组合件置于水夹套中，两者之间的相对表面均进行电抛光，从而将两者之间的热辐射降到最低；

（2）再将热量计组合件与水夹套一起完全浸入恒温水浴中；

（3）将以往设计热量计组合件与水夹套之间的空气间隙从 1cm 增加至 2cm，以期进一步降低对流传热。

但试验发现，在 2cm 空气间隙中对流传热量甚大，最大温度梯度可达 4.5K。因此，又在绝热层间隙中填充泡沫聚苯乙烯（图 3-11），从而使对流传热量在总传热量中的贡献值，比原设计的 2cm 空气间隙降低了 50%。经试验测定，泡沫聚苯乙烯的冷却常数低于 $2 \times 10^{-5}$/s。

### 五、设置精密恒温室

安装参比热量计的实验室内温度变化约为 ±1K，故需要将热量计及精密天平屏蔽在特制的精密恒温室（图 3-12），室内的温度在 12h 内变化范围应不超过 ±10mK。图 3-12 中右侧的钢仓中放置精密天平；左侧为参比热量计。精密恒温室外左侧为各种试验控制元件及数据收集系统。

图 3-11　使用泡沫聚苯乙烯绝热层的样机　　图 3-12　精密恒温室

### 六、测定未燃烧甲烷及生成水的质量

进入热量计的 1g 样品气中约有 3mg（甲烷）在点火及熄火过程中未被燃烧掉。为了降低由此产生的不确定度，应可能减少供气管线的死体积，并调节燃烧器上游（供气）压力至最佳点。在燃烧器与红外分析器之间，使用稀释气体以保证不超过红外分析器的分析范围。

测定燃烧过程生成水的总质量时，首先要保证所有生成水均被收集到 3 个串联的过氯酸镁吸收管中，且没有额外被环境空气吸收的水蒸气。试验结束后，从燃烧器中吹扫水分的过程应持续约 15000s。吸收管与烟气排出管之间的连接管皆用不锈钢制作。吸收管与烟气排出管之间通过气相色谱仪用的多通道阀连接,从而保证没有水蒸气从周围环境渗入吸收管或烟气排出管。吸收管吸收的水分用置换称量法测定,并分别在每次测定中通过压力、温度和湿度进行浮力校正。在测定总质量约2.2g时,产生的误差约±1mg(95%置信水平);其中影响测量不确定度的最重要因素是空气的密度变化。

### 七、改进搅拌器转速控制

标定及燃烧试验过程中绝热温升的增加,是SCV测定中测量不确定度的最大影响因素,其值约占总不确定度值的40%。因此,避免温度测量信号的不规则变化非常关键。在一个长周期的试验中,温度测量信号波动总是发生在开始与结束阶段。图3-13示出了两个电学标定周期结束阶段的时间—温度指数变化曲线。曲线1记录了(搅拌器转速)未经改进时的变化情况,曲线2则为改进后的变化情况。试验证实:搅拌器转速变化是曲线1中温度发生剧烈波动的原因;大幅度的转速变化会相应地产生剧烈的温度波动。鉴于此,新设计改进为搅拌速度在500min$^{-1}$的条件下进行定速控制,转速的稳定性保持在±0.5min$^{-1}$范围内。

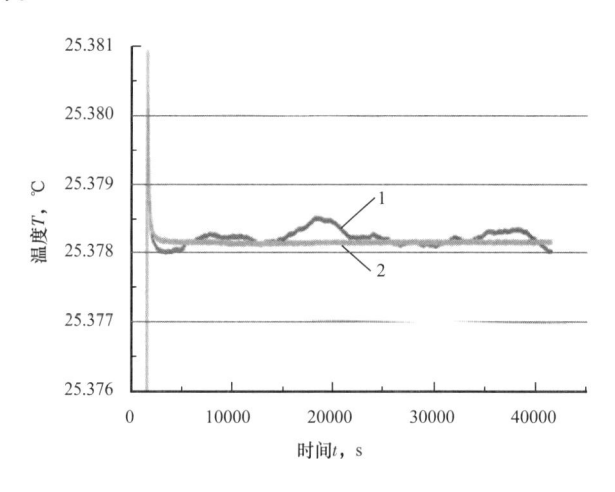

图3-13 试验最终阶段的时间—温升指数曲线

为防止搅拌器轴的摩擦生热影响,去掉了内层容器对空气间隙的密封圈,并为搅拌器配上聚四氟乙烯套筒,使水蒸气不会冷凝在空气间隙中而直接排入环境。试验最终确认:通过采取固定搅拌器转速、去掉搅拌器密封圈及保持压力均衡等措施,电学标定过程中在量热系统热容量为18000J/K时,改进前的标准偏差为7J/K,改进后标准偏差下降至1J/K,减少热量散失的效果十分明显。

## 八、绝热温升的确定

与上述 VAMGAS 试验不同，GERG 参比热量测定绝热温升的试验程序分为 3 个阶段进行：预测定、主要测定和后测定。通常在试验开始时，热量计温度低于水夹套温度 $T_0$，参见式（3-12）。由于双体之间的传热，预测定阶段热量计温度略有升高。预测定阶段结束几分钟后，燃烧试验开始，进入主要测定阶段。当燃烧熄火后，由于传热继续进行，热量计的温度还会略有升高。当燃烧反应的热量完全释放并分配后，就进入后测定阶段。整个过程的时间—温度曲线如图 3-14 所示。

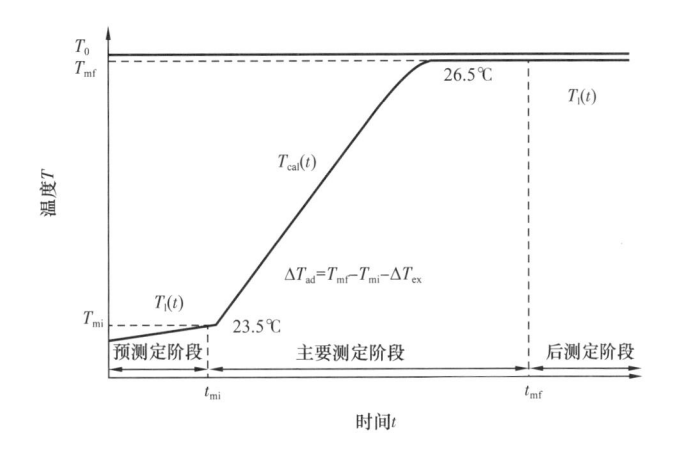

图 3-14 试验过程的时间—温度变化曲线

按等环境式热量计的设计原理，其绝热温升可以由式（3-13）确定：

$$\Delta T_{ad} = T_{mf} - T_{mi} \tag{3-13}$$

式中　$\Delta T_{ad}$——热量计的绝热温升；

$T_{mi}$——热量计水浴的起始温度；

$T_{mf}$——试验结束后热量计水浴的最终温度。

如式（3-13）所示，参比热量计的绝热温升（$\Delta T_{ad}$）可以由测量热量计水浴的起始温度（$T_{mi}$）与试验结束后的最终温度（$T_{mf}$）来确定。绝热水夹套壁温基本上由热量计与水夹套的温差控制，此处应使用快速响应的传感器进行测量。对参比热量计而言，此温差必须控制在远远小于 0.5mK，这是较难达到的一个技术关键。热量计对环境的温升需用连接到电阻电桥的标准铂电阻温度计测量。置于水夹套中的参比热量计对环境基本绝热，其热平衡关系见式（3-14）：

$$m_{cal}c_{p,cal}\frac{dT_{cal}}{dt}=\dot{Q}_{prod}+\dot{Q}_{cond}+\dot{Q}_{conv}+\dot{Q}_{rad}+\dot{Q}_{gas} \quad (3-14)$$

式中　　$m_{cal}$——量热系统质量；

$c_{p,cal}$——量热系统比热容；

$T_{cal}$——量热系统温度（体积平均值）；

$\dot{Q}_{prod}$——搅拌及燃烧产生的热通量（heat flux）；

$\dot{Q}_{cond}$——量热系统与水夹套间传导传热的热通量；

$\dot{Q}_{conv}$——空气间隙中对流传热的热通量；

$\dot{Q}_{rad}$——辐射传热的热通量；

$\dot{Q}_{gas}$——进、出气体间因焓值差产生的热通量。

合并式（3-13）与式（3-14）即可得到计算绝热温差（$\Delta T_{ad}$）的式（3-15）：

$$C\frac{dT_{cal}}{dt}=C\{u+\kappa[T_0-T_{cal}(t)]\} \quad (3-15)$$

式中　　$u$——热量计中因产生能量而导致的温度变化率；

$\kappa$——热量计的冷却常数。

假定经很长时间后，量热系统与水浴达到热平衡时，式（3-15）中的 $u$、$\kappa$ 和 $T_0$ 皆为常数，可得到式（3-16），以及燃烧试验中温度变化与时间的关系式（3-17）：

$$\lim_{t\to\infty}T:0=u+\kappa(T_0-T_\infty) \quad (3-16)$$

$$\frac{dT_{cal}}{dt}=\kappa[T_\infty-T_{cal}(t)] \quad (3-17)$$

式（3-16）和式（3-17）是基于 3 个假定：

（1）对流传热及辐射传热量很少；

（2）$T_0$、$T_\infty$、$u$ 及 $\kappa$ 皆为常数；

（3）测得的热量计的 $T_i(t)$、$T_{cal}(t)$ 及 $T_f(t)$ 皆为平均值。据此，在主要测定阶段，以 Simpson 规则对由式（3-16）和式（3-17）得到的测量温度—时间曲线进行数字积分，即可得到式（3-13）。

### 九、测量不确定度估计

GERG 参比热量计的测量不确定度可以通过以下途径进行估计。

### 1. 燃烧掉气体质量的不确定度估计[6]

燃烧掉气体质量的扩展不确定度 $U(m_{gas})$（$k=2$）可以通过燃烧前、后气样容器与模拟容器的表观质量差、浮力校正和毛细管恢复力校正等估计（表3-5）。从表3-5可以看出，$U(m_{gas})$ 是最大值不超过0.015%。

**表3-5 燃烧掉气体质量的扩展不确定度（燃烧掉的甲烷质量为1g）**

| 项目 | 符号 | $U(m_{gas})$（$k=2$），μg |
| --- | --- | --- |
| 燃烧前、后表观质量差 | $\Delta m_{GD1}$ 和 $\Delta m_{GD2}$ | 36 |
| 燃烧前、后浮力校正 | $\Delta(\rho_A V)1$ 和 $\Delta(\rho_A V)2$ | 0~96 |
| 毛细管恢复力质量校正 | $m_R$ | 1 |
| 气体在毛细管的质量差 | $m_{cap}$ | 6 |
| 校准砝码的浮力校正 | $m_{subst}$ | 1 |
| 样品气质量差值 | $m_{gas}$ | 62~149 |

### 2. 绝热温升的不确定度估计

绝热温升（$\Delta T_{ad}$）的不确定度可以通过表3-6来估计，其值为 ±0.93mK。

**表3-6 绝热温升的不确定度来源分析**

| 项目 | 符号 | $U(k=2)$ |
| --- | --- | --- |
| 起始温度测定，mK | $T_{mi}$ | 0.69 |
| 最终温度测定，mK | $T_{mf}$ | 0.69 |
| 无限长时间后的温度，mK | $T_\infty$ | 0.08 |
| 温度校正，mK | $\Delta T_{ex}$ | 0.19 |
| $T_{ma} = \dfrac{1}{t_{mf}-t_{mi}} \int_{t_{mi}}^{t_{mf}} T_{cal}(t)\,dt$ | $T_{ma}$ | 0.73 |
| 传热（冷却）系数，s$^{-1}$ | $\kappa$ | $2.6\times 10^{-8}$ |
| 扩展不确定度，mK | $U(\Delta T_{ad}, k=2)$ | 0.93 |

### 3. 合成（总）测量不确定度估计

试验证实GERG参比热量计在进行纯甲烷的SCV测定时，其测量不确定度达到了优于0.05%（$k=2$）的预期水平。测量过程中主要的不确定度来源于量热系统的绝热温升的增加（表3-7）。表中所列的"其他"是指：点火与熄火过程的能量校正，水蒸气蒸发损失的热焓，以及气体供应管线的能量校正等。

目前尚有若干不确定度来源不能确切地定量，例如：

（1）量热系统温度场分布的不均匀性；

（2）燃烧过程产生的水蒸气质量；

（3）点火导入的能量；

（4）微量一氧化碳的生成；

（5）烟气测试测量等。

表 3-7 GERG 参比热量计的测量不确定度

| 来源 | 量值，J/g | 所占比例，% | 备注 |
| --- | --- | --- | --- |
| 绝热温升增加 | 11 | 40.3 | 标定周期 |
| 绝热温升增加 | 11 | 39.9 | 燃烧试验周期 |
| 气体质量测定 | 3.9 | 14.0 |  |
| 其他来源 | 1.6 | 5.8 |  |

# 第五节　0 级热量计的技术进步

## 一、流态与温度场模拟

上述式（3-13）阐明了等环境式热量计测定天然气发热量的基本原理，即"热量计的绝热温升可以由水浴的起始温度与最终温度来确定"。但此测量原理是建立在一系列假定的基础上，其中最重要的假定是"热量计温度场分布是均匀的"。由于受样品气流动状态变化、3 种传热方式之间分配变化、热量计几何形状的不规则性等具体设备及操作条件等因素的影响，上述假定就成为 SCV 测量不确定度的主要来源。据大量试验结果估计，由于热量计内部温度场分布的不均匀性所产生的不确定度约占总不确定度的 90%。测量不确定度主要影响因素可归纳如下：

（1）在热量计内部实际传热过程中，$u$ 和 $\kappa$ 不可能是常数；

（2）起始温度（$T_0$）及最终温度（$T_\infty$）皆为（体积）平均值；

（3）在电学标定和燃烧试验过程中，两者的流态模型及温度场分布并不完全相同，即使经过仔细调节仍不能完全匹配（表3-6）；

（4）假定水夹套（外层容器）表面温度恒定，并以此表示水夹套温度；

（5）搅拌器套筒内产生的涡旋对传热过程产生的影响。

为精确地估计诸多影响因素产生的不确定度，在GERG参比热量计上进行了流态与温度场数字模拟。建立模型范围包括内层容器（热量计组合件）和外层容器（水夹套）；并假定容器表面温度即为水夹套温度，$T_0$=298.15K。模拟结果表明：除少数（几个点）略有差异外，热量计原始几何形状与其数值对应相当一致。

图3-15为热量计垂直对称平面上流速分布的等值线图。图3-15中数据表明，搅拌槽的直流管段消除了涡旋，从槽内流出的流体呈喷射状流态。这股流体流出槽后分为两股，其中一股沿冷却盘管和燃烧室垂直向下流动；另一股则撞击这两个设备并从热表面接受能量。因此，在电学加热器与搅拌槽之间的空间温度明显上升（图3-16）。但由于此处位于燃烧室下方，其流速则明显下降。

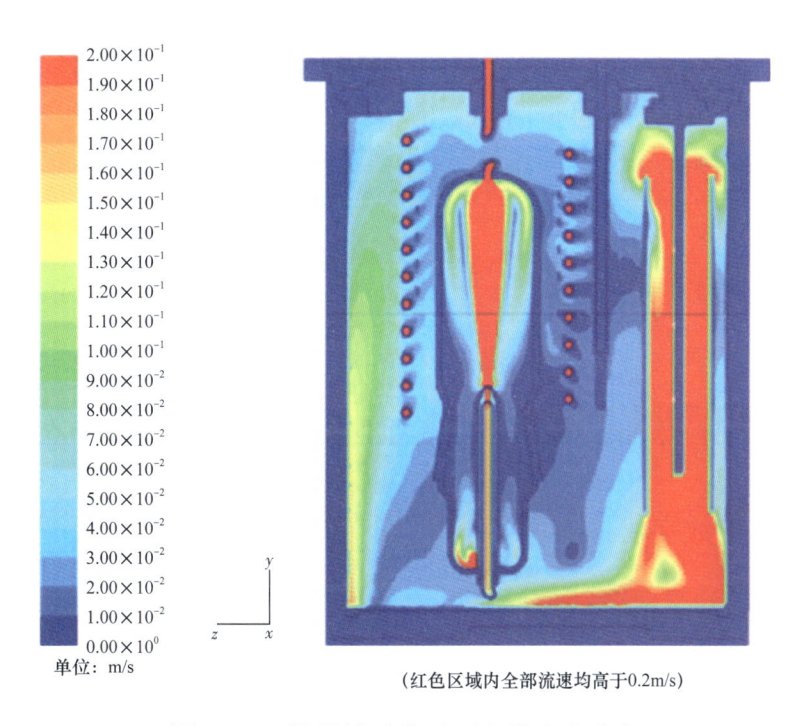

（红色区域内全部流速均高于0.2m/s）

图3-15 热量计对称平面上的流速分布

数值模拟结果表明，热量计水浴的温度变化为±0.1K。如果设定水夹套的温度为$T_0$=298.15K，其他点的温度模拟结果见表3-8。

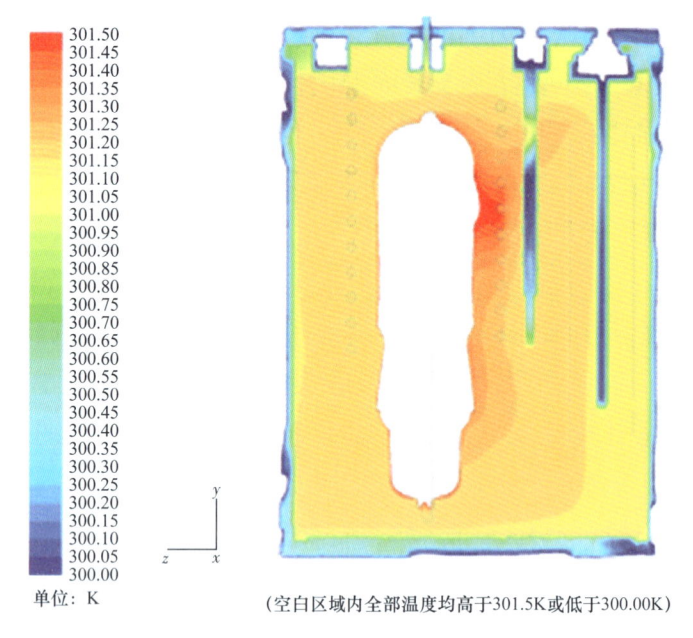

图 3-16　热量计对称平面上的温度分布

表 3-8　数字模拟结果

| 项目 | 符号 | 温度，K |
| --- | --- | --- |
| 设定的水夹套温度 | $T_0$ | 298.15 |
| 体积平均温度 | $\bar{T}_{cal,volum}$ | 301.16 |
| 表面平均温度 | $\bar{T}_{cal,surfa}$ | 301.08 |
| 热量计平均温度 | $T_{therm}$ | 301.17 |
| Pt25 传感器温度 | $T_{Pt25}$ | 300.51 |

## 二、试验与数字模拟方案

近年来法国计量科学研究院（LNE）与法国燃气苏伊士集团公司（GDF-Suez）合作，以上文所示式（3-10）为基础，在 LNE 参比热量计上开展了详细的传热过程 3D 数字模拟研究。主要研究目标是：

（1）深入研究在电学加热及燃烧试验过程中，热量计水浴中的传热行为；

（2）通过大量试验，得到上述两个过程经优化的时间—温度曲线的数字模拟；

（3）评价上述两种操作模式的数字模拟结果，并进一步验证以这两种模式进行操作时，热量计水浴及水夹套的温度水平。

模型化研究的范围包括热量计组合件（内层）与水夹套（外层）；在热量计水浴的存水容积空间中，以 CFX 传热软件进行 CFD 传热模型研究。如图 3-17 所示，取得温度数据的 12 个测温点都布置在水浴温度变化敏感处。例如，10kΩ 电阻（敏感程度为 430Ω/℃）、直径 1mm 的死体积和要求快速响应处（在油浴中响应时间为 1.5s）。热敏电阻（与 25Ω 标准电阻温度计比对）校准后的不确定度约为 1mK。试验分为 3 个步骤进行：

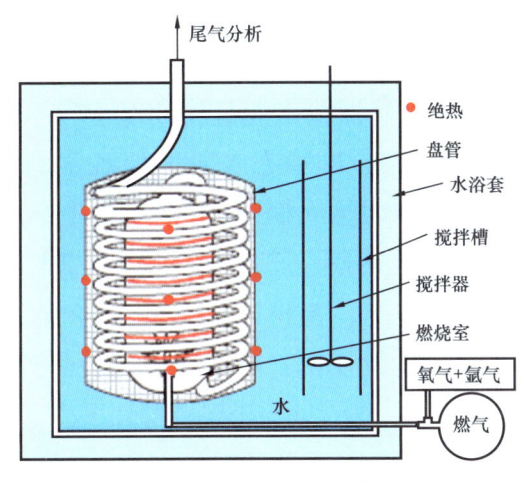

（图中示出了 12 个测温点中的 9 个）

图 3-17 热量计结构及热后电阻测温点布置

（1）以一组（12 个）热敏电阻表征热量计水浴温度的稳定性和均匀性；
（2）在操作电学加热标定模式时，用一组或一个热敏电阻进行测量；
（3）在操作燃烧甲烷试验模式时，用一个热敏电阻进行测量[9]。

电学校准和燃烧甲烷试验模式均的操作时间均分为预测定、主要测定和后测定 3 个阶段进行，每个阶段的持续时间为 20min。在预测定阶段，热量计水浴进行连续搅拌，使水浴平均温度略有上升。在主要测定阶段，通过电学加热或燃烧甲烷向系统供入热量，从而使系统温度有较大幅度的上升。在后测定阶段，要求将燃烧器中产生的全部热量向水浴传递，并使系统最终达到"热平衡"状态。在主要测定及后测定两个阶段中，均以安装在特殊部位的一个热敏电阻进行测量，该部位是通过传热均匀性试验和流体力学仿真模拟（CFD）确定。

在开始电学加热的水浴传热稳定性及均匀性研究时，主要通过热能释放来进行数字模拟，释放的总能量约为61W。假定在电学标定模式中，此热量是沿着燃烧室均匀地向外传导；而在燃烧试验测定模式中，则必定有一部分热量以辐射方式沿轴向对称地传出，并随着燃烧器表面高度增加减弱。为简化计算，假定水对于辐射传热为灰色介质。

### 三、传热均匀性研究

以电学标定操作模式进行传热均匀性研究。在此项研究中，以如图3-17所示的12个测温点来表征热量计水浴的温度场分布。水夹套温度保持在25℃，搅拌器转速保持在600rpm（此最佳转速是通过高速照相机评价试验确定的）。在此转速下，从搅拌器槽流出的水流速度约为30cm/s。试验中测得的由搅拌器输出的能量为0.39W，电学加热器输出能量为50W。

如图3-18所示，在预测定（准稳态）阶段仅观察到温升略有增加，在预测定和后测定阶段中，20min试验周期内的温升分别为140mK及130mK。这部分偏差是由于搅拌器所释放的热量产生的（室温23℃及水夹套温度25℃条件下）。在以往的长周期试验中，曾将搅拌器转速降到250rpm，8h内温升为40mK（环境温度为31℃）。由此说明，环境条件对传热过程的测量偏差也有显著影响。

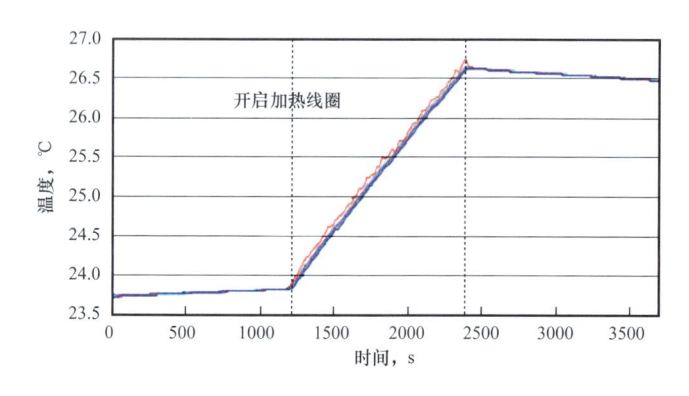

图3-18　电学标定进程中由12个热敏电阻测得的温度场分布

研究结果表明：在电学标定操作模式下产生2.7713K的温升时，因系统的传热不均匀性所产生的标准偏差，在预测定及后测定阶段的准稳态流动条件下为1.4mK；在主要测定阶段的动态区域则达到32.3mK。

### 四、电学校准模式平均温度的演变

研究结果也表明，使用单个温度传感器时其设置位置对平均水温测量有重要影响。同时，通过数值模拟证实此传感器的最佳设置位置在燃烧器与（内层）容器壁之间，面对搅拌器接近热量计的中间高度处。

在相似的设备结构基础上，比较了试验结果与模拟结果。在（20min 内）输入电能为 61W 的电学标定试验中，以一个热敏电阻测得的时间—温度曲线如图 3-19 所示。图中的蓝色线表示施加在 34.87Ω 加热电阻上电压（V）。在电加热阶段的温升约为 3.76K。在预测定阶段和后测定阶段都只观察到微小的温升。对于前者，主要是因为水浴温度（从 23℃ 开始）与夹套水温度（27℃）之间的温差，以及搅拌器输出能量的影响；而对于后者，则主要是由于搅拌器输出能量的影响。与图 3-18 中有关数据相对应的数值模拟结果如图 3-20 所示。

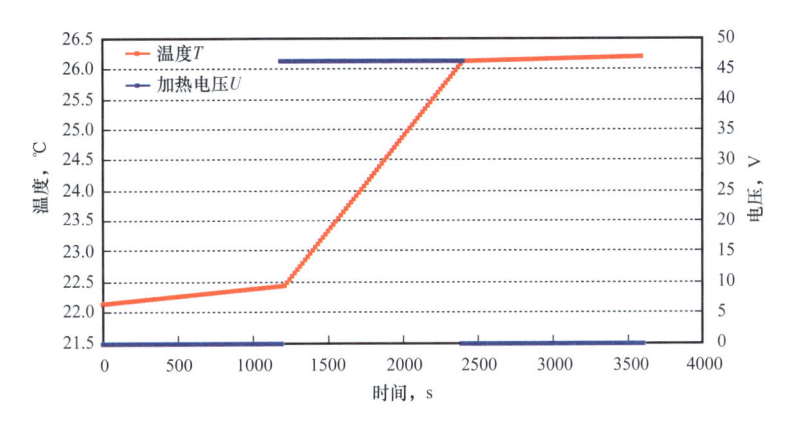

图 3-19　电学标定模式试验中时间—温度（电压）曲线

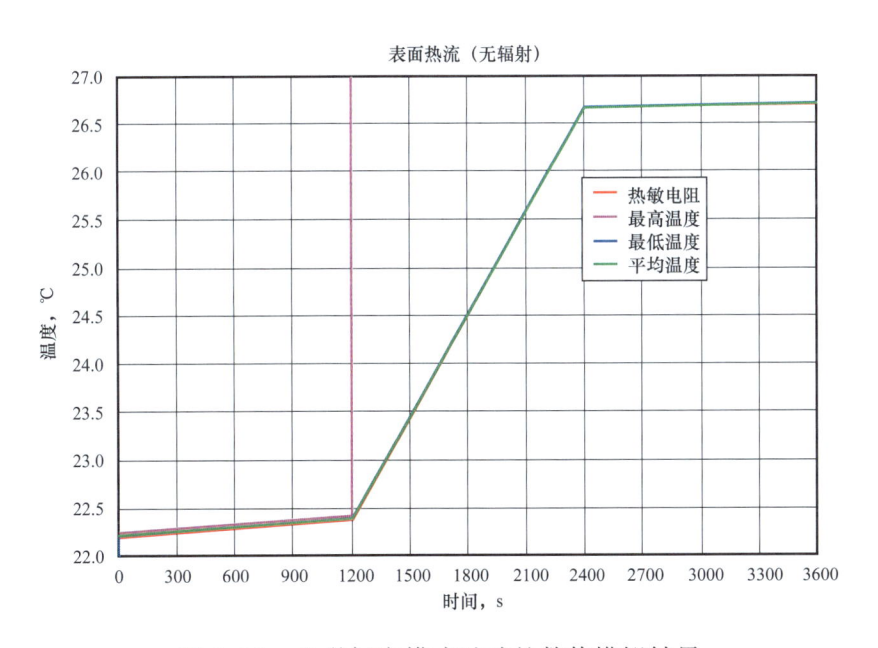

图 3-20　电学标定模式试验的数值模拟结果

图 3-18 所示数据表明，平均温升约 4.3℃；热敏电阻所在位置测得的温度与平均温升的差值最大不超过 20mK。测得的最低温度与试验值非常接近；但在燃烧室顶部的局部区域内测得的最高温度与平均温度的差值达到 8.54℃。对于此差值产生原因，现正在改进数值模型边界条件的同时，进一步开展重复试验研究。

## 五、燃烧甲烷模式平均温度的演变

以与电学标定类似的试验方法进行甲烷燃烧操作模式试验。燃烧试验用的甲烷、空气和氩气均为高纯气体；20mim 试验周期内的甲烷释放的总能量为 61W，甲烷的流速为 91mL/min。实验室温度为 23℃，水夹套温度为 27℃。图 3-21 示出了水浴平均温度与时间的关系曲线；图中蓝色线表示甲烷气体流速。试验结束后由热敏电阻测得（对水浴平均温度）的温升为 3.95℃。

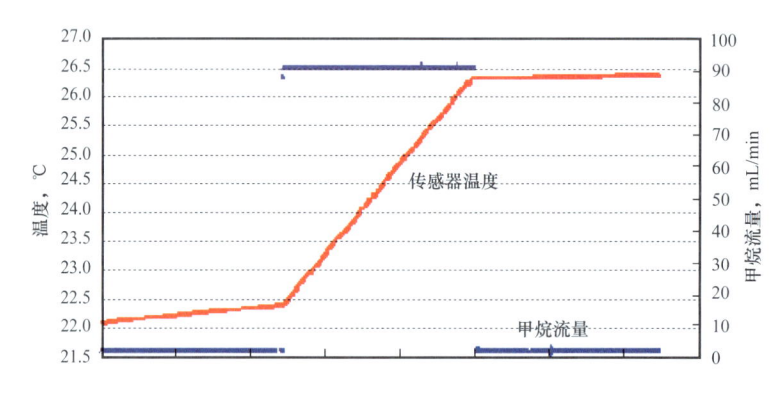

图 3-21　燃烧甲烷模式试验中热敏电阻温度—甲烷流速—时间关系

与图 3-21 所示数据相对应的数值模拟结果示于图 3-22，在此过程中其他试验条件都相同，但为简化起见，全部释放的能量均处理为由燃烧器外表面进行辐射传热。数值模拟结果表明，在假定全部热量均通过辐射传热的理想状况下得到的平均温升，与电学校准数值模拟结果非常接近，也约为 4.3℃。与电学校准模式试验最大的不同之处在于，辐射传热大大增加了水浴温度场分布的均匀性，故最高温度与水浴平均温度的差值仅为 1.17℃，远低于电学校准模式中的 8.54℃。

## 六、单个热敏电阻安装位置的影响

数值模拟研究可以帮助选择安装单个热敏电阻的最佳位置，并开发出了（在水浴空间中）显示出高于或低于水浴平均温度 0.05℃的可视化研究方法。0.05℃是在电学标定模式中属于传热均匀性最差的情况，选择此差值是为了更清楚地达到图示的目的。图 3-23 所示为可视化研究的一个成功范例。图中的红色区域表示比水浴平均温度至少高 0.05℃；蓝色区域表示水浴平均温度至少低 0.05℃。这就意味着其他保持透明区域内的温度与平均温度（$T$）的差值不超过 ±0.05℃。

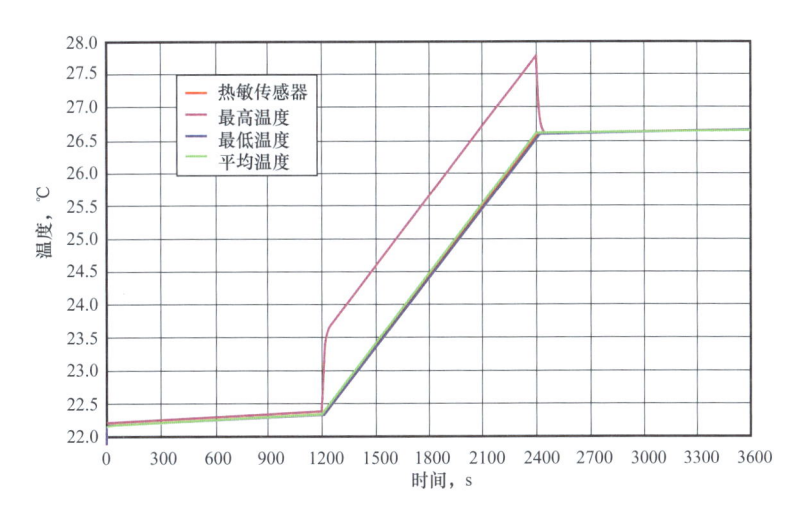

图 3-22 燃烧甲烷模式试验结果的数值模拟（完全以辐射传热计）

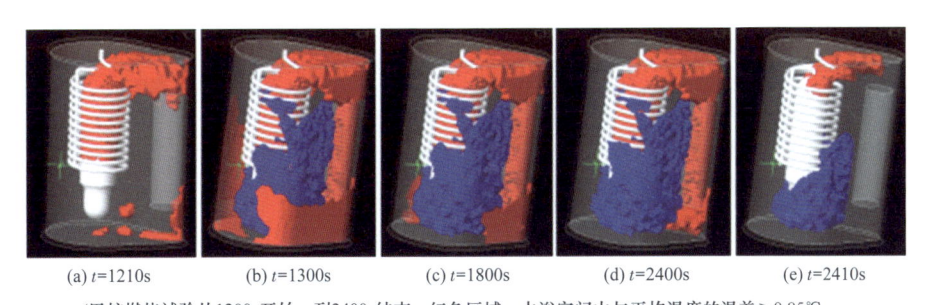

(a) $t=1210s$    (b) $t=1300s$    (c) $t=1800s$    (d) $t=2400s$    (e) $t=2410s$

（甲烷燃烧试验从1200s开始，到2400s结束。红色区域：水浴空间中与平均温度的温差≥0.05℃，蓝色区域：水浴空间中与平均温度的温差≤0.05℃）

图 3-23 水浴空间中不同温差区域与时间的关系图

图 3-23 中在整个模拟过程中始终保持透明的区域即为安装单个热敏电阻的最佳位置，在这些位置上测得的温度可以代表水浴的平均温度，此结论也已经为试验数据所证实。同时，数值模拟的结果也可以应用于参比热量计的设计优化，目前正在据此开展进一步改善测量不确定度的研究工作。

## 七、模型化研究的发展

**1. 热量计及燃烧器的结构改进**

当前三维数值模拟的重点正在转向燃烧过程的模型化研究[7]。研究重点集中在两个方面：一是开发燃烧器内化学稳定燃烧模型；二是进行燃烧器几何形状综合研究（包括壁厚与热阻的关系）。

进行上述研究使用的参比热量计及其玻璃燃烧器的结构如图3-24所示。燃烧过程释放的所有热量均传至燃烧器周围水浴。安装热量计组合件的内层置于25℃恒温水浴（外层）中，内、外层中间有1cm空气间隙，从而构成所谓的"等环境"系统。如图3-24所示，此参比热量计采用简化的换热器，其结构与图3-17所示的盘管式换热器完全不同。电学校准用的加热电阻丝缠绕在玻璃燃烧器外壁上，缠绕高度为10cm，提供约46W能量，大致与燃烧甲烷产生的能量相近。

2. 流态模拟

ANSYS-CFX层软件进行液体动力学模型研究。如图3-25所示，甲烷在燃烧器中的燃烧涉及一级氧气（混合有氩气）、二级氧气与甲烷气等3股气流的流动，故比较难以预测燃烧模式和进行模拟。进行试验时，甲烷气流量为0.0042m³/h，一级氧气流量为0.0027m³/h，二级氧气流量为0.0168m³/h。虽然一级氧气流量占总流量的不足16.1%，但其喷嘴面积仅0.2mm²，因而喷出的气流速度达到15m/s，基本控制了喷出气流的流态及速度矢量方向。在图3-26（a）中可以观察到一股特殊的高速气流沿燃烧器中轴喷出，在燃烧器圆顶处与其他烟气混合而再循环。

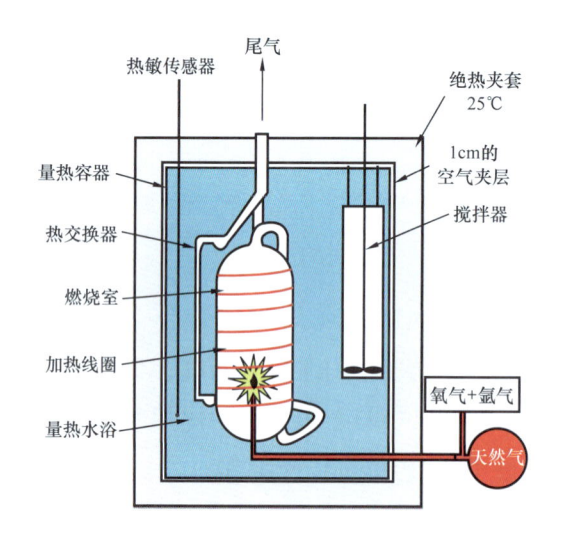

图3-24　LNE参比热量计及其玻璃燃烧器结构示意图

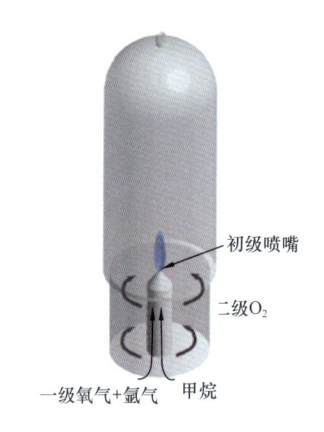

图3-25　喷嘴出口火焰及燃烧器进口气流流向示意图

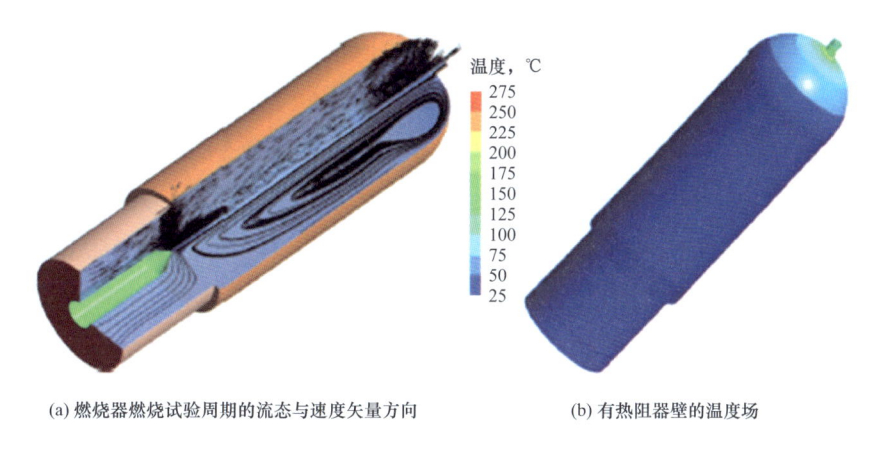

(a) 燃烧器燃烧试验周期的流态与速度矢量方向　　　　(b) 有热阻器壁的温度场

图 3-26　燃烧器燃烧试验

3. 新型设计燃烧器

数值模拟结果显示，在热量计（带有热阻的）器壁温度仅为25℃；这表明在燃烧室进行的换热起了重要作用。图 3-26（b）是以 Fourier 定律为基础进行热传导过程模拟时的器壁温度场分布。由此图可以观察到，在燃烧室圆顶与加热电阻丝的结合部的最高温度可达275℃，但在靠近圆顶处温度仅略高于50℃。此现象说明在这个区域中进行了有效的热交换，燃烧产生的高温烟气迅速为其周围的水浴所冷却，此处的换热效率远高于燃烧室内的其他区域。

基于上述模拟试验结果，新设计将原来围绕着燃烧器设置的盘管式换热器简化为半圈玻璃管；并设置2个小型聚水器收集燃烧过程的生成水，以便使尽可能多的生成水以液态形式保留在热量计中。新型燃烧器的结构如图 3-27 所示。

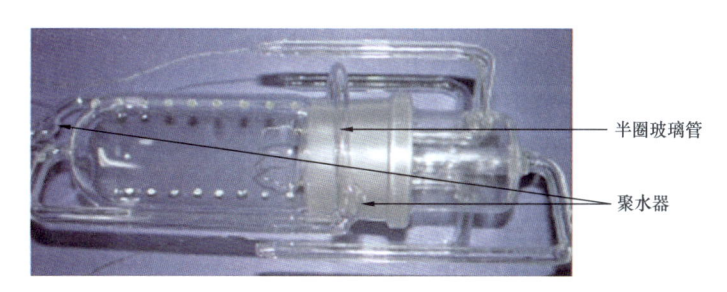

图 3-27　新型设计燃烧器的结构示意图

4. 主要模拟结果

在校准和燃烧两种模式的数值模拟试验中，热量计主要元件的能量分配见表 3-9。表 3-9 中数据说明，两种模式操作中测得的总能量均大于供入系统的能量（55836J）；原因在于搅拌器、热量计容器壁与水夹套换热等影响因素都向系统输入热量。同时说明，水浴吸收了释放能量的绝大部分，在校准模式中为90.3%，在燃烧模式中为89.8%。燃烧器壁储存了少量能量，在标定模式中为613J，燃烧模式中为926J。这部分储存热量导致燃烧器壁温度略高于水浴温度。在后测定阶段开始时，由于玻璃的传热惰性，这部分热量会释放出来一些。在校准模式操作中释放–178J，在燃烧模式操作中释放–489J。水夹套温度对热量计（器壁）吸收热量的影响见表3-10。

表3-9　热量计主要元件热量分配模拟结果

| 阶段 | 热量计元件 | 标定试验吸收能量，J | 燃烧试验吸收能量，J |
| --- | --- | --- | --- |
| 主要测定阶段 | 玻璃燃烧器壁 | 613 | 926 |
|  | 热量计壁（内层） | 4875 | 4858 |
|  | 热量计水浴 | 50882 | 50747 |
|  | 合计 | 56352 | 56531 |
| 后测定阶段 | 玻璃燃烧器壁 | –178 | –489 |
|  | 热量计壁（内层） | 161 | 180 |
|  | 热量计水浴 | –199 | 84 |
|  | 合计 | –216 | –225 |

表3-10　水夹套温度对热量计（器壁）吸收热量的影响

| 阶段 | 恒温水夹套与热量计的换热量，J ||
| --- | --- | --- |
|  | 水夹套温度为26.9℃ | 水夹套温度为24.5℃ |
| 预测定阶段 | 2162 | 860 |
| 主要测定阶段 | 1316 | 53 |
| 后测定阶段 | 383 | –843 |
| 合计 | 3861 | 70 |

从上述数值模拟结果可以归纳出如下认识：

（1）无论在何种模式的试验中，均约有90%的释放热量为水浴所吸收；另外约10%的热量为热量计容器壁所吸收。

（2）无论何种模式，其试验结果与数值模拟结果均相当接近，且两种模式的相似程度也很高。

（3）燃烧器在试验中所观察到的准稳态区域及动态区域，均在计算机流体动态（CFD）传热模型的数值模拟中得到验证。

（4）在固定水夹套温度为25℃时，由数值模拟试验确定的热敏电阻安装位置，能准确地代表水浴平均温度。

（5）当水夹套温度为24.5℃时，水夹套与热量计（容器）之间的热交换量不超过100J（表3-10）。

## 第六节　氧弹式0级热量计

2013年，中国计量科学研究院发表了以氧弹热量计测量天然气发热量的研究成果，此开创性成果为我国0级热量计的技术开发提供了宝贵经验。下面结合文献［10］对用氧弹热量计测定天然气发热量的主要内容进行介绍。

### 一、测定装置的组成与操作

测定装置由氧弹热量计、平衡取气装置和氧弹注水装置3个部分组成。氧弹热量计为德国IKA C4000型绝热式，其结构如图3-28所示。热量计外筒中安装有跟踪内筒水温的加热电极和温控元件，测温过程中冷却水借助循环泵从外筒流向顶盖，从而起到绝热作用。平衡取气装置的目的是保证每次充注入氧弹的甲烷气体的压力与温度保持一致，从而得到重复一致的氧化体积用于发热量计算。

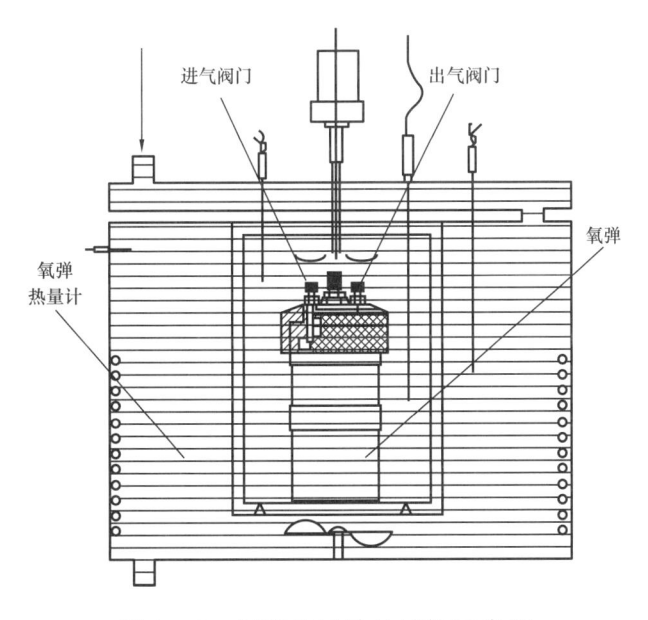

图3-28　氧弹热量计的结构示意图

在氧弹的点火电极上安装好点火铂丝，氧弹盖的进气阀门通过气体润湿器、转子流量计和压力表与气源连接，出气阀门与真空计和真空泵相连接。抽真空排除氧弹、管道及气体润湿器中的空气后，关闭真空泵与出气阀门，开启气源的阀门，充入气体至压力在 0.05～1.0MPa 之间，关闭气源的阀门，开启出气阀门和真空泵，抽真空。重复上述排气和充气的操作 3 次，以保证甲烷气体完全置换氧弹内的空气。然后充注入甲烷气体，至压力达到 0.03～0.05MPa，关闭氧弹进气阀门和出气阀门，将氧弹拆离，进入平衡实验。拆离出的氧弹放入恒温水槽中，恒温 1h 后氧弹进气阀门与大气平衡瓶相连，打开阀门使过多的甲烷气体逸出。随着逸出气体减少，氧弹内气压与大气压逐渐平衡，直到不再有气体逸出时就达到平衡。关闭进气阀门，将氧弹拆离出，此时氧弹中充注了氧弹内容积（量）的甲烷气体。

研制的氧弹注水装置，用于测定氧弹的内体积，注水过程如图 3-29 所示。将氧弹进气阀门与蒸馏水瓶相连，出气阀门与连接瓶、真空计和真空泵相连，关闭阀门，抽真空 3min，抽出管路中的空气后，打开出气阀门，抽真空 10min。打开进气阀门，蒸馏水流入氧弹内，当连接瓶内出现水时，关闭出气阀门和真空泵。将氧弹置于恒温水槽中恒温 0.5h，然后关闭进气阀门，将氧弹从恒温水槽中取出，擦干阀门内残留水珠后，称重。重复氧弹注水称重操作 7 次，并记录数据。

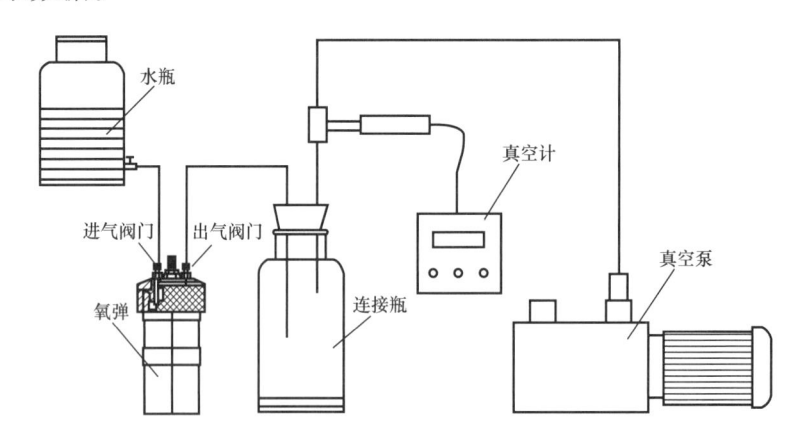

图 3-29　注水过程示意图

## 二、测定实验过程

1. 氧弹内容积测量

将清洁并干燥的氧弹连接到取气装置上，抽真空，使氧弹内的真空达到

2Pa，关紧氧弹出气阀，把氧弹从装置上拆下，在天平上称重；用去离子水注满氧弹，然后把氧弹放到恒温槽中，恒温0.5h，把氧弹从恒温槽内取出，在天平上称重并记录当时的大气压、环境温度和相对湿度。按式（3-18）计算氧弹内容积 $V$：

$$V = \frac{m}{d} \qquad (3-18)$$

式中　$V$——氧弹内容积，$m^3$；

　　　$m$——氧弹内水的质量，g；

　　　$d$——测量温度下水的密度，g/L。

### 2. 氧弹热量计的标定

用中国计量科学研究院研制的一级燃烧热标准物质苯甲酸 GBW 13021 标定热量计热容量。标定时氧弹内的铂坩埚装有约 0.404g 苯甲酸、1mL 去离子水和发热量为 50J 的点火棉线。向氧弹内充入纯度为 99.99% 的氧气，使弹内压力达到 2MPa。把氧弹放入恒温槽（25.0℃）内恒温 0.5h 以上，然后放入热量计内筒中，内筒充入恒温 25.0℃ 的去离子水，按量热标定程序进行实验。热量计自动记录内筒体系水温，当水温变化率小于规定值时点火，点火后仪器自动记录温度变化，直到温度达到平衡。热量计根据式（3-19）计算热容量 $k$：

$$k = \frac{Qm_k + q_i + q_n + q_d}{\Delta t} \qquad (3-19)$$

式中　$k$——氧弹热量计热容量，J/℃；

　　　$Q$——一级燃烧热标准物质苯甲酸发热量，J/g；

　　　$q_n$——硝酸生成热，J/g；

　　　$q_i$——棉线发热量，J；

　　　$q_d$——点火发热量，J；

　　　$m_k$——一级燃烧热标准物质苯甲酸样重，g；

　　　$\Delta t$——热容量标定实验量热体系温度升高值，℃。

### 3. 测定纯甲烷发热量

将清洁并干燥的氧弹点火电极上系好点火铂丝，氧弹内不放铂坩埚。装好氧弹后拧到固定位置，把氧弹连接到平衡取气装置系统进行取气和平衡实验，实验完成后氧弹内充入氧气压力达到1.2MPa。按氧弹热量计发热量测量程序进行实验，计算甲烷气体发热量$Q_V$。公式为：

$$Q_V = \frac{k\Delta T}{V_0} \quad (3-20)$$

$$V_0 = \frac{273.15V(p+b-s)}{(273.15+t)\times 101325}(1-c) \quad (3-21)$$

式中　$Q_V$——甲烷定容发热量，$kJ/m^3$；

　　　$\Delta T$——发热量测量实验量热体系的温度升高值，℃；

　　　$V_0$——氧弹内的燃气换算到标准状态下的体积，L；

　　　$V$——氧弹内容积，L；

　　　$p$——平衡取气时大气压力，Pa；

　　　$b$——13mm水柱压力，Pa；

　　　$t$——平衡取气时燃气温度，℃；

　　　$s$——平衡取气时燃气温度下的饱和水蒸气压，Pa；

　　　$c$——未完全燃烧的气体体积系数。

4. 实验测定结果

（1）氧弹内容积测定结果。

在相同实验条件下，连续测定氧弹注水后的质量8次，相对标准偏差为0.01%，测定结果见表3-11。

表3-11　氧弹内注水质量测定结果

| 测量次数编号 | 注水质量，mg | 测量次数编号 | 注水质量，mg |
| --- | --- | --- | --- |
| 1 | 296.21 | 5 | 296.24 |
| 2 | 296.27 | 6 | 296.22 |
| 3 | 296.24 | 7 | 296.21 |
| 4 | 296.29 | 8 | 296.23 |

（2）热容量测定结果。

在相同实验条件下，热容量12次测量结果的平均值为9122.2J/℃，相对标准偏差为0.05%。测量结果见表3-12。

表 3-12  热容量测定结果

| 编号 | 标准物质苯甲酸样重, g | 热容量, J/℃ |
|---|---|---|
| 1 | 0.40435 | 9125.4 |
| 2 | 0.40415 | 9126.3 |
| 3 | 0.40437 | 9122.0 |
| 4 | 0.40412 | 9116.4 |
| 5 | 0.40462 | 9119.1 |
| 6 | 0.40436 | 9127.9 |
| 7 | 0.40454 | 9118.1 |
| 8 | 0.40414 | 9123.8 |
| 9 | 0.40439 | 9120.9 |
| 10 | 0.40438 | 9128.4 |
| 11 | 0.40424 | 9117.5 |
| 12 | 0.40443 | 9120.2 |

（3）甲烷发热量测定结果。

由式（3-20）计算得到甲烷的定容发热量。实际应用中根据式（3-22）可以得到定压发热量 $Q_p$。

$$Q_p = Q_V + \Delta nRT \tag{3-22}$$

式中  $Q_p$——甲烷的定压发热量，kJ/m³；

$Q_V$——甲烷的定容发热量，kJ/m³；

$\Delta n$——甲烷燃烧前后气体物质的量的变化，mol；

$R$——气体常数（$R$=8.314J/(mol·K)），J/(mol·K)；

$T$——气体平衡后温度，K。

8 次测量结果的平均值为 39900kJ/m³，相对标准偏差为 0.05%。测量结果见表 3-13。

表 3-13  纯甲烷发热量测定结果

| 编号 | 温升, ℃ | 大气压, Pa | 气体体积, L | 恒容发热量, kJ/m³ | 恒压发热量, kJ/m³ |
|---|---|---|---|---|---|
| 1 | 1.1540 | 99796.8 | 0.2654 | 39659.9 | 39880.9 |
| 2 | 1.1504 | 99440.2 | 0.2645 | 39679.2 | 39900.2 |
| 3 | 1.1509 | 99456.5 | 0.2645 | 39689.9 | 39910.9 |

续表

| 编号 | 温升，℃ | 大气压，Pa | 气体体积，L | 恒容发热量，kJ/m³ | 恒压发热量，kJ/m³ |
|---|---|---|---|---|---|
| 4 | 1.1530 | 99744.5 | 0.2653 | 39646.5 | 39867.5 |
| 5 | 1.1632 | 100514.8 | 0.2674 | 39689.0 | 39910.0 |
| 6 | 1.1590 | 100205.1 | 0.2665 | 39668.0 | 39889.0 |
| 7 | 1.1578 | 99989.8 | 0.2659 | 39713.0 | 39934.0 |
| 8 | 1.1561 | 99907.9 | 0.2657 | 39687.5 | 39908.5 |

### 三、测量不确定度评定

根据式（3-23）建立的数学模型，通过不确定度传播定律，求得天然气发热量测定的合成标准方差计算式为

$$u_r^2(Q) = u_r^2(k) + u_r^2(\Delta T) + u_r^2(V_0) \quad (3-23)$$

根据式（3-21）可以得到

$$u_r^2(V_0) = u_r^2(V) + u_r^2(p+b-s) + u_r^2(c) \quad (3-24)$$

根据式（3-18）可以得到

$$u_r^2(V) = u_r^2(m) + u_r^2(d) \quad (3-25)$$

将式（3-24）和式（3-25）代入式（3-23）后得到

$$u_r^2(Q) = u_r^2(k) + u_r^2(\Delta T) + u_r^2(p+b-s) + u_r^2(m) + u_r^2(d) + u_r^2(c) \quad (3-26)$$

根据式（3-26），按 GUM 法的规定甲烷发热量测定结果的不确定度评定应分为 A 类和 B 类。A 类不确定度为甲烷发热量测定结果的重复性引起的不确定度 $u(s)$；B 类不确定度主要包括：热容量测量引入的不确定度 $u(k)$、温度升高测量引入的不确定度 $u(\Delta T)$、氧弹称重引入的不确定度 $u(m)$、水的密度引入的不确定度 $u(d)$、大气压力引入的不确定度 $u(p+b-s)$ 以及甲烷未完全燃烧引入的不确定度 $u(c)$。不确定度评定结果见表 3-14。

### 四、对表 3-14 数据的认识

表 3-15 所示数据为建于德国联邦物理技术研究院（PTB）的 GERG 参比

热量计的不确定度评定结果。

表 3-14 甲烷发热量测定的不确定度评定

| 标准不确定度分量 | 不确定度来源 | 测量结果 | 标准不确定度 | 相对不确定度，% |
|---|---|---|---|---|
| $u(s)$ | 测量重复性 | 39900kJ/m³ | 20.6kJ/m³ | 0.05 |
| $u(k)$ | 热容量 | 9122.2J/℃ | 7.2J/℃ | 0.08 |
| $u(\Delta T)$ | 温度升高 | 1.15℃ | $5.8 \times 10^{-4}$℃ | 0.05 |
| $u(m)$ | 氧弹内水重 | 296.23g | 0.033g | 0.01 |
| $u(d)$ | 水的密度 | 998.203g/L | $9.98 \times 10^{-4}$g/L | $1 \times 10^{-4}$ |
| $u(p+b-s)$ | 大气压力 | 101325Pa | 346Pa | 0.3 |
| $u(c)$ | 未完全燃烧 | $6.0 \times 10^{-5}$L | 0.26L | 0.02 |

表 3-15 GERG 参比热量计的测量不确定度

| 来源 | 量值，J/g | 所占比例，% | 备注 |
|---|---|---|---|
| 绝热温升增加 | 11 | 40.3 | 标定周期 |
| 绝热温升增加 | 11 | 39.9 | 燃烧试验周期 |
| 气体质量测定 | 3.9 | 14.0 | — |
| 其他来源 | 1.6 | 5.8 | — |

对照表 3-14 与表 3-15 中的有关数据，可以归纳出以下认识：

（1）由于在没有相态变化的情况下，固体及液体燃料的定容发热量与定压发热量相差很小，一般不加区别；故氧弹热量计是测定固体及液体燃料发热量的基准装置，而测定气体燃料发热量的基准装置则是 0 级热量计。

（2）0 级热量计要求测定质量基发热量，以便直接溯源至 SI 单位 kg，而氧弹式热计测定的是体积基发热量。表 3-14 数据表明，从前者换算到后者产生的不确定度在总不确定度中的占比高达 60%，成为进一步改善测定结果不确定度很难逾越的技术障碍。

（3）0 级热量计有电加热法和燃烧标准物质法两种校准方法。由于后者的溯源链涉及的不确定度多于前者，故目前国外正在运行的几台 0 级热量计均采用电学校准法以改善测定结果的不确定度。

综上所述，可以认为与推广实施天然气能量计量密切相关的、亟待完成而迄今尚未开展的一项重要基础性研究工作是 0 级热量计的建设。

# 参 考 文 献

［1］周理，蔡黎，陈赓良. 天然气气质分析与不确定度评定及其标准化［M］. 北京：石油工业出版社，2021.

［2］高立新，陈赓良，李劲，等. 天然气能量计量的溯源性［M］. 北京：石油工业出版社，2015.

［3］F D Rossini. The heat of formation of water［J］. Bur. Stand. J. Res.，1931（6）：1-35.

［4］P A Pittam，G Pilcher. Measurement of heats of combustion by flame calorimetry（part 8）［J］. J. Chem. Soc. Faraday Trans.，1972（168）：2224.

［5］ISO/TR 24094，Analysis of natural gas—Validation methods for gaseous reference methods（2006）［S］.

［6］M Jeaschke，et al. Development and setup of a new combustion reference calorimeter for natural gases［C］. Int. J. Thermophys.，2007，28（1）：220.

［7］F Haloua，et al. Thermal behavior modeling of a reference calorimeter for natural gas［J］. International Journal of Thermal Sciences，2012（55）：40.

［8］J Rauch，et al. Development and setup a new reference calorimeter（part 2）［C］. International Gas Union Research Conference 2008，Paris French.

［9］C Villermaux，M Zarea，F. Haloua，et al. A new frontier to be reached with an optimized reference gas calorimeter［C］. 23$^{rd}$ World Gas Conference，Amsterdam 2006.

［10］李佳，孙国华，王海峰，等. 基于氧弹热量计测量天然气发热量标准装置及方法研究［J］. 计量学报，2013，34（6）：594.

# 第四章　发热量间接测定技术

## 第一节　气相色谱分析基础知识

### 一、气相色谱仪的基本流程

天然气发热量间接测定技术是指利用气相色谱仪测定天然气组成，然后按各组分已经准确测定的发热量值计算其发热量。

分析天然气组成最主要的方法是气相色谱法。它是1952年后才迅速发展起来的分离分析方法，具有高效能、高选择性、高灵敏度、样品用量少、分析速度快等一系列优点，现已成为油气工业使用最广泛的分析方法。

气相色谱分析的实质是一种高效物理化学分离技术，即利用不同物质在两相（固定相和流动相）中具有不同的分配系数（或吸附系数、渗透性等），当两相作相对运动时，这些物质在两相间反复多次分配，从而使各种物质得到完全分离。分离后的组分依次先后进入检测器，从而可以根据它们响应时间的不同进行定性，并根据响应值大小进行定量。

气相色谱仪主要由5个部分构成：气路系统、进样系统、分离系统、检测系统和放大记录系统（图4-1）[1]。气相色谱仪分析被测样品的基本流程如图4-1所示。在分析样品前，先把载气调节到所需的流量，把汽化室、色谱柱和检测器升到所需的操作温度，将被测样品从取样器通过仪器的进样系统导入汽化室，样品汽化后被载气带入色谱柱进行分离。分离后的各组分先后进入检测器，并在此产生一定的电信号，后者经放大后在记录器或积分仪上记录下来。由此获得的色谱图是以样品中各组分在检测器上产生的电信号作为时间的函数所形成的曲线。可通过各组分分离时所经历时间的长短来对其定性，进而通过各个峰的高度或面积来进行定量。

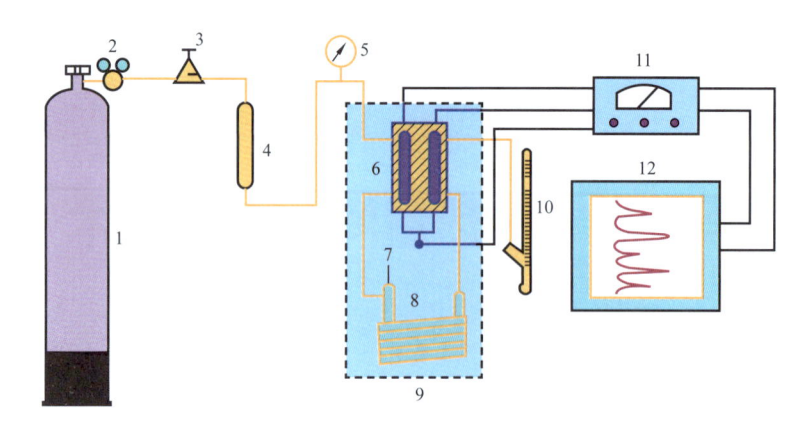

图 4-1　气相色谱仪分析被测样品的基本流程示意图
1—高压气瓶（载气源）；2—减压阀；3—气流调节阀；4—净化干燥管；5—压力表；6—热导池；7—进样口；8—色谱柱；
9—恒温箱（虚线内）；10—皂膜流量计；11—测量电桥；12—记录仪

## 二、固定液

固定液一般为沸点较高的有机化合物，把它们涂渍在担体上所组成的色谱柱称为气液色谱柱。组分在色谱柱上的分配关系实质上是溶解分配关系。其等温线是线性的。故色谱峰的形状一般也是对称的，且其定性与定量的重现性均较好。

原则上几乎所有有机化合物都有可能作为固定液，但具有实用意义、性能良好且能长期使用的固定液至少应满足以下要求：

（1）蒸气压低、挥发性小。通常要求固定液的沸点比操作温度（柱温）高150～200℃；

（2）热稳定性好，在操作温度下不分解并保持液态；

（3）对样品中的各组分都有适当的溶解能力；

（4）对各组分的分配系数应有较大的差别；

（5）化学稳定性好，不与担体、载气及被分析组分发生化学反应。

## 三、担体

担体（又称为载体）和吸附剂都是化学惰性的、多孔性的微粒，能提供较大的惰性表面，使固定液能以液膜状态均匀地涂敷于其上。两者都是构成色谱柱填充物的固体材料，故它们的颗粒直径、颗粒均匀性及比表面积等对色谱柱效能的影响相同。但它们在柱内所起作用有明显区别，担体只起承担固定液的作用，而吸附剂则与样品发生吸附分配作用（一般不与吸附质及介质发生化学反应)。

气相色谱用的固定液担体应满足以下基本要求：

(1) 较大的比表面积；

(2) 具有很高的化学惰性，不与样品组分、固定液发生反应、表面吸附或催化活性非常低；

(3) 要有合适的孔结构；

(4) 热稳定性良好；

(5) 具有一定的机械强度，不易粉碎。

气相色谱可使用的担体很多，主要分为硅藻土型和非硅藻土型两大类，而气液色谱中最常用的是硅藻土型，其主要成分是二氧化硅和少量无机盐。

## 四、吸附剂

气固色谱柱的固定相也可以采用吸附剂，在此情况下色谱柱对组分的分离是基于吸附剂的表面活性。与固定液相比，吸附剂具有更好的热稳定性，且几乎不发生流失现象等优点。吸附剂主要应用于 $H_2$、$O_2$、$N_2$、$CO$、$CH_4$ 等永久性气体及低沸点气态烃的分离与测定。但应注意，气固吸附等温线大多是非线性的，只有在进样量很小时才有可能出现对称的色谱峰。

常用的气相色谱吸附剂有：炭质吸附剂(活性炭、石墨化炭黑、炭分子筛等)、氧化铝吸附剂、硅胶吸附剂、分子筛及高分子多孔小球等。

## 五、检测器

气相色谱仪的检测器实际是一种能量转换装置，它将载气中组分含量变化转换成可测量的电信号，然后输入记录仪。后者记录电信号随时间的变化而得到作为定性与定量分析的色谱流出曲线(色谱图)。检测器主要性能指标如下：

(1) 灵敏度。灵敏度可以定义为响应信号对进入检测器的组分量的变化率。

(2) 检测限。检测限又称为检测极限，是指色谱系统在某一置信概率(如95%)条件下，样品中待测组分能区别于零值的最低浓度或最小进样量。它与灵敏度最大区别在于它考虑了噪声对检测器的影响。检测限不仅取决于灵敏度，同时也受噪声的控制，故它是衡量检测器性能更为全面的指标。

(3) 最小检知量。最小检知量是指色谱系统能检测的最小组分量。它虽与检测限成正比，但检测限只与检测器的性能有关，而最小检知量则不仅与检测限有关，也与色谱体系及其操作条件密切相关。检测限与色谱柱效率无关，但色谱柱效率却直接影响色谱体系的最小检知量。柱效率愈高，色谱峰愈窄，信号愈大，色谱体系的最小检知量就愈低。因此，最小检知量实际上就是最小进样量。

（4）线性范围。线性范围是指检测器对组分的响应呈线性关系时的最大进样量与最小进样量之比。线性范围与组分定量分析密切有关，线性范围宽的检测器对常量组分和微量组分都能准确地进行定量。

（5）响应时间。组分经色谱柱分离而进入检测器时，要通过扩散才能到达敏感区，扩散过程所需之时间即为响应时间。响应时间的长短直接影响色谱系统对组分浓度变化的跟踪速度。因此，减少检测器的死体积能有效地缩短响应时间。

天然气组分色谱分析最常用的检测器是热导检测器（TCD）和氢焰离子化检测器（FID）。

热导检测器是最先应用于气相色谱仪的检测器，它具有结构简单、线性范围宽、稳定性好、对无机和有机可挥发物质均有响应等一系列优点（图4-2）。热导检测器是根据不同物质具有不同的热导率的原理制成的。表4-1示出了几种常用气体与有机蒸气的热导率。

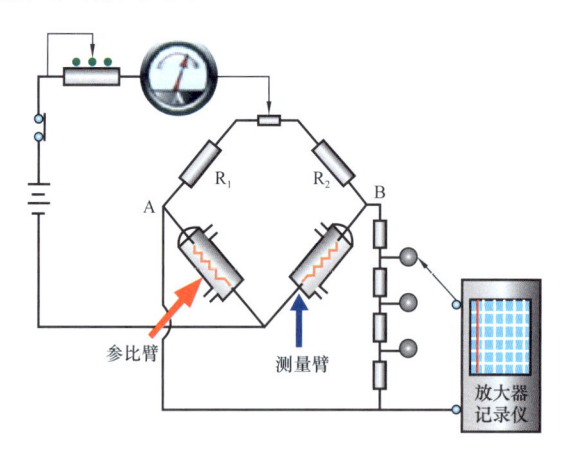

图 4-2 热导检测器原理示意图

氢焰离子化检测器的特点是几乎对所有有机物质均有响应且灵敏度高（可达 $10^{-12}$g/s）；操作条件要求不高，对载气流速、压力、温度等变化不甚敏感，能给出稳定的基线；线性范围可达 $10^7$ 以上；死体积小，响应迅速，特别适合于毛细管色谱柱（图4-3）。但FID对非烃类、惰性气体、氢焰中不电离物质则信号很小或无信号，如对水。

表 4-1　几种常用气体与有机蒸气的热导率

| 气体 | 热导率λ（100℃）<br>$10^{-5}$J/(cm·℃·s) | 气体 | 热导率λ（100℃）<br>$10^{-5}$J/(cm·℃·s) |
| --- | --- | --- | --- |
| 氢气 | 224.3 | 甲烷 | 45.8 |
| 氦气 | 175.6 | 乙烷 | 30.7 |
| 氧气 | 31.9 | 丙烷 | 26.4 |
| 空气 | 31.5 | 甲醇 | 23.1 |
| 氮气 | 31.5 | 乙醇 | 22.3 |
| 氩气 | 21.8 | 丙酮 | 17.6 |

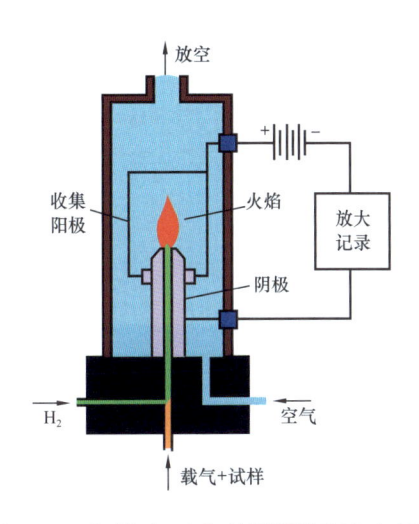

图 4-3　氢焰离子化检测器原理示意图

## 六、定量方法

1. 峰面积测量法

常用的峰面积测量法有峰高乘半峰宽法（用于对称峰）、峰高乘平均峰宽法（用于不对称、很窄或很小的峰）及峰高乘保留值法等。天然气组成分析最常用的是第一种方法。

2. 定量校正因子法

由于同一检测器对不同物质具有不同的响应值，故两个含量相等的组分得到的峰面积往往不相等，导致不能用峰面积直接计算它们的含量。为使响应信号真实地反映其含量，必须对响应值进行校正，因而就引入了定量校正因子。

校正因子的测定方法是准确称量被测组分和标准物质，两者混合后在一定实验条件下进样分析（进样量应在线性范围内），分别测量它们的峰面积，然后由公式计算出重量校正因子和摩尔校正因子。

3. 常用的定量计算方法

（1）归一化法：当样品中的各组分均能从色谱柱流出，并能在色谱图上显示色谱峰时，可以用归一化法进行定量计算。归一化的优点是简便、准确，操作条件、进样量等因素对定量结果的影响不大。但归一化法比较适用于常量分析，对样品中含量甚低尤其是微量杂质组分，或者检测器上无响应的组分一般不宜采用归一化法进行定量计算。

（2）内标法：内标法是通过测量内标物质和被测组分的峰面积的相对值来进行计算的。因此，由操作条件而引起的误差将同时包含在内标物质及被测组分而得到抵消，因而可以获得较准确的分析结果。选择内标物质时应注意：它应是样品气体中不存在的纯物质；其加入量应接近被测物质含量；内标物质的色谱峰应位于被测组分色谱峰附近或几个被测组分色谱峰的中间；内标物质与被测组分的物化性质应该比较接近。

（3）外标法：外标法是用被测组分的纯物质制作标准曲线来进行定量。配制不同浓度被测组分的标准样品，在相同操作条件下分别注入相同量测得响应值。然后绘制响应值与含量关系校正曲线。在相同条件下，注入相同体积的被测组分样品，测得响应值后再在校正曲线上查得含量。此法最突出的优点是操作简单，计算方便；但结果的准确度受进样量重复性和操作条件稳定性的影响。

## 第二节　GB/T 13610 技术要点

强制性国家标准 GB 17820 规定天然气组成的测定应按 GB/T 13610 执行。

GB/T 13610 于 1992 年 8 月首次发布，经多年应用实践证明该标准基本能满足生产需要。国家市场监督管理总局和国家标准化管理委员会于 2020 年 9 月联合发布了 GB/T 13610—2020，并以此替代 GB/T 13610—2014。本标准与 GB/T 13610—2014 相比，主要技术变化如下：

——在"范围"中增加了一氧化碳组分，浓度范围为 0.01%～1%；

——标准气浓度要求修改为"对于摩尔分数不大于 5% 的组分，与样品相比，标准气中相应组分的摩尔分数应不大于 10%，也不低于样品中相应浓度的

1/2。对于摩尔分数大于 5% 的组分，标准气中组分的最低浓度宜不低于 0.1%"（见 4.2，2014 年版的 4.2）。

——修改了精密度表达方式。组分的浓度范围的边界点由原来的不；变成连续但不交叉。如将边界点"0～0.09"和"0.1～0.9"改为"$x<0.1$"和"$0.1\leqslant x<1.0$"（见第 8 章，2014 年版的第 8 章）。

## 一、范围

本标准规定了用气相色谱法测定天然气及类似气体混合物化学组成的方法；适用于表 4-2 所示天然气组成范围，也适用于一个或几个组分的测定[2]。

表 4-2　天然气的组分及其浓度范围（摩尔分数）

| 组分 | 浓度范围，%（摩尔分数） |
| --- | --- |
| 氦 | 0.01～10 |
| 氢 | 0.01～10 |
| 氧 | 0.01～20 |
| 氮 | 0.01～100 |
| 二氧化碳 | 0.01～100 |
| 甲烷 | 0.01～100 |
| 乙烷 | 0.01～100 |
| 丙烷 | 0.01～100 |
| 异丁烷 | 0.01～10 |
| 正丁烷 | 0.01～10 |
| 新戊烷 | 0.01～2 |
| 异戊烷 | 0.01～2 |
| 正戊烷 | 0.01～2 |
| 己烷 | 0.01～2 |
| 庚烷和更重组分 | 0.01～1 |
| 一氧化碳[①] | 0.01～1 |
| 硫化氢 | 0.3～30 |

① 常规天然气一般不含一氧化碳组分，煤制天然气等特殊样品中可能含有的一氧化碳组分可采用本标准规定的方法进行检测。

## 二、方法提要

具有代表性的天然气样品（以下简称气样）和已知组成的标准混合气（以下简称标准气），在同样的操作条件下，用气相色谱法进行分离。气样中许多重组分可以在某个时间通过改变流过柱子载气的方向，获得一组不规则的峰，这组重组分可以是 $C_5$ 和更重组分、$C_6$ 和更重组分或 $C_7$ 和更重组分。由标准气的组成值，通过对比峰高、峰面积或者两者均对比，计算获得气样的相应组成。

天然气中较重组分的补充分析方法见 GB/T 13610 附录 A。

## 三、载气与标准气

1. 载气

氢气或氦气的纯度不低于 99.99%；

氮气或氩气的纯度不低于 99.99%。

2. 标准气

（1）标准气可采用国家二级标准物质，或按 GB/T 5274—2008 制备。

（2）在分析氮和氧时，稀释的干空气是一种适用的标准气。

（3）标准气的所有组分必须处于均匀的气态。

（4）对于样品中摩尔分数不大于 5% 的组分，与样品相比，标准气中相应组分的摩尔分数应不大于 10%，也不低于样品中相应组分浓度的 1/2。

（5）对于摩尔分数大于 5% 的组分，标准气中组分的最低浓度宜不小于 0.1%。

## 四、仪器与设备

1. 检测器

可选用热导检测器，或灵敏度和稳定性与之相当的检测器。要求对正丁烷摩尔分数为 1% 的样品气在进样量为 0.25mL 时，至少应产生 0.5mV 的信号。

2. 记录系统

可选用记录仪、电子积分仪或微处理机。

记录仪满标量程为 1～5mV，记录纸宽不少于 150mm，记录笔的最大响应时间等于或小于 2s。如果人工测量色谱峰，则纸速可提高至 100mm/min。使用电子积分仪或微处理机时，要求它们能检测色谱分离并记录响应值。

人工测量色谱峰时必须使用衰减器，以使检测器输出信号的最大峰值保持在记录仪的纸宽范围内，衰减挡之间的误差必须小于0.5%。

3. 进样系统

必须选用对气样中组分呈惰性和无吸附性的材料制作，优先选用不锈钢。

进样系统应配备带定量管的进样阀，定量管体积为0.25～2mL，内径为2mm，注意内径小于2mm的应带加热器。在真空下进样时可选用如图4-4所示的管线排列。

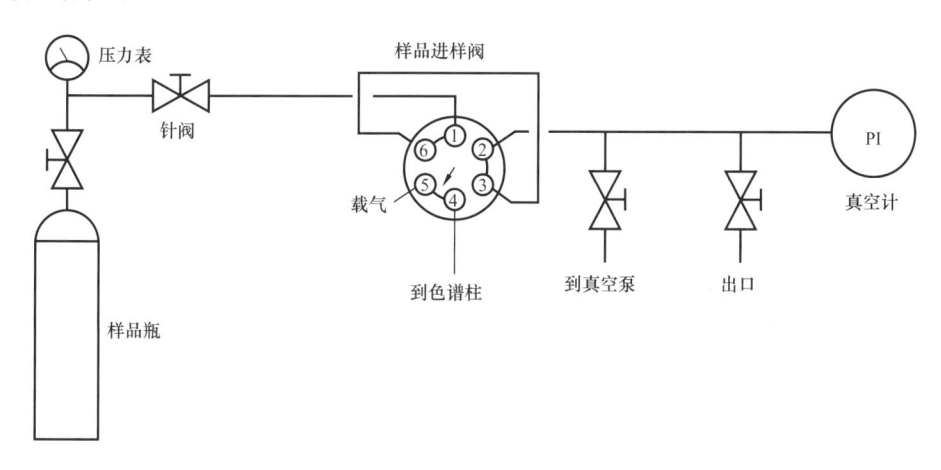

图 4-4　用于真空下进样的管线排列

4. 温度和载气控制

恒温操作时，色谱柱温度的变化应控制在0.3℃之内；程序升温操作时，色谱柱温度不应超过柱中填充物推荐的温度上限。在分析的全过程中，检测器温度应等于或高于最高柱温，并保持恒定，其变化应在0.3℃之内。

在分析全过程中，载气流量变化应控制在1%之内。

5. 吸附色谱柱

必须能完全地分离氧、氮和甲烷，按式（4-1）计算的分离度（$R$）必须大于或等于1.5。图4-5是采用吸附色谱柱获得的一例典型色谱图。

$$R = 2(t_2 - t_1)/(W_2 + W_1) \quad (4-1)$$

式中　$t_1$——在相邻的两个峰中，第1个色谱峰的绝对保留时间，s；

$t_2$——第2个色谱峰的绝对保留时间，s；

$W_1$——第1个色谱峰的峰宽，s；

$W_2$——相邻的第2个色谱峰的峰宽，s。

图 4-5 分离氧、氮和甲烷的典型色谱图

1—氧；2—氮；3—甲烷

色谱柱：13X 分子筛，60～80 目；柱长：2m；载气：氦气，30mL/min；进样量：0.25mL

## 6. 分配色谱柱

色谱柱必须能分离二氧化碳和乙烷至戊烷之间的各组分。在丙烷之前的组分，峰返回基线的程度应在满标量的 2% 以内。二氧化碳的分离度必须大于或等于 1.5。要求对二氧化碳摩尔分数为 0.1% 的气样，在进样量为 0.25mL 时能产生一个清晰可测的色谱峰。整个分离过程（包括正戊烷之后，通过反吹获得的己烷和更重组分的一组响应）应在 40min 内完成。图 4-6 所示为使用分配色谱柱的典型实例。

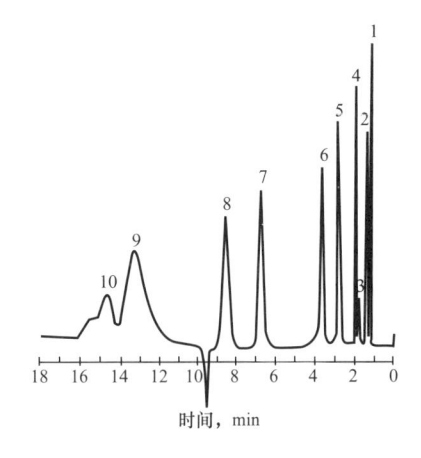

图 4-6 天然气分析使用分配柱的典型色谱图

1—甲烷和空气；2—乙烷；3—二氧化碳；4—丙烷；5—异丁烷；6—正丁烷；7—异戊烷；8—正戊烷；
9—庚烷及更重组分；10—己烷

色谱柱：25%BMEE，Chromosorb.P；柱长：7m；柱温：25℃；载气：氦气，40mL/min；进样量：0.25mL

## 五、操作步骤

1. 线性检查

按分析要求安装好色谱柱；调整操作条件使仪器稳定。

对摩尔分数大于5%的任何组分必须获得其线性数据。在宽浓度范围内，色谱检测器并非真正的线性，但应在与被测样品浓度接近的范围内建立其线性。

对摩尔分数不大于5%的组分可用2～3个标准气在大气压下，用进样阀进样以获得组分浓度与响应值的数据。

对摩尔分数大于5%的组分可用纯组分或一定浓度的混合气，在一系列不同的真空压力下，用进样阀进样以获得组分浓度与响应值的数据。

将线性检查获得的数据制作成表格，并据此来评价检测器的线性。表4-3和表4-4分别为甲烷和氮气线性评价的实例。

在线性检查中应注意以下事项：

（1）在大气压下，氮气、甲烷和乙烷的可压缩性小于1%。天然气中的其他组分，在低于大气压下仍具有明显的可压缩性。

（2）对于蒸气压小于100kPa的组分由于没有足够的蒸气压，不能用纯气体来检查其线性。对于这类组分可用氮气或甲烷与之混合，由此获得其分压，并使总压达到100kPa。天然气中常见组分在38℃下的饱和蒸气压见表4-5。

（3）可采用一个含有多种待测组分的标准气，通过在不同压力下分别进样的方法来进行线性检查。

表 4-3　甲烷的线性评价

| \multicolumn{4}{c}{$y/A$ 的偏差 = $[(y/A)_1 - (y/A)_2] / (y/A)_1 \times 100\%$} |
|---|---|---|---|
| 峰面积，$A$ | 摩尔分数 $y$, % | $y/A$ | $y/A$ 之间的偏差，% |
| 223119392 | 51 | $2.2858 \times 10^{-7}$ | |
| 242610272 | 56 | $2.3082 \times 10^{-7}$ | −0.98 |
| 261785320 | 61 | $2.3302 \times 10^{-7}$ | −0.95 |
| 280494912 | 66 | $2.3530 \times 10^{-7}$ | −0.98 |
| 299145504 | 71 | $2.3734 \times 10^{-7}$ | −0.87 |
| 317987328 | 76 | $2.3900 \times 10^{-7}$ | −0.70 |
| 336489056 | 81 | $2.4072 \times 10^{-7}$ | −0.72 |
| 351120721 | 85 | $2.4208 \times 10^{-7}$ | −0.57 |

注：$y/A$ 之间的偏差是指相邻的两个浓度点之间的偏差，以%表示。

表 4-4 氮气的线性评价

| 峰面积, $A$ | 摩尔分数 $y$, % | $y/A$ | $y/A$ 之间的偏差, % |
| --- | --- | --- | --- |
| 5879836 | 1 | $1.7007 \times 10^{-7}$ | |
| 29137066 | 5 | $1.7160 \times 10^{-7}$ | −0.89 |
| 57452364 | 10 | $1.7046 \times 10^{-7}$ | −1.43 |
| 84953192 | 15 | $1.7657 \times 10^{-7}$ | −1.44 |
| 111491232 | 20 | $1.7939 \times 10^{-7}$ | −1.60 |
| 137268784 | 25 | $1.8212 \times 10^{-7}$ | −1.53 |
| 162852288 | 30 | $1.8422 \times 10^{-7}$ | −1.15 |
| 187232496 | 35 | $1.8693 \times 10^{-7}$ | −1.48 |

**2. 仪器重复性检查**

当仪器稳定后，两次或两次以上连续进标准气样品进行检查，每个组分响应值相差必须在 1% 以内。在操作条件不变的前提下，无论是连续两次进样，还是最后一次进样与以前某一次进样，只要它们每个组分相差在 1% 以内，都有可作为随后气样分析的标准。推荐每天进行校正操作。

表 4-5 天然气中各组分在 38℃时的蒸气压

| 组分 | 绝对压力, kPa |
| --- | --- |
| $N_2$ | >34500 |
| $CH_4$ | >34500 |
| $CO_2$ | >5520 |
| $C_2H_6$ | >5520 |
| $H_2S$ | 2720 |
| $C_3H_8$ | 1300 |
| $iC_4H_{10}$ | 501 |
| $nC_4H_{10}$ | 356 |
| $iC_5H_{12}$ | 141 |
| $nC_5H_{12}$ | 108 |
| $nC_6H_{14}$ | 34.2 |
| $nC_7H_{16}$ | 11.2 |

3. 气样的准备

如果需要脱除硫化氢，有两种方法可供选择（参见 GB/T 13610 附录 C）。

在实验室内，样品必须在比取样时气源温度高 10~25℃ 的温度下达到平衡。温度越高，平衡所需的时间就越短，300mL 或更小的样品容器约需 2h。本标准假定，在现场取样时已经脱除了夹带在气体中的液体。

如果气源温度高于实验室温度，则气样在进入色谱仪前需预先加热。如果已知气样的烃露点低于环境温度，就不需要加热。

4. 进样

为了获得检测器对各组分，尤其是对甲烷的线性响应，进样量应不超过 0.5mL。除了微量组分外，使用这样的进样量都能获得足够的精密度。测定摩尔分数不高于 5% 的组分时，进样量允许增加到 5mL。

样品瓶到仪器进样口之间的连接管线应选用不锈钢或聚四氟乙烯管，不得使用铜、聚乙烯、聚氯乙烯或橡胶管。

进样可根据具体情况分别选用吹扫法、封液置换法或真空法。

5. 分离乙烷和更重组分、二氧化碳的分配柱操作

使用氮气或氢气为载气，选择合适的进样量进样，并在适当的时间反吹重组分。按同样的方法与步骤获得标准气的响应。

如果使用的色谱柱能将甲烷与氮气和氧气分离，则也可以用此色谱柱来测定甲烷，但进样量不得超过 0.5mL。

6. 分离氧、氮和甲烷的吸附柱操作

使用氩气或氢气为载气，进样获得样品气中氧、氮和甲烷的响应；如需测定甲烷则进样量不得超过 0.5mL。按同样的方法与步骤获得氮和甲烷标准气的响应。如有必要，可导入在一定真空压力下并且压力已被精确测定的干空气或经氦气稀释的干空气，获得氧和氮的响应。

氧含量为约 1% 的混合物可按以下方法制备：将一个常压干空气瓶用氦气充压至 2MPa，此压力不需精确测定。因为此混合物中的氮含量必须通过与标准气中氮含量比较来确定。此混合物中氮的摩尔分数乘以 0.268 就得到氧的摩尔分数；或者乘以 0.280 则为氧加上氩的摩尔分数。使用几天前制备的氧标准气是不可行的。但由于氧的响应因子相当稳定，故对于氧允许使用响应因子。

7. 分离氦气和氢气的吸附色谱柱

使用氮气或氩气为载气，进样量为 1~5mL。记录氦和氢的响应，按同样的方法与步骤获得合适浓度氦和氢的标准气的响应（图 4-7）。

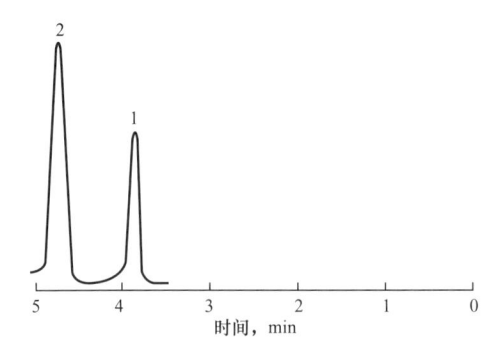

图 4-7　分离氦气和氢气的典型色谱图

1—氦气；2—氢气

色谱柱：13x 分子筛；柱长：2m；柱温：50℃；检测器电流：100mA；载气：氩气，4040mL/min

## 六、计算

每个组分浓度的有效数字应按量器的精密度和标准气的有效数字取舍。

气体样品中任何组分浓度的有效数字位数，均不应多于标准气中相应组分浓度的有效数字位数。

### 1. 外标法

（1）戊烷和更轻组分。

测量每个组分的峰高或峰面积，将气样和标准气中相应组分的响应换算到同一衰减，气样中 $i$ 组分的浓度 $y_i$ 按式（4-2）计算：

$$y_i = y_{si}(H_i/H_{si}) \qquad (4-2)$$

式中　$y_{si}$——标准气中 $i$ 组分的摩尔分数，%；

　　　$H_i$——气样中 $i$ 组分的峰高或峰面积；

　　　$H_{si}$——标准气中 $i$ 组分的峰高或峰面积，$H_i$ 和 $H_{si}$ 用相同的单位表示。

如果是在一定真空压力下导入空气作为氧或氮的标准气，则按式（4-3）进行压力修正。

$$y_i = y_{si}(H_i/H_{si})(p_a/p_b) \qquad (4-3)$$

式中　$p_a$——空气进样时的绝对压力，kPa；

　　　$p_b$——空气进样时实际的大气压力，kPa。

（2）己烷和更重组分。

测量己烷、庚烷及更重组分的峰面积，并在同一色谱图上测量正戊烷、异戊烷的峰面积，并将所有的测量峰面积换算到同一衰减。有关的补充方法可参见本标准（GB/T 13610）附录 B；色谱柱的排列则参见本标准（GB/T 13610）附录 C。

气样中己烷（$C_6$）和碳七以上组分（$C_{7+}$）的浓度按式（4-4）计算。

$$y(C_n) = \frac{y(C_5)A(C_n)M(C_5)}{A(C_5)M(C_n)} \tag{4-4}$$

式中　$y(C_n)$——气样中碳数为 $n$ 的组分的摩尔分数，%；
　　　$y(C_5)$——气样中异戊烷与正戊烷摩尔分数之和，%；
　　　$A(C_n)$——气样中碳数为 $n$ 的组分的峰面积；
　　　$A(C_5)$——气样中异戊烷和正戊烷的峰面积之和，$A(C_n)$ 和 $A(C_5)$ 用相同的单位表示；
　　　$M(C_5)$——戊烷的相对分子质量，取值为 72；
　　　$M(C_n)$——碳数为 $n$ 的组分的相对分子质量（对于 $C_6$，取值为 86；对于 $C_{7+}$，为平均相对分子质量）。

如果异戊烷和正戊烷的浓度已经通过较小的进样量单独进行了测定，就不需要再重新测定。

（3）归一化。

将每个组分的原始含量值乘以 100，再除以所有组分原始含量值的总和，即为每个组分归一化后的摩尔分数；所有组分原始含量值的总和与 100.0% 的差值应不超过 1.0%。有关气体样品的计算示例可参见 GB/T 13610 附录 E。

2. 差减法

当除甲烷外，其他组分采用外标法获得准确含量后，可采用 100% 减去除甲烷外其他所有组分的含量，即为甲烷的摩尔分数，按式（4-5）计算：

$$y(C_1) = 100\% - \sum_{i=1}^{n} y_i \tag{4-5}$$

式中　$y(C_1)$——气样中甲烷组分的摩尔分数，%；
　　　$y_i$——气样中除甲烷外 $i$ 组分的摩尔分数，%。

## 七、精密度

由同一操作人员使用同一仪器，对同一气样重复分析获得的结果，若连续 2 个结果的差值超过表 4-6 规定的数值，应视为可疑。

对同一气样由 2 个实验室提供的分析结果，若差值超过表 4-6 所示的规定，则每个实验室的结果均应视为可疑。

表 4-6　精密度

| 组分浓度范围 $y$，% | 重复性 | 再现性 |
| --- | --- | --- |
| 0～0.1 | 0.01 | 0.02 |
| 0.1～1.0 | 0.04 | 0.07 |
| 1.0～5.0 | 0.07 | 0.10 |
| 5.0～10 | 0.08 | 0.12 |
| >10 | 0.20 | 0.30 |

## 八、常见误差与预防措施

1. 己烷和更重组分含量的变化

天然气中己烷和更重组分在处理和进样时易发生变化，从而使分析结果出现严重偏差。许多情况下在吹扫过程中，由于重组分在定量管中聚集，从而导致其发生浓缩。若在进样系统中发生油膜积累或气样中重组分含量越高，此类问题也就越严重。当气样中己烷和更重组分的含量大于戊烷组分含量时，不能把有表面效应的小直径管用于进样系统。

应准备一个含有己烷和更重组分的气样，定期在仪器上检查己烷和更重组分的重复性。当发现这些重组分的峰增大时，可采用以下措施使此类污染降至最小：用惰性气体吹扫、加热、使用真空系统或用丙酮清洗定量管。

2. 酸气含量的变化

气样中硫化氢和二氧化碳的含量在取样和处理过程中易变化。由于水选择性吸收酸气，所以必须使用干燥的样品瓶、接头和导管。

3. 气样的露点

气样中产生凝析物会使之不具备代表性。因此，所有气样均应保持在露点以上。如果气样被冷却到其露点以下，使用前应在高于露点 10℃或更高温度下加热几小时。如果露点是未知的，应把气样加热到取样时的温度。

4. 进样系统

为了便于吹扫，进样系统的连接管线应尽可能短，干燥器也应尽可能小。

5.进样量的重复性

（1）进样定量管出口压力的改变会影响进样量的重复性。

（2）气样和标准气中的相应组分必须在相同的载气流动方向进行测定。

（3）进样系统前连接的干燥器应处于良好的工作状态。

（4）色谱柱应处于洁净状态。这样，载气无论在正、反方向流动，基线均能迅速达到平衡。

（5）转动反吹阀时，在柱子末端引起压力反向而干扰载气流，载气应迅速恢复到原来的流量，基线也应恢复到原来的水平。否则，可能由于系统中载气泄漏，从而导致流量调节器发生故障，或气路不平衡。

6.标准气

标准气应在15℃或高于露点的温度下保存。如果标准气置于低温下，使用前气瓶应加热几小时。如果对异戊烷和正戊烷的含量有怀疑，应该用纯组分检验。

7.测量

基线和色谱峰的顶部应清晰，以便测量峰高。峰面积必须用同一种方法测量，测量时可用面积仪、几何作图或其他方法，但不同方法不得混杂使用。

8.其他

（1）载气中的水气干扰测定，可在仪器入口处装一根长1m，直径6mm，装有0.63~0.28mm（30~60目）分子筛的干燥管。

（2）定期用肥皂水或检漏液对载气流动系统进行检漏。

（3）如果衰减器接触不良则应清洗。

（4）如果出现平头峰或小峰被隐含的情况，可能是记录仪的量程或增益使用不当；若调节后仍不能纠正，则需检查记录器的电器部分。

# 第三节　GB/T 27894（ISO 6974）系列标准技术要点

## 一、系列标准的结构

GB/T 27894（ISO 6974）系列标准给出了天然气组分分析方法和计算组分摩尔分数及其不确定度的方法。该系列标准的所有部分均可用于测定 $H_2$、He、$O_2$、$N_2$、$CO_2$ 和烃类化合物，可以将其作为单个组分或一个组分族；例如将 $C_5$ 以上（不含 $C_5$）的所有组分定义为 $C_{6+}$。本系列标准提供的方法适用于校准气体混合物、为气体发热量和其他物性参数的计算提供气体组分及其不确定度数据。ISO 6974-3 及后续部分介绍了具体的应用方法。

GB/T 27894《天然气 用气相色谱法测定组成和计算相关不确定度》分为 6 个部分：

——天然气 用气相色谱法测定组成和计算相关不确定度 第 1 部分：总导则和组成计算；

——天然气 用气相色谱法测定组成和计算相关不确定度 第 2 部分：不确定度计算；

——天然气 在一定不确定度下用气相色谱法测定组成 第 3 部分：用两根填充柱测定氢、氦、氧、氮、二氧化碳和直至 $C_8$ 的烃类；

——天然气 在一定不确定度下用气相色谱法测定组成 第 4 部分：实验室和在线测量系统中用两根色谱柱测定氮、二氧化碳和 $C_1$ 至 $C_5$ 及 $C_{6+}$ 的烃类；

——天然气 在一定不确定度下用气相色谱法测定组成 第 5 部分：实验室和在线工艺系统中用三根色谱柱测定氮、二氧化碳和 $C_1$ 至 $C_5$ 及 $C_{6+}$ 的烃类；

——天然气 在一定不确定度下用气相色谱法测定组成 第 6 部分：用三根毛细色谱柱测定氢、氦、氧、氮、二氧化碳和 $C_1$ 至 $C_8$ 的烃类。

## 二、一般要求

所有气体样品中的主要组分或组分族都是通过气相色谱法物理分离，将测量结果与相同条件下获得的校准数据进行比较来定量。因此，校准气体与样品气应该在同样条件下用同一测量系统进行分析。

天然气组分的定量分析可通过单操作或多操作方法（如架桥法）完成。分析仪器可以根据初始特性和所用的校准方法，选择上述方法中的一种。校准所有组分或部分组分通过相对响应因子间接获得之间也会有差别。由于处理后所有组分的摩尔分数之和需要等于 1，所以需进行归一化处理。

## 三、操作方法

1. 单操作

在单操作方法中，所有待测样品均由同一个进样器和同一个检测器测得。无架桥组分的多操作方法是单操作方法的一个特例。

## 2. 利用架桥组分的多操作方法

多操作方法是利用多个不同的系统（如多个进样器和/或检测器）对组分族进行检测。

利用架桥组分的多操作方法与单操作方法的重要区别是组分族间的样品量和/或检测器灵敏度不同。对于利用架桥组分的多操作方法，通过在每个进样器/检测器系统测试同一组分（即架桥组分）获得不同族组分的结果。每次分析时计算出架桥组分的响应比值，通过调整某一系统的响应值，使其与校准值相等。通过该计算使得不同族间的响应值变成一个常数，然后利用单操作方法中的归一化法进行归一化处理。

## 3. 无架桥组分的多操作方法

无架桥组分的多操作方法是在没有合适架桥组分条件下，利用不同系统（例如多个进样器和/或多个检测器）对不同组分族进行检测。该方法是单操作方法的一个特例，其数据处理与单操作方法相同。

## 四、归一化

归一化是指对所有待测组分的原始摩尔分数进行相同比例调整使其总和为1的处理方法。由于该方法的影响因素涉及所有组分（如周围环境压力变化、检测器漂移），因此其适用于不确定度与所有组分相关的天然气组分测量。

对混合气体中的某一组分 $n_i$，其归一化后的摩尔分数由下式计算：

$$x_i = \frac{x_i^*}{\sum_{i=1}^{n_i} x_i^*} \times (1 - x_{oc}) \qquad (4-6)$$

注：GB/T 27894（ISO 6974）附录 B 中介绍了架桥和归一化的其他方法。

## 五、分析过程

确定天然气中各个组分的摩尔分数及其相应的不确定度的完整步骤如图 4-8 和图 4-9 所示。

## 六、控制图

控制图用来确定系统工作是否正常。附录 H 介绍了控制图的使用办法。

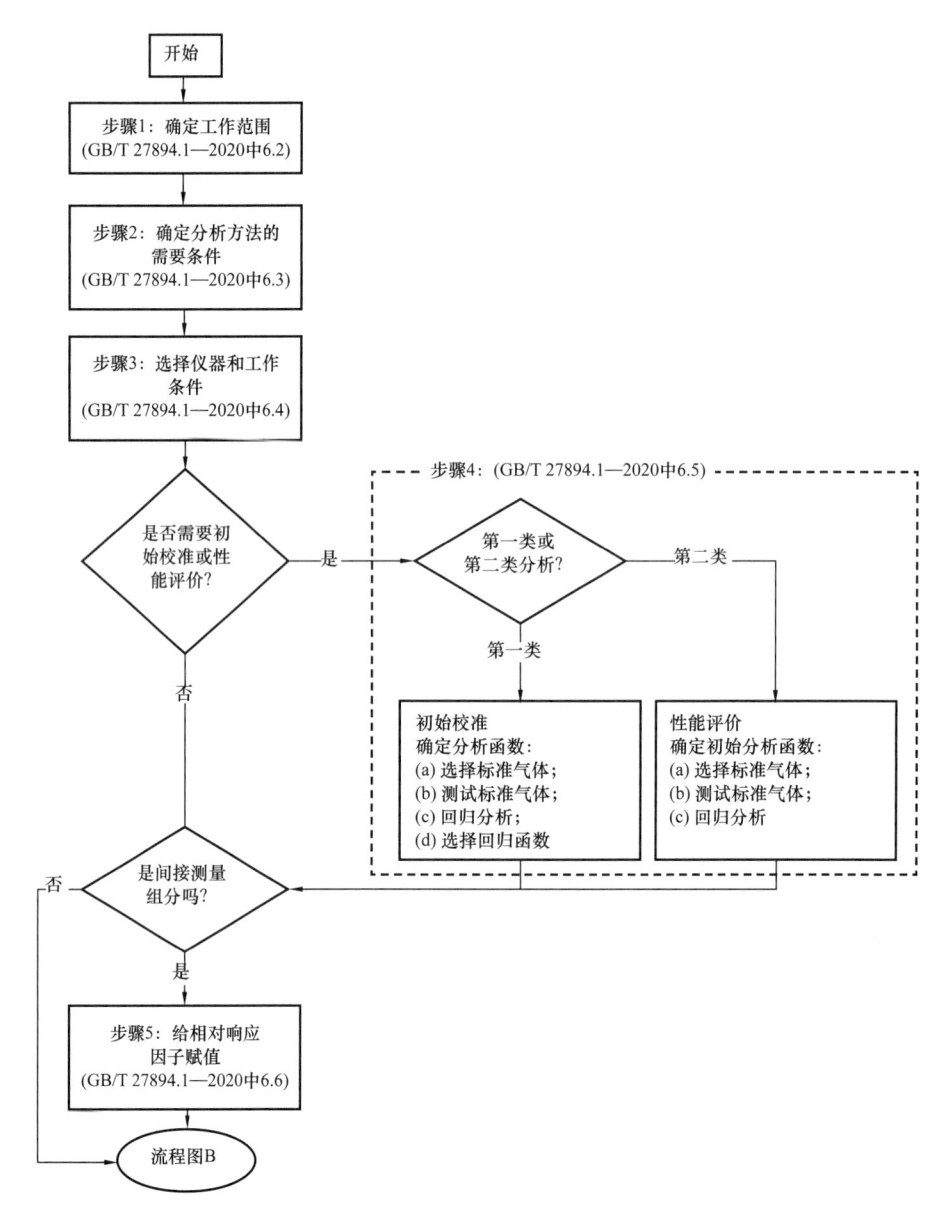

图 4-8　根据 ISO 6974-2 确定组分摩尔分数及其相应不确定度过程的步骤 1～5

## 七、试验报告

试验报告应包括以下内容：

（1）样品信息，包括：

——取样日期和时间（如果可用）；

——取样点（地点）（如果可用）；

——取样钢瓶的编号。

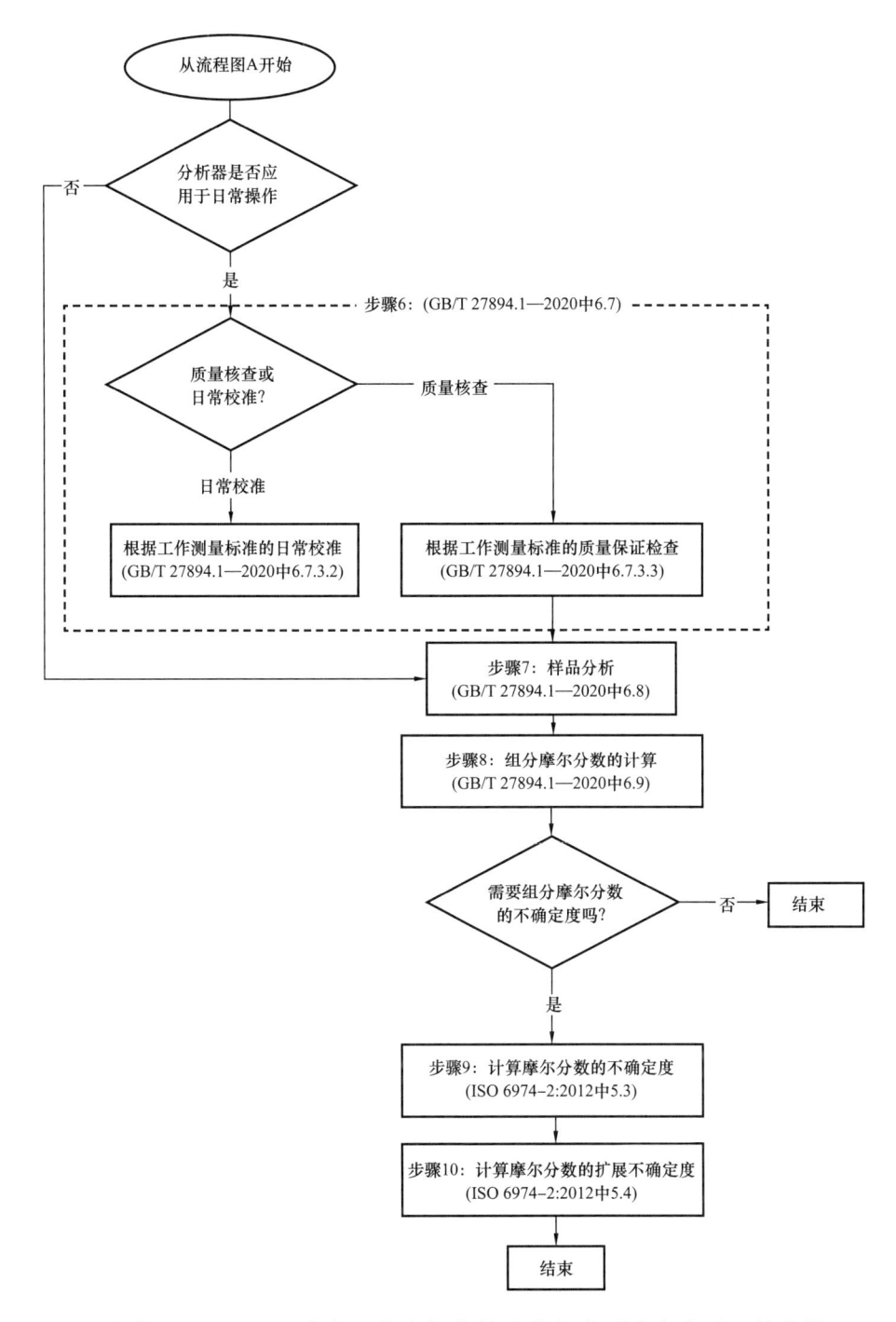

图 4-9 根据 ISO 6974-2 确定组分摩尔分数及其相应不确定度过程的步骤 6～10

（2）使用气相色谱法的相关信息，包括：

——ISO 6974 合适部分或其他记录文件的引用；

——引用方法的任何重大的偏差。

(3)分析信息,包括:
——分析结果,利用摩尔分数表示;
——对于应用 ISO 6974-2 的分析,分析值的扩展不确定度(包含因子 $k$ 用于扩展不确定度;$k$ 通常等于 2);
——分析的日期;
——对被空气或其他气体污染的认定。
(4)实验室信息,包括:
——报告的发布日期;
——实验室的名称和地址;
——授权签字人的签字。

注:根据 ISO 6974 进行分析后的结果,可同其他信息一起用于有证标准物质的验证。

# 第四节 ISO 6976:2016 的技术要点

2016 年 8 月 15 日 ISO/TC 193 发布了 ISO 6976:2016(第三版),不仅扩充了计算内容与应用范围,且进一步阐明了对各种气体组分计算结果的不确定度。为便于使用者深入理解 ISO 6976(第三版)的内涵,ISO/TC 193 还发布了《ISO 6976:2016 技术支持信息》技术报告(ISO/TR 29922),除对 ISO 6976(第三版)的内容提供详尽的佐证及解释外,并有针对性地介绍了利用 0 级热量计测定甲烷纯组分高位发热量时,测定结果的测量不确定度来源及其评价方法。

## 一、燃烧焓与燃烧参比温度[2]

根据热力学第一定律计算出的理想气体摩尔基高位发热量是燃烧参比温度($t_1$)的复杂函数,故计算任意参比温度下的纯组分燃烧焓相当困难。因此,ISO 6976:2016 的表 3 中只给出各种纯组分在 $t_1$ 等于 25℃、20℃、15.55℃、15℃和 0℃时的 5 个数据;所有组分的这 5 个燃烧焓数据都是建立在统一的热力学基础上。除了甲烷和水外,ISO 6976(第三版)表 3 中其他各组分在 25℃时的摩尔基高位发热量值均与 ISO 6976(第二版)中的值相一致。

图 4-10 所示数据表明,甲烷在 25℃下的燃烧焓为 -890.58kJ/mol,而在

15℃下则为 -891.51kJ/mol，两者之间的偏差约 1.00kJ/mol（0.11%）。因此，目前的研究成果表明焓修正值可能导致计算结果产生 0.10% 以上的偏差，故能否忽略此项偏差应视要求的测量不确定度而定。

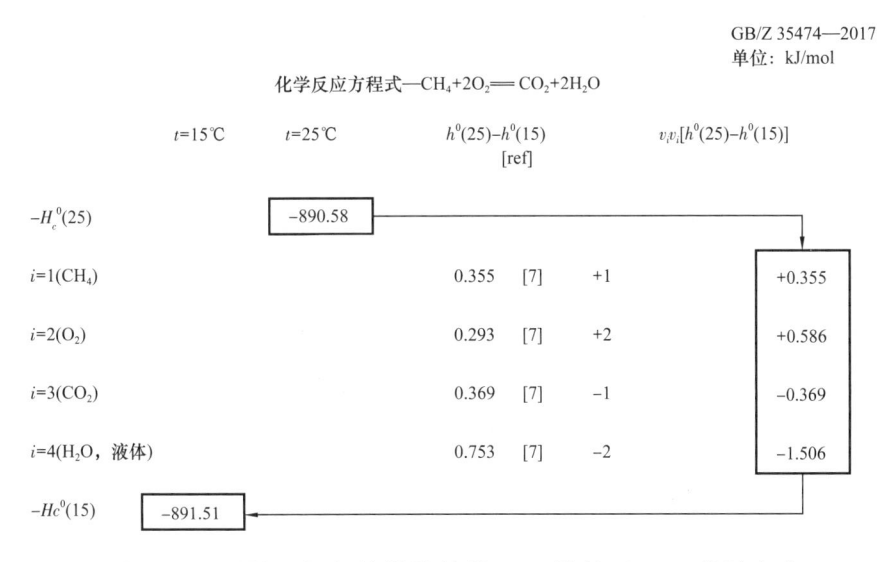

图 4-10　甲烷理想气体燃烧焓从 25℃ 换算至 15℃ 的焓变化

## 二、压缩因子对体积基发热量的影响

自然界中没有一种真实气体（包括天然气）符合理想气体定律，因而 1mol 真实气体的体积需要利用压缩因子（$Z$）通过式（4-7）来计算。式（4-7）至式（4-9）中，$V$（real）表示真实气体体积，而 $V$（ideal）则表示理想气体体积。

$$V\text{（ideal）}=R \cdot T_2/p_2 \qquad (4\text{-}7)$$

式中　$T_2$——对应于摄氏温度 $t_2$ 的热力学温度，K。

根据式（4-8）和式（4-9），1mol 真实气体的体积通常可以通过压缩因子 $Z$ 与理想气体状态进行换算。

$$V\text{（real）}=Z(T_2, p_2) \cdot V\text{（ideal）} \qquad (4\text{-}8)$$

$$V\text{（real）}=Z(T_2, p_2) \cdot R \cdot T_2/p_2 \qquad (4\text{-}9)$$

根据统计力学原理，$Z$ 值可以表示为如式（4-10）所示的无穷级数。在式（4-4）中，摩尔体积 $V$ 是摩尔密度 $D$ 的倒数；$B(T)$，$C(T)$，…，$J(T)$ 则分别是已知的第 2，第 3，…，第 $j$ 维里系数。在 2016 版 ISO 6976 涉及的压力范围，极少见三阶及更高阶的交互作用，故维里方程可以在二阶处截断而不至于对准确度产生明显影响。如此，式（4-4）即可简化为式（4-5）所示的形式[3]。方程式（4-5）即为20世纪80年代由欧洲气体研究集团（GERG）提出的，立足于天然气物性（发热量、密度等）数据计算压缩因子Z的标准型方程——SGERG-88方程。

$$Z(T, p) = 1 + B(T)/V + C(T)V_2 + \cdots + J(T)/V(j-1) \quad (4-10)$$

$$Z = Z(T, p) = 1 + p \cdot B(T)/Z(T, p) \cdot R \cdot T \quad (4-11)$$

统计力学还提供了一个如式（4-11）所示的多组分混合物的 B 值表达式。在此式中，$B_{jk}(T) = B_{kj}(T)$。必须指出：实际无法得到对天然气中存在的每个组分均得到其不同计量参比温度下所有 $B_{jk}(T)$ 和 $B_{kj}(T)$ 的数字值。因此，必须在设置必要的限制条件后，采用某些估计或关联技术来获得。

$$B(T) = \sum_{j}^{N} \sum_{k}^{N} x_j \cdot x_k \cdot B_{jk}(T) \quad (4-12)$$

表4-7列出了15℃时以各种不同方法计算的求和因子 b 值。表4-8中：（1）ISO 6976（第三版）表2中所示值；（2）以文献[4]所示方程导出的第二维里系数值计算；（3）以文献[3]导出的第二维里系数值计算；（4）以文献[4]所示另一个方程导出的第二维里系数值计算；（5）以 AGA-8-92DC 方程导出的压缩因子值计算；（6）以 GERG-2004 方程导出的压缩因子值计算；（7）以 MBWR 状态方程导出的压缩因子值计算；（8）以 GERG 及 TM-5 中的 GERG—2004 公式计算；（9）ISO 6976：1995（第二版）给出的值。表4-8中示出了这些主要组分在 ISO 6976（第三版）中所示值，与其在第二版中所示值的相对偏差（以第三版所示值为准）。

表4-7 不同方法计算的求和因子（15℃）

| 方法\组分 | 甲烷 | 乙烷 | 丙烷 | 氮气 | 二氧化碳 | 一氧化碳 |
| --- | --- | --- | --- | --- | --- | --- |
| （a） | 0.04453 | 0.0916 | 0.1342 | 0.0172 | 0.0751 | 0.0212 |
| （b） | 0.04452 | 0.0918 | 0.1335 | 0.0170 | 0.0751 | 0.0213 |
| （c） | 0.04453 | 0.0916 | 0.1333 | 0.0171 | 0.0750 | 0.0217 |
| （d） | 0.04441 | 0.0921 | 0.1346 | 0.0169 | 0.0754 | 0.0212 |
| （e） | 0.04445 | 0.0921 | 0.1346 | 0.0171 | 0.0751 | 0.0208 |

续表

| 方法＼组分 | 甲烷 | 乙烷 | 丙烷 | 氮气 | 二氧化碳 | 一氧化碳 |
|---|---|---|---|---|---|---|
| （f） | 0.04448 | 0.0920 | 0.1338 | 0.0170 | 0.0752 | 0.0204 |
| （g） | 0.04452 | 0.0919 | 0.1345 | 0.0170 | 0.0752 | 0.0217 |
| （h） | 0.04452 | 0.0919 | 0.1344 | 0.0170 | 0.0752 | 0.0217 |
| （i） | 0.0447 | 0.0922 | 0.1338 | 0.0173 | 0.0748 | 0.0224 |

表 4-8　第三版 ISO 6976 中求和因子与第二版的比较

| 组分 | 第三版 | 第二版 | 相对偏差，% |
|---|---|---|---|
| 甲烷 | 0.04453 | 0.0477 | −7.11 |
| 乙烷 | 0.0916 | 0.0922 | −0.66 |
| 丙烷 | 0.1342 | 0.1338 | 0.30 |
| 氮气 | 0.0172 | 0.0173 | −0.58 |
| 二氧化碳 | 0.0751 | 0.0748 | 0.40 |
| 一氧化碳 | 0.0212 | 0.0224 | −5.7 |

## 三、质量基发热量和体积基发热量

### 1. 有关第三版 ISO 6976 中表 3 的说明

与第二版不同，第三版 ISO 6976 的表 3 中，只提供了（包括 60°F 在内的）5 种不同燃烧参比温度下，天然气中可能存在的 48 个组分的理想气体高位摩尔发热量。利用此表所示的测定数据，可以按式（4-13）计算天然气（理想气体混合物）的摩尔发热量。

$$(Hc)_G(t_1) = (Hc)_G^O(t_1) = \sum_{j=1}^{N} x_j \cdot \left[(Hc)_G^O\right]_j (t_1) \quad (4-13)$$

### 2. 天然气中组分的理想气体高位发热量

ISO/TR 29922 中的表 16 示出了天然气中可能存在的 48 个组分在各种计量和燃烧参比温度条件下的理想气体高位质量基发热量。此表中所有数据均由第三版 ISO 6976 中表 3 所示的理想气体高位摩尔基发热量，除以第三版标准中

表1所示的各种组分分子中有关原子的相对原子质量而求得，并将除甲烷以外其余组分的发热量值圆整至小数点后2位。ISO/TR 29922中利用式（4-14）计算不同参比温度下理想气体混合物高位质量基发热量的方法称为"非规范计算法"，后者与第二版ISO 9676中推荐使用的公式相同。但是，与第三版ISO 9676中推荐利用式（4-15）进行的"规范计算法"所得结果略有差别，两者差值约在0.01MJ/kg的范围之内。

$$(Hm)_G^O(t_1) = \sum_{j=1}^{N}\left\{\left(x_j \cdot \frac{M_j}{M}\right) \cdot \left[(Hm)_G^O\right]_j(t_1)\right\} \quad (4-14)$$

$$(Hm)_G(t_1) = (Hm)_G^O(t_1) = \frac{(Hc)_G^O(t_1)}{M} \quad (4-15)$$

$$M = \sum_{j=1}^{N} x_j \cdot M_j \quad (4-16)$$

式中　$(Hm)_G^O(t_1)$——理想气体混合物高位质量基发热量；

$(Hm)_G(t_1)$——真实气体高位质量发热量；

$M$——气体混合物的摩尔质量。

**3. 天然气中组分的理想气体高位体积基发热量**

ISO/TR 29922中表17示出了天然气中可能存在的48个组分在各种不同燃烧及计量参比温度条件下的理想气体高位体积基发热量。该表中的每个数据都是从第三版ISO 6976表3选取相应的合适数据后，再除以（$p_2/R \cdot T_2$）求得，并最终将除甲烷以外的所有组分的发热量值圆整至小数点后2位。此处，$p_2$为计量参比压力，摩尔气体常数$R$取8.314447J/（mol·K）。

对ISO/TR 29922中表17中所示数据及其来源应做以下说明：

（1）所有工况条件下，燃烧与计量的参比压力均为101.325kPa；

（2）表头所示燃烧参比温度：计量参比温度（$t_1:t_2$）是分别测量的；

（3）ISO/TR 29922表16中所示数据也同样应用于表17；

（4）综上所述可见，ISO/TR 29922表17中的数据也是以非规范方法计算的。比较ISO 6976第三版与第二版中示出的理想气体发热量数据可以看出，除甲烷外的其他组分基本无变化。

## 四、水蒸气对发热量的影响

关于水蒸气对发热量的影响问题，ISO 6976 第三版基本保留了第二版附录 C 的内容，即从排除体积效应、潜热效应和压缩因子效应 3 个方面来考虑其对发热量的影响，并增加了以下几个值得注意的内容：

（1）当使用某种类型的热量计直接测定天然气的体积基发热量时，对于被水饱和天然气而言，因其在计量时有部分天然气为水蒸气所取代，尽管（被取代的）气体量很少，但也会导致测得的发热量略低于未饱和（干气或部分饱和）天然气。在 ISO 15971：2008 中对与此有关操作的技术进行了详细讨论。

（2）在综合考虑上述诸多影响因素的情况下，第三版 ISO 6976 提出了一个如式（4-17）所示的简单方程来关联同一天然气（样品）在水饱和与干基条件下的高位体积发量，$(Hv)_G(\text{sat})$、$(Hv^o)_G(\text{sat})$、$(Hv^o)_G(\text{dry})$ 分别表示饱和真实气体高位发热量、饱和理想气体高位发热量和干基理想气体高位发热量；$L^O(t_1)$ 则表示在标准参比条件下，水分蒸发的标准焓（表4-9）。

表 4-9 水分蒸发的标准焓

| 水分蒸发标准焓 | 参比温度与参比压力 | | | | |
|---|---|---|---|---|---|
| | 0℃ | 15℃ | 60°F | 20℃ | 25℃ |
| $p_s$，kPa | 0.612 | 1.706 | 1.769 | 2.339 | — |
| $L_o$，kJ/mol | 45.064 | 44.431 | 44.408 | 44.222 | 44.013 |

$$(Hv)_G(\text{sat}) = (Hv^o)_G(\text{sat}) / Z(p_2, t_2, \text{sat})$$
$$= \left[ (Hv^o)_G(\text{dry}) \cdot \left(1 - \frac{p_s(t_2)}{p_2}\right) + L^o(t_1) \cdot \left(\frac{p_s(t_2)}{p_2}\right) \cdot \left(\frac{p_2}{R \cdot T_2}\right) \times \frac{1}{Z(p_2, t_2, \text{sat})} \right] \quad (4-17)$$

（3）为了协调 ISO 标准参比条件与美国材料与试验协会（ASTM）或气体加工者协会（GPA）采用的标准条件之间的差异，ISO 6976 第三版还给出了表 4-9 所示的各种不同参比条件下的水分蒸发标准焓。

## 第五节 GB/T 27866—2018（ISO 10723：2012）技术要点

当前我国（也包括其他国家与地区）在天然气贸易结算中均采用间接法计算高位发热量，而用于计算的天然气摩尔分数组成则采用气相色谱法测定。因此，天然气发热量测定结果的误差及其不确定度取决于气相色谱法测定应用的分析方法与分析仪器两者涉及的所有 A 类与 B 类不确定度。

国际标准化组织天然气技术委员会（ISO/TC 193）于 1995 年首次发布 ISO 10723：1995《天然气在线分析系统性能评价》[3]，其中对测量结果不确定度随机分量的确定作了明确规定。我国于 2012 年等同采用 ISO 10723：1995，发布了国家标准 GB/T 28766—2012《天然气分析系统性能评价》。2012 年 ISO/TC 193 发布了内容经重大修订的 ISO 10723：2012《天然气分析系统的性能评价》，后者作为天然气交接计量的一项关键性的配套标准，在当前天然气能量计量快速发展过程中应充分给予重视。

国际标准 ISO 10723：2012 与 1995 版标准相比有较大差异。因此，了解 ISO 10723：2012 修订前后的技术差异，掌握并理解其主要技术内容，对于保障我国天然气能量测定的顺利实施具有重要的现实意义[5]。

国家标准《天然气计量系统技术要求》（GB/T 18603）规定 A 级计量站发热量测定的准确度等级应优于 0.5%，即发热量测定的扩展不确定度（$U$）在包含因子 $k$ 等于 2 的条件下应优于 0.25%。因此，按现行标准规定分析方法的精密度评价与分析结果的不确定评估是两项分别独立进行的评定工作。通常精密度评价是在具有相应资质的多个实验室之间进行的，而不确定度评估是在单个实验室中独立进行的。

## 一、技术进步概况

与 ISO 10723：1995 相比，ISO 10723：2012 在理论上提出一系列新的概念，在实践上推荐了一种简便易行的不确定度评估新方法，对改进间接法计算天然气发热量的不确定度评定极具参考价值。ISO 10723：2012 的技术进步主要反映在以下 4 个方面[6]：

（1）在标准的标题中取消了"在线"两字，拓宽了标准的应用范围。

（2）将确定响应函数使用的"试验气体"（test gas）改为"校准气混合物"（calibration gas mix-ture），从而将精密度评价与不确定度评定结合为一体。

（3）推荐用 Monte-Carlo 法（MCM）整体评估输气管网系统发热量测定结果的测量不确定度，并规定了对气相色谱分析结果进行 MCM 评估的具体步骤。

（4）推荐设置一个以最大允许误差（$MPE$）和最大允许偏差（$MPB$）表征

的"仪器性能基准"。分析仪器本身不存在测量不确定度，但可以理解为在样品气测量结果中由仪器引入的不确定度分量。

## 二、平均校正系数的表示与计算

根据 ISO/IEC 指南 98-3 阐明的原理，在不采用校准曲线法进行校正的情况下，可以用单一的平均校正系数（$\bar{b}$）对样品气测量值进行最佳估计。$\bar{b}$ 的表达式如式（4-18）所示；$\bar{b}$ 的计算式如（4-19）所示。对所有测定值按式（4-12）进行估计时，其标准不确定度的单一值是式（4-20）的正方根。

$$y'(t) = y(t) + \bar{b} \quad (4-18)$$

$$\bar{b} = \frac{1}{t_2 + t_1} \int_{t_1}^{t_2} b(t) \mathrm{d}t \quad (4-19)$$

$$u_c^2(y') = \overline{u^2[y(t)]} + \overline{u^2[b(t)]} + u^2(\bar{b}) \quad (4-20)$$

式中　$y$——样品气组分测量值；
　　　$y'$——样品气组分校正值；
　　　$b(t)$——校正系数；
　　　$\bar{b}$——平均校正系数；
　　　$u$——标准不确定度。

式（4-20）中的第 1 项是除 $b(t)$ 以外所有不确定度来源 $y(t)$ 的方差，即使用仪器进行未知样品分析涉及的不确定度。第 2 项是校正系数 $b(t)$ 的方差，第 3 项是在分析（摩尔分数）范围内平均校正系数的方差。式（4-20）中的第 2 与第 3 项一起描述了校正过程，以及表征仪器在分析范围内操作性能的平均校正系数的不确定度。

就分析仪器操作性能而言，平均误差是由 ISO 10723：2012 中 6.6.4 节设定的 $N$ 个假设组成中所有组成的平均值确定的：

$$\overline{\delta P} = \frac{\sum_{t=1}^{t=N} \delta P_t}{N} \quad (4-21)$$

式中 $\delta P_t$——由 N 个假设组成中一小部分假设组成计算而得的误差（包括组分摩尔分数及据此计算的物性）。

平均误差的标准不确定度可由下式计算：

$$u_c^2\left(\overline{\delta P}\right) = \overline{u^2\left[\delta P(t)\right]} + u^2\left(\overline{\delta P}\right) \qquad (4-22)$$

$$\overline{u^2\left[\delta P(t)\right]} = \frac{\sum_{t=1}^{t=N} u^2(\delta P_t)}{N} \qquad (4-23)$$

式中 $u^2\left(\overline{\delta P}\right)$——由 N 个假设组成中每个组成计算出的所有误差的方差；

$\overline{u^2\left[\delta P(t)\right]}$——计算出的所有误差的标准不确定度平方的平均值，其值按式（4-23）求得。

$\delta$——计算值误差；

$P$——物理特性。

由于假设的摩尔分数及据此计算的物性皆为真值而不存在不确定度，故误差的不确定度即等于测得摩尔分数及据此计算物性（值）的测量不确定度。

### 三、英国管网准入协议的规定

对于实施能量计量的天然气计量站，英国现行法规《输气管网准入协议（NEA）》规定，用户接受天然气的计算发热量（COTE）应与其支付的账单相一致；用户得到的天然气发热量应与供气公司的声明值相一致。因此，进入国家输气管网的天然气必须达到规定的发热量值才允许进入。NEA 的有关规定就是应用 MCM 法计算而确定的。

1. **实验设计**

EffecTech 是通过英国皇家认可委员会（UKAS）认可的校准实验室，并可按 ISO 17025：2012 规定的范围提供具有规定不确定度数据的校准气体混合物 RGM[7]。RGM 用称量法制备，制得的 RGM 经充分混合后，与由英国国家物理实验室（NPL）或荷兰国家计量研究院（NMi）提供的参比物质进行比对分析对其进行验证。

在该实验室认可范围内可提供的相关校准和测量能力（CMCs）见表 4-10。表中的不确定度为扩展不确定度（$k=2$）。这些值是适用于典型 $C_{6+}$ 分析的

RGM 的常见值，$C_{6+}$ 分析被广泛用于物理性质（如发热量、密度和沃泊指数）的计算。

表 4-10  RGM 组分范围及其不确定度

| 组分 | 范围<br>%（摩尔分数） | CMC（$k=2$）<br>%（摩尔分数） |
| --- | --- | --- |
| 氮 | 0.1～22 | 0.3% relative+0.002 |
| 二氧化碳 | 0.05～15 | 0.35% relative+0.001 |
| 甲烷 | 34～100 | 0.07 |
| 乙烷 | 0.1～23 | 0.3% relative+0.001 |
| 丙烷 | 0.05～10 | 0.6% relative+0.002 |
| 异丁烷 | 0.01～0.15<br>0.15～2 | 0.0012<br>0.8% relative |
| 正丁烷 | 0.01～0.15<br>0.15～2 | 0.0012<br>0.8% relative |
| 新戊烷 | 0.005～0.35 | 1.5% relative+0.0002 |
| 异戊烷 | 0.005～0.1<br>0.1～0.35 | 0.0008<br>0.8% relative |
| 正戊烷 | 0.005～0.1<br>0.1～0.35 | 0.0008<br>0.8% relative |
| 正己烷 | 0.1～0.35 | 1.0% relative |

注：表中"relative"是指相对于组分含量。有些组分的 CMC 由一个可变值和一个固定值构成，如 5% 氮气的 CMC 的可变值为 5% 乘以 3%，即 0.015%，固定值为 0.002%，0.015% 与 0.002% 相加，得出 CMC 值为 0.017%。有些组分在一定浓度范围内 CMC 是不变的，在其他浓度范围内是可变的，如 0.1% 异丁烷的 CMC 为 0.0012%，1% 异丁烷的 CMC 为 1% 乘以 0.8%，即 0.008%。

分析仪器本身并不存在测量不确定度，但可以将其理解为在样品测量结果中由分析仪器引入的不确定度分量。因此，不确定度这个参数并非分析仪器所固有。根据 OIML 发布的国际建议 R140 的规定，以术语最大允许误差 *MPE* 来表征由分析仪器得到的测量结果的不确定度，并对实施天然气能量计量的 A 级计量系统建议 *MPE* 值定为 ±1.0%（表 4-10）。据此，英国国家输气管网准入协议也规定，管输商品天然气每个组分浓度及高位发热量测量结果的平均误差及其不确定度均需与管网协议规定的最大允许误差值（*MPE*）进行比较，且比较结果也可作为该仪器是否能适用于当前或推荐今后应用的标准。

## 2. 试验气体与函数中的参数

表 4-11 示出了按英国国家输气管网中商品天然气组成情况确定的试验气体组成范围。按表 4-11 中所示组分浓度范围确定 7 个不同的试验气体组成后,在离线气相色谱仪上进行重复试验,每种组分取得的测定结果按 ISO 6143 的规定,用最小二乘法对该组分进行回归分析而分别求得校准函数中的参数 $a_z$ 和分析函数中的参数 $b_z$(表 4-12 和表 4-13)。

**表 4-11 试验气体覆盖的浓度范围**

| 组分 | %(摩尔分数) 最小值 | %(摩尔分数) 最大值 |
| --- | --- | --- |
| 氮气 | 0.10 | 12.07 |
| 二氧化碳 | 0.05 | 8.02 |
| 甲烷 | 63.81 | 98.49 |
| 乙烷 | 0.10 | 13.96 |
| 丙烷 | 0.05 | 7.99 |
| 异丁烷 | 0.010 | 1.19 |
| 正丁烷 | 0.012 | 1.18 |
| 新戊烷 | 0.005 | 0.35 |
| 异戊烷 | 0.005 | 0.35 |
| 正戊烷 | 0.006 | 0.34 |
| 正己烷 | 0.005 | 0.35 |

**表 4-12 校准函数的参数**

| 组分 | $a_0$ | $a_1$ | $a_2$ | $a_3$ |
| --- | --- | --- | --- | --- |
| 氮气 | $1.6746 \times 10^5$ | $1.9772 \times 10^7$ | | |
| 二氧化碳 | $1.2268 \times 10^4$ | $2.3804 \times 10^7$ | | |
| 甲烷 | $8.0075 \times 10^8$ | $-1.1672 \times 10^7$ | $3.3874 \times 10^5$ | $-1.4288 \times 10^3$ |
| 乙烷 | $-3.4555 \times 10^3$ | $2.6765 \times 10^7$ | $-2.8694 \times 10^4$ | |

续表

| 组分 | 参数 | | | |
|---|---|---|---|---|
| | $a_0$ | $a_1$ | $a_2$ | $a_3$ |
| 丙烷 | $-3.9437 \times 10^4$ | $3.2418 \times 10^7$ | $1.6709 \times 10^5$ | $-2.6167 \times 10^4$ |
| 异丁烷 | $-7.3801 \times 10^4$ | $3.8358 \times 10^7$ | | |
| 正丁烷 | $5.5093 \times 10^3$ | $3.9143 \times 10^7$ | | |
| 新戊烷 | $-2.6105 \times 10^2$ | $1.5524 \times 10^5$ | | |
| 异戊烷 | $-5.1790 \times 10^1$ | $1.3072 \times 10^5$ | | |
| 正戊烷 | $-2.0241 \times 10^2$ | $1.2648 \times 10^5$ | | |
| 正己烷 | $3.6260 \times 10^4$ | $5.1710 \times 10^7$ | | |

表 4-13 分析函数的参数

| 组分 | 参数 | | | |
|---|---|---|---|---|
| | $b_0$ | $b_1$ | $b_2$ | $b_3$ |
| 氮气 | −0.008469 | $5.0577 \times 10^{-8}$ | | |
| 二氧化碳 | −0.000515 | $4.2009 \times 10^{-8}$ | | |
| 甲烷 | −71.296782 | $2.1755 \times 10^{-7}$ | $-1.1746 \times 10^{-16}$ | $3.0386 \times 10^{-26}$ |
| 乙烷 | 0.000147 | $3.7357 \times 10^{-8}$ | $1.5568 \times 10^{-18}$ | |
| 丙烷 | 0.001184 | $3.0867 \times 10^{-8}$ | $-5.3925 \times 10^{-18}$ | $2.5782 \times 10^{-26}$ |
| 异丁烷 | 0.001924 | $2.6070 \times 10^{-8}$ | | |
| 正丁烷 | −0.000141 | $2.5547 \times 10^{-8}$ | | |
| 新戊烷 | 0.001692 | $6.4420 \times 10^{-6}$ | | |
| 异戊烷 | 0.000396 | $7.6503 \times 10^{-6}$ | | |
| 正戊烷 | 0.001607 | $7.9017 \times 10^{-6}$ | | |
| 正己烷 | −0.000702 | $1.9340 \times 10^{-8}$ | | |

## 3. MCM 模拟结果

表 4-14 所示是由 10000 个随机样品进行 MCM 模拟而求得的、在表

4-11所示典型组成范围内组分浓度和高位发热量测量结果的平均误差。由于甲烷是商品天然气中浓度最高的组分，在本例中其设定的浓度范围为63.81%~98.49%，故以甲烷浓度为变量而得到的高位发热量测定值的平均误差分布范围最具代表性（图4-11）。图4-11所示数据表明，RGM中甲烷浓度约为82%时接近测量误差扩散的最小点，RGM中甲烷浓度愈高则测量误差分布范围愈大，即其测量不确定度也愈大。由于迄今为止测量误差与其不确定度尚不能以令人满意的方式相结合，故在本MCM模拟应用实例中采用与式（4-24）进行比较的方法对合成不确定度进行评价。只要高位发热量测量结果的误差及其不确定度之和不超过法规、规范或标准所规定的MPE就接受测量结果的误差，而不再对分析仪器适用的商品天然气中有关组分浓度设置限定值。

$$\left|\overline{E(P)}\right| + U_c\left(\overline{E(P)}\right) \leqslant MPE \tag{4-24}$$

**表4-14 典型组分的组成范围及平均误差**

| 组分 | 校准气体 %（摩尔分数） | 组成范围 %（摩尔分数） 最小值 | 组成范围 %（摩尔分数） 最大值 | 平均误差 $E(x)$ |
|---|---|---|---|---|
| 氮气 | 4.495 | 0.000 | 10.000 | 0.015 |
| 二氧化碳 | 3.308 | 0.000 | 7.000 | 0.012 |
| 甲烷 | 80.493 | 78.000 | 97.960 | −0.041 |
| 乙烷 | 6.978 | 0.000 | 12.000 | 0.013 |
| 丙烷 | 3.279 | 0.000 | 6.890 | 0.000 |
| 异丁烷 | 0.5019 | 0.000 | 1.000 | 0.001 |
| 正丁烷 | 0.5012 | 0.000 | 1.000 | 0.001 |
| 新戊烷 | 0.1107 | 0.000 | 0.030 | −0.001 |
| 异戊烷 | 0.1099 | 0.000 | 0.350 | 0.000 |
| 正戊烷 | 0.1092 | 0.000 | 0.350 | 0.000 |
| 正己烷 | 0.1099 | 0.000 | 0.350 | 0.000 |
| 发热量，MJ/m³ | | 31.6 | 46.5 | −0.0061 |

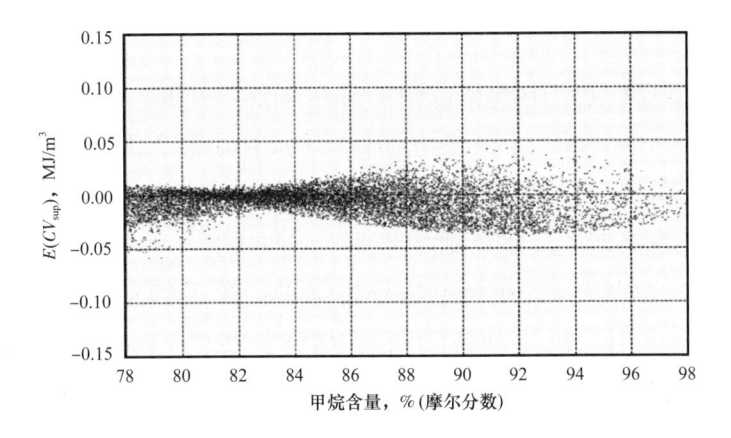

图 4-11 以甲烷浓度为变量的测量误差分布图

# 第六节 ISO/TR 24094 的技术要点

在完成 VAMGAS（试验）项目的基础上，ISO/TC193 于 2006 年发布了标题为《天然气分析用气体标准物质的验证》的技术报告（ISO/TR 24094）。该技术报告不仅对通过室间比对试验（round robin test）确认 RGM 的方法与步骤作了详尽规定，更为重要的是报告提出的验证方法虽尚有不足之处，但已成功地为 RGM 的准确度与不确定度的标准值提供了实验证据，从而将室间比对试验定值法与计量学定值法相联系，解决了 RGM 的"公议值"未能溯源至 SI 单位的关键问题[8]。

## 一、VAMGAS 项目概况

由欧洲多家天然气公司联合开展的气体标准物质确认（VAMGAS）项目的目标是：确认用天然气分析数据计算其物理性质方法的有效性和可靠性。

VAMGAS 项目建议：用现代分析方法（测定数据）计算的天然气发热量和密度值，与 OFGEM 下属实验室的一台参比热量计和设于德国 Ruhrgas 公司的一台密度天平（的测定值）进行比较。严密的统计分析保证了评价结果的有效性。

VAMGAS 项目中涉及的天然气分析分为以下两个阶段：

（1）按 ISO 6142 规定用称量法制备的气体混合物（RGM）在天然气分析中作为校准气。这些气体混合物被定为最高等级——基准级校准气体混合物（PSM），由德国联邦材料研究与试验研究院（BAM）和荷兰国家计量院

（NMi）研制。

（2）按 ISO 6974 规定用气相色谱法分析天然气组成。ISO 6974 分为多个部分，可以提供不同的气相色谱分析方法。该标准的第 2 部分规定了按样品组分浓度得到校准数据及分析数据不确定度的方法；而这些组分浓度数据同样也是计算与之相对应的物理性质的不确定度时所需要的。

按 ISO 6976 的规定由气相色谱法分析结果计算天然气的物理性质。

图 4-12 示出了用称量法制备的两种 PSM 计算的发热量和密度值与参比热量计和密度天平测定值比较的操作程序；图 4-13 示出（用 PSM 以升降法校准的）两种天然气以气相色谱法分析数据计算而得的发热量和密度值相比较的操作程序。利用上述两个分别独立进行的操作可以鉴别出称量法制备或气相色谱法分析过程中存在的问题。

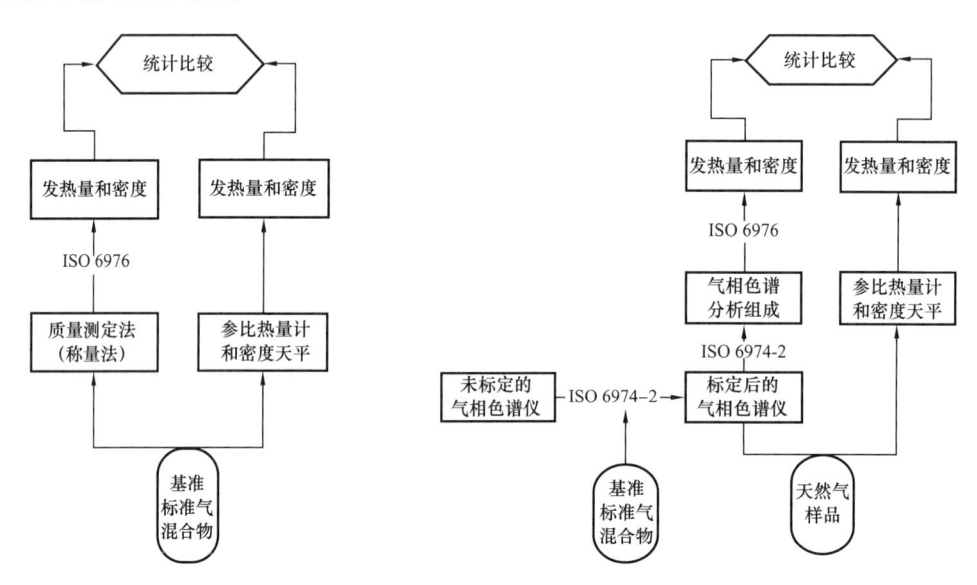

图 4-12　VAMGAS 项目第一阶段试验示意图　　图 4-13　VAMGAS 项目第二阶段试验示意图

VAMGAS 项目的参与者是德国 Ruhrgas 公司（项目协调者）、荷兰 Gasunine 公司、法国气体公司、德国 BAM、荷兰 NMi 和英国 Ofgen（天然气供应办公室）。此外，还有欧盟国家的 18 个实验室参与气相色谱分析结果的比对。

## 二、主要试验结果

试验第一阶段，分别由 BAM 和 NMi 制备了 12 个 PSM 级 RGM。为进行比较，PSM 的组成分为两组：一组类似于 Groningen 气田生产的低发热量（L）

型，另一组则类似北海气田生产的高发热量（H）型。表4-15示出了这些PSM摩尔质量的测定值与计算值，表中数据说明两者吻合得很好。

表4-15　PSM摩尔质量测定值与计算值的比较①

| 混合气 | 类型 | $M_{exp}$ g/mol | $M_{calc}$ g/mol | 相对偏差 % |
|---|---|---|---|---|
| BAM 9605 4933 | L | 18.5643 | 18.5646 | 0.002 |
| NMi 0602E | L | 18.5427 | 18.5430 | 0.002 |
| BAM 9605 4902 | H | 18.7931 | 18.7966 | 0.018 |
| NMi 9497C | H | 18.9465 | 18.9469 | 0.002 |

① 按ISO 6976的规定进行。

试验第二阶段，从Ruhrgas公司的输气网络中取20个Groningen气田生产的低发热量（L）型天然气样品和北海气田生产的高发热量（H）型样品。由于采用批量取样，故钢瓶中两类天然气样品的组成是一致的；并对取样期间样品的稳定性也进行了测定。表4-16和表4-17示出样品的相对密度及高位发热量测定结果；表4-18则示出了相应的测量不确定度。

表4-16　密度（标况）测定值与计算值的比较①

| 混合气 | 类型 | $\rho_{exp}$ kg/m³ | $\rho_{calc}$ kg/m³ | 相对偏差 % |
|---|---|---|---|---|
| BAM 9605 4933 | L | 0.77319 | 0.77319 | — |
| NMi 0602E | L | 0.77229 | 0.77238 | 0.012 |
| BAM 9605 4902 | H | 0.78324 | 0.78341 | 0.022 |
| NMi 9497C | H | 0.78967 | 0.78972 | 0.006 |

① 按ISO 6976的规定进行。

表4-17　高位发热量测定值与计算值的比较

| 混合气 | 类型 | $CV_{exp}$ MJ/kg | $CV_{calc}$ MJ/kg | 相对偏差 % |
|---|---|---|---|---|
| BAM 9605 4933 | L | 44.061 | 44.068 | 0.015 |
| NMi 0603E | L | 44.222 | 44.220 | 0.006 |
| BAM 9605 4902 | H | 51.896 | 51.887 | 0.017 |
| NMi 9498C | H | 51.910 | 51.895 | 0.03 |

表 4-18　物性测定值与计算值的相对不确定度（95% 置信区间）

| 参数 | | 混合气相对偏差，% | |
|---|---|---|---|
| | | eH 型 | eL 型 |
| 密度 | 计算值 | 0.01 | 0.01 |
| | 测定值 | 0.015 | 0.015 |
| 摩尔质量 | 计算值 | 0.007 | 0.007 |
| | 测定值 | 0.015 | 0.015 |
| 发热量 | 计算值 | 0.1 | 0.1 |
| | 测定值 | 0.035 | 0.035 |

根据样品的组成，BAM 和 NMi 重新制备了组成与之类似的 PSM 级 RGM，并在 18 个参与试验的实验室间进行循环比对试验。经处理的试验结果示于表 4-19。

表 4-19　室间比对试验结果与参比方法直接测定结果的比较

| 参数 | 类型 | 室间比对试验结果 | 参比方法 | 相对偏差，% |
|---|---|---|---|---|
| 发热量，MJ/kg | H | 52.561 | 52.563 | 0.003 |
| | L | 44.701 | 44.688 | 0.027 |
| 摩尔质量，kg/kmol | H | 18.115 | 18.122 | 0.036 |
| | L | 18.604 | 18.612 | 0.045 |
| 密度，kg/m³ | H | 0.7549 | 0.7551 | 0.034 |
| | L | 0.7748 | 0.7752 | 0.048 |

### 三、主要研究结论

VAMGAS 项目研究报告提供两组比较结果：

（1）以 PSM 进行的比对结果表明：用称量法制备的 PSM（由组成）计算发热量和密度的结果，与由参比仪器直接测定的结果在统计学上是一致的。

（2）气相色谱法测定的比对结果表明：用制备的 PSM 为校准气所得的分析数据计算的发热量和密度值，与参比仪器直接测定值在统计学上也是一致的。

综上所述，可以得出如下结论：VAMGAS 项目验证了当前常用的以气相色谱分析数据计算天然气物理性质所涉及的多个 ISO 标准。作为该项目的研究成果，天然气市场的供需各方均可确信其计量结果。

当前应用于校准气体制备和天然气分析的所有 ISO 标准，只要仔细谨慎地应用，由此给出的发热量及密度值均与（独立进行的）参比仪器测定值相一致。上述结论也同样包括 ISO 6976 中所有表格所列出的数值，后者皆在交接计量中应用于进行财务结算。

VAMGAS 项目是将称量法制备校准气体混合物及气相色谱分析（并据此计算天然气物理性质）两者作为一个完整的系统进行研究。在研究过程中，以参比测量仪器的直接测定结果来评价上述系统。因此，ISO/TR 24094 的读者应将整个项目视为一个整体，认为将该报告中某一孤立部分及其研究结果也能合理地作为研究手段应用于其他研究目的的想法是错误的。

例如，本项目第一部分是将称量法制备的 PSM 数据计算物理性质所得之值，与参比测量（仪器）直接测量所得之值进行比较。但是，本部分所得之结论绝不能应用于以物理性质参比测量的结果来验证所制备的天然气混合物的组成。其理由有以下几个：

（1）VAMGAS 项目并非设计来研究其实用性；换言之，也并非研究一种验证程序。设计该项目的目的是：研究储存于钢瓶中的 PSM 的组成是否与其附证书相一致。

（2）国家计量院在研制 PSM 时均有严格的程序，其中包括气相色谱分析法验证气体混合物确认其组成。

（3）尽管某个已知组成的气体混合物有其特定的发热量和密度值；但其逆向思维不正确。具有某个特定发热量或密度值的天然气并不仅对应一个特定的天然气组成，而可以对应无数不同组成。简而言之，丁烷有两种同分异构体，它们的发热量和密度相同；因而两种丁烷含量相同的气体混合物其气体组成可能不同。

## 第七节 能量直接测定新技术

### 一、发展概况

天然气能量计量技术问世 20 多年来，工业应用的能量测定技术只有两大类：气相色谱分析（间接测定）技术和热量计（直接测定）技术。这两类技术（尤其后者）的推广应用均涉及设备庞大、投资昂贵和维修困难等一系列技术经济问题，且两者都不能实现实时连续测定；故目前国内外大多仅在处理量达到 $120\times10^4\text{m}^3/\text{d}$ 以上的 A 级计量站使用基于气相色谱分析原理的间接测定技术。中、小型计量站一般都没有条件使用上述技术，通常以赋值技术来确定天然气能量。

近年来，如图 4-14 所示的能量直接测定技术取得了重大进展。位于美国圣安东尼奥（San Antonio）的西南研究院（SWRI）宣布已经研制成功一种可以利用关联法直接测定天然气能量的设备，要求输入的参数为超声流量计的声速、压力、温度和天然气中惰性气体（$N_2$、$CO_2$）的含量。位于美国休斯敦（Houston）的 ITT 仪表公司现已取得应用此项技术的许可证，并利用算法语言开发成功了新颖的天然气能量流量计专用软件包。2008 年出版的美国天然气协会的 AGA 5 号报告也介绍了此项新技术。但迄今尚未见工业应用的报道。

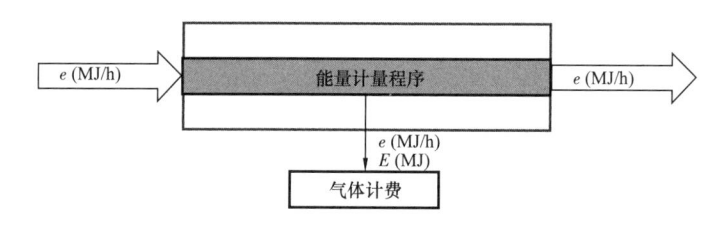

图 4-14　天然气能量（直接）测定技术示意图

研制在管输（商品）天然气的高压下，直接测定天然气能量（发热量）的仪器是一项举世瞩目的科技难题；当前科研工作虽取得不少成果，但迄今仅有一例有关样机的报道[9]，与工业应用尚有相当距离。然而，综合分析现有研究成果可以看出，此类实时连续发热量测定仪的开发与应用，其重要性绝非仅局限于降低能量计量的设备投资和操作成本，更有价值的是此类仪器的应用将有助于整体性地改善天然气输气网络的管理水平。其主要原因在于：

（1）此类仪器可以实时连续显示并记录不同时间周期中，输气管道内天然气的烃类组成（$C_1$—$C_{6+}$ 的摩尔分数）及其相应的体积基发热量，从而可以随时知道销售价格与实际气质的关系，从而为气质调配提供必要信息；

（2）仪器在提供发热量数据的同时，也显示并记录天然气的相对密度（$\rho$）的压缩因子（$Z$），从而为转换成作为计价基础的体积基发热量奠定基础；

（3）此类仪器的 $Z$ 值计算仅与组分摩尔分数的测定误差有关，且由于是在管输压力下进行测定，不存在气相色谱仪测定时必然产生的"压降效应"，故

就取样体积等产生的误差的环节而论,其测量不确定度应优于气相色谱技术;

(4)仪器也能同时测定并记录(管输条件下的)水含量/水露点数据;

(5)在实现(1)的前提下,同时也为商品天然气的沃泊指数计算及其相应的互换性管理提供了必要条件,这对我国正在大规模发展的输气网络具有意义;

(6)如果将上述一系列重要信息通过合适的通信系统与已经建立的SCADA系统相连接,则可以大大提高天然气气质控制与能量计量系统的管理水平。

尽管当前开发此类仪器的技术路线甚多,但从基本原理分析大致可以归纳为3种类型,即光谱式、声学式和核磁共振式。前两种类型的研究较多,但近年来则有关核磁共振式的报道有所增加。下文以美国能源部资助的、由光谱科学公司(Spectral Sciences Inc. SSI)开发并已经取得专利的吸收光谱式发热量测定仪为代表进行介绍[10]。该仪器在操作压力超过6.8MPa的条件下进行了全面的性能测试,并以高压管输商品天然气为样品气进行了现场(验证)试验。

## 二、原理与方法

分子吸收光谱是基于不同分子结构的物质对电磁辐射的选择性吸收而建立的分析方法。根据比尔—朗伯(Beer–Lambert)定律:当光线通过溶液时被测物质分子会吸收某一特定波长的单色光,而被吸收光的强度($A$)与透射光通过的距离(1)及样品中吸光物质的浓度($c$)成正比[式(4-25)]。

$$A_i = \varepsilon_i \times l \times c_i \tag{4-25}$$

式中 $A_i$——样品中被测组分 $i$ 的吸光度;

$\varepsilon_i$——被测组分 $i$ 的(摩尔)消光系数;

$l$——样品(吸光)池长度;

$c_i$——被测组分 $i$ 的摩尔浓度。

当样品中含有 $N$ 种不同的吸光物质(组分)时,样品的总吸光度($A$)为各个组分吸光度的总和,可以通过式(4-26)求得:

$$A = l \cdot \sum_{j=1}^{N} \varepsilon_j \cdot c_j \tag{4-26}$$

当测定天然气中有关组分($i$)的摩尔浓度后,根据国家标准《天然气发热量、密度、相对密度和沃泊指数的计算方法》(GB/T 11062)的规定，天然气的体积基（标况）发热量（$H$）可以通过式（4-27）求得：

$$H \cdot l = \sum_i \rho_i H_i \qquad (4-27)$$

式中　$H$——天然气的体积基（标况）发热量，$MJ/m^3$；

　　　$l$——样品池长度；

　　　$\rho_i$——被测组分 $i$ 的相对密度；

　　　$H_i$——被测组分 $i$（在燃烧参比条件下）的理想气体（标况）发热量。

美国 SSI 公司开发的吸收光谱型传感器选择波长为 900nm 左右的近可见光区，其主要原因在于：

（1）根据局部模式理论（local mode theory），当波长变短时局部碳氢键（C—H）的特征（吸收）变得愈来愈明显；此时 $CH_4$、$CH_3$、$CH_2$ 和 CH 等功能团之间的区别则变得不甚明显。由于 $C_1$—$C_{6+}$ 的各种分子均具有大致相同的吸光强度，故总发热量比按不同烃类组分分别测定后再加和的情况更精确，在典型测定条件下测量不确定度可以改善约 0.1%。

（2）当透射光的波长为约 900nm 时，在分辨率为 1~5nm 的条件下烃类组分吸光度随着其分子密度的增加几乎呈线性关系，故此类传感器基本上不需要进行现场标定。

（3）近可见光区波长范围内的吸收光谱，大致落在商品数码相机常用的标准硅 CCD 检测器的响应范围内，因而有利于使用廉价元件进行技术开发。

（4）在波长 900nm 左右区域进行的光透射，其吸光度远低于波长更长的可见光区域，故在 3.4MPa 压力操作时约 0.6m 长的吸光池即可达到最大的检测灵敏度，此操作条件颇适合对管输情况的天然气进行实时测定。

如图 4-15 所示，发热量测定仪安装在邻近孔板流量计和流量计算机附近。通过一根细小的取样管线，分流少量输气管道中的天然气至样品池，气体通过样品池后再返回输气管道。保持样品池的温度和压力与输气管道几乎相等。样品气在取样管线中压力降约 0.7kPa，气体在样品池中的停留时间为 10s。

样品气在样品池中的温度、压力及其吸收光谱均由合适的传感器发送至仪器的控制/监测（分析）系统。通常测得的发热量和压缩因子数据都发送至流量计算机，后者在同时接收天然气的体积流量信息后计算出并显示实时能量流量。

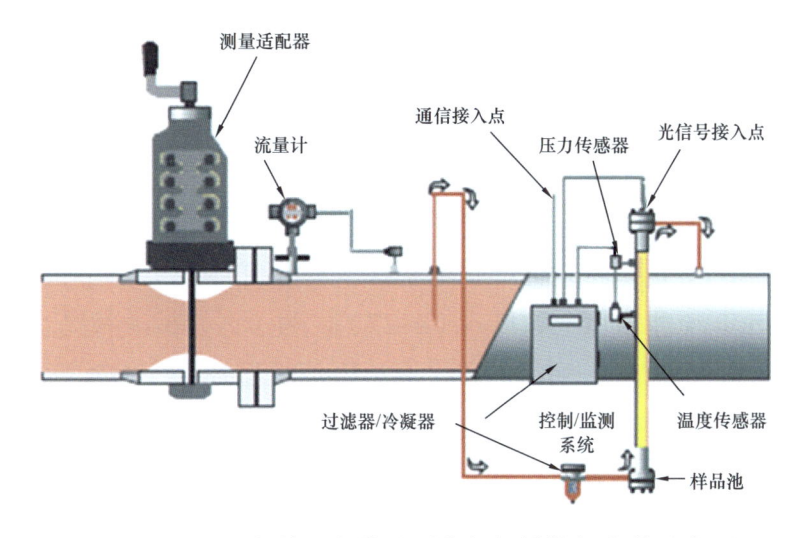

图 4-15 吸收光谱型发热量测定仪的结构与安装示意图

图 4-16 示出了发热量测定仪的组成元件及其功能。通过样品池后返回的透射光用光纤传输；形成的全息吸收光谱（图）用标准硅 CCD 检测器记录。通过样品池的气体样品中的 $CO_2$ 浓度用另一个辅助检测器测定。仪器内置的信号处理器记录 CCD 图像、温度、压力和 $CO_2$ 浓度等数据，并 CCD 图像转换为吸收光谱图。然后，再将吸收光谱图解析为组分谱图，并根据各组分的拟合因子（fit coefficient）、测得的温度和压力，计算和显示各组分浓度、总（体积基）发热量和压缩因子。上述测量程序以 20s 为一个周期重复进行。获得的"20s 数据"输入数据临时储存器，并以 2min 为时间间隔进行记录。"小时平均""日平均"数据也同时进行内部储存。

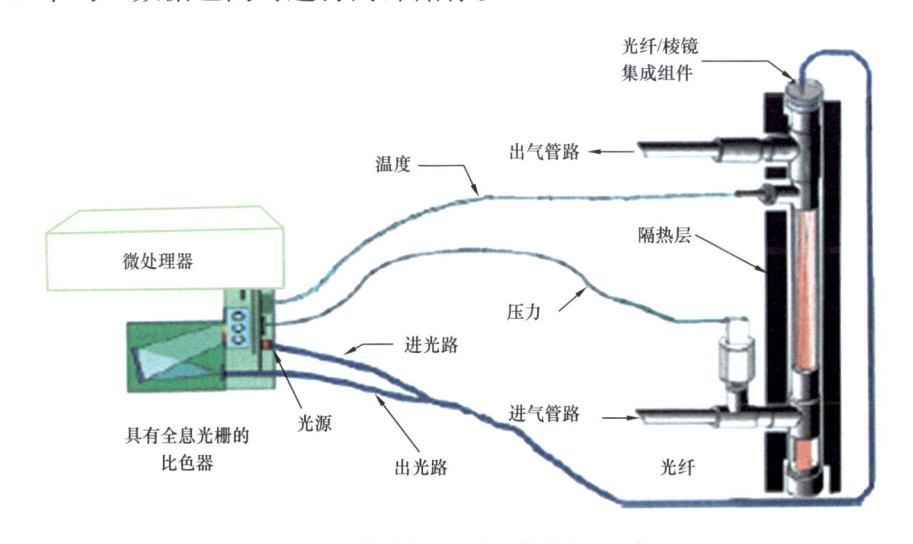

图 4-16 控制/监测系统剖面示意图

## 三、试验数据

试验用的标准气混合物（RGM）组成为：甲烷88.5%，乙烷5%，丙烷1%，正丁烷0.5%，异丁烷0.5%，二氧化碳2%和氮气2.5%。试验用样品池的长度为1.2m，工况压力范围为0.85%~6.7MPa。以20h为一个试验周期，测定了在不同操作压力下RGM的$\rho_i$（以标准状况条件下理想气体计）、工况条件下的体积基发热量（Btu/ft$^3$）和Z值[参见式（4-27）]。为了区别标准状况（以下简称标况）发热量和工况发热量，后者的单位以（Btu/SCF）表示，1Btu/ft$^3$=37.3kJ/m$^3$。

获得的原始数据可以通过拟合而计算出标况条件下体积基发热量（Btu/SCF）和各组分的摩尔分数（$X_i$）。图4-17所示即为上述组成RGM典型的吸收光谱图，以及据此拟合而得一系列组分的拟合波长。图中的示例为在2.6MPa压力下20s周期的记录数据。为了更清楚地显示被测定的6种分子化合物的吸收峰，在图谱顶部的放大10倍的拟合数据基础上，再分别按5倍、20倍、40倍或80倍等倍数对图谱进行了放大。放大后数据清楚地反映出样品气中5种烃类组分和水分等6个组分的定量差别。

图4-17中作为参比物（气体）的基础组分（组）由13种C$_1$—C$_6$同分异构体、水分和仪器的基线项构成。所有拟合而得的组在分（相对）密度列于表4-20；表中同时列出了按RGM组成计算而得的最佳估计值。确定最佳估计值时使用的Z值则按AGA8规定方法计算。比较拟合值与计算值可以看出，所有被测组分的仪器测定数据与（理论）计算数据之间的相对误差不超过0.2%。

表4-20　以标况理想气体计的各组分相对密度

| $\rho_i$ | 甲烷 | 乙烷 | 丙烷 | 正丁烷 | 异丁烷 | 异戊烷 | 总烃$\rho_H$ | 水分 |
|---|---|---|---|---|---|---|---|---|
| 拟合值 | 22.85 | 1.30 | 0.28 | 0.11 | 0.11 | 0.01 | 24.64 | 0.044 |
| 计算值 | 22.80 | 1.29 | 0.25 | 0.13 | 0.13 | 0 | 24.60 | 0 |
| $\Delta\rho_i/\rho$ | 0.20% | 0.05% | 0.11% | −0.08% | −0.08% | 0.04% | 0.20% | $1.0\times10^{-6}$ |

图4-17示出了以2min为时间间隔的6h实时测定记录谱图，图中每个数据点对应于（图4-18）一个20s测定周期。由于受样品池存在缓慢泄漏的影响，在6h时间周期中图示数据的线性有所变差。将记录数据拟合为直线后，与按RGM组成计算值的相对误差为0.04%。

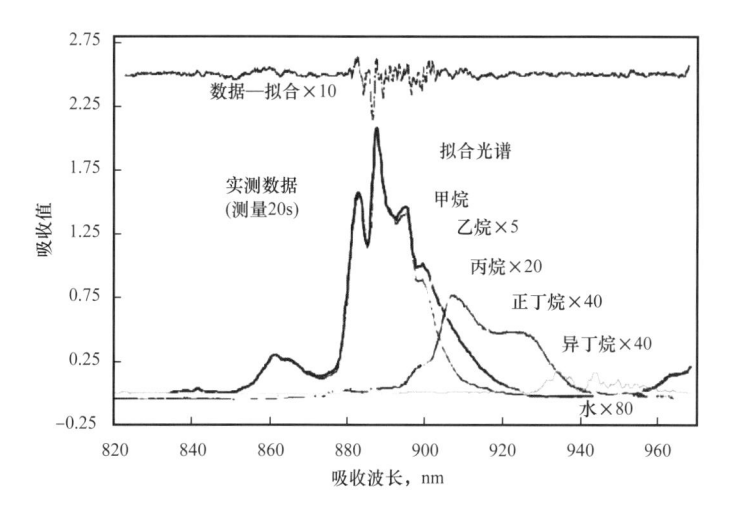

图 4-17 典型的 20s 测量周期吸收谱图

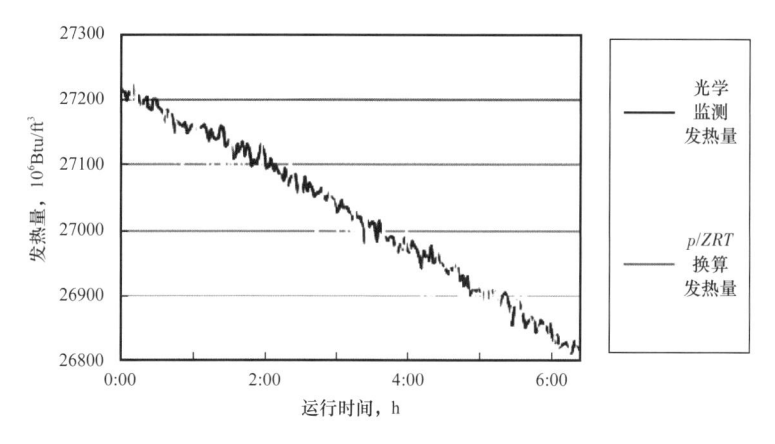

图 4-18 发热量仪器测定值随时间变化情况
（1Btu/ft³=37.3kJ/m³）

图 4-19 示出了与图 4-18 同一时间周期内拟合组分密度随时间的变化情况。图 4-19 及表 4-20 所示数据表明，两次测量之间拟合组分密度的波动范围小于总烃类密度（$\rho_H$）的 0.1%。RGM 组成中不存在的异戊烷组分在谱图上也有所显示，但对总烃类密度拟合值产生的相对误差仅为 0.04%。

由于水分的吸光强度比烃类更强，因而水分测量的灵敏也比烃类高得多。图 4-19 所示的水分测定数据相当于样品气中水分的摩尔浓度为（0.017±0.02）%，或样品气的水含量为（128±16）mg/m³。

## 四、Z 值计算与转换

为了将测得的烃类组分密度转换为相应的摩尔分数，必须根据式（4-28）

通过求解非理想气体状态方程以确定样品气中各组分的密度（$\rho_i$），然后进行加和而求得其在工况条件下的总密度（$\rho$）。

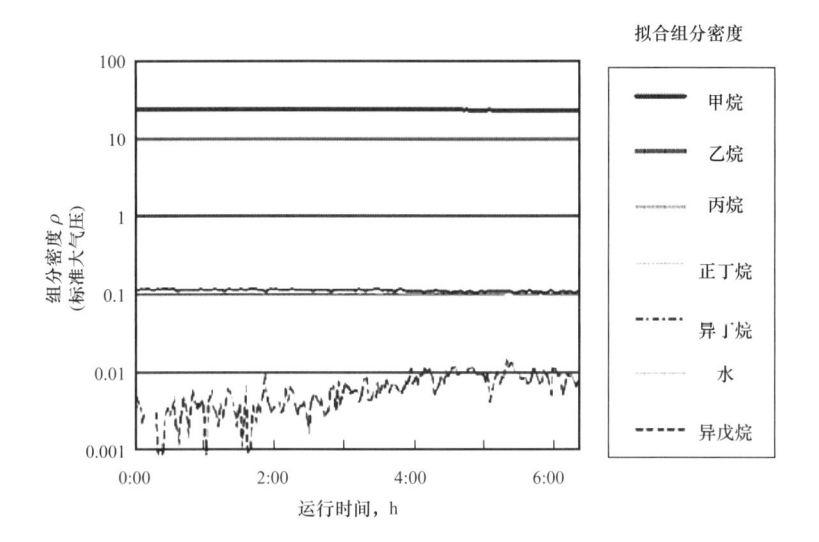

图 4-19 样品气中组分拟合密度值随时间变化情况

$$\rho_i = p/ZRT \quad (4\text{-}28)$$

式中 $\rho_i$——样品气中组分 $i$ 的密度；
$p$——工况压力；
$T$——工况温度；
$Z$——工况条件下的压缩因子。

样品气总密度（$\rho$）是烃类气体密度（$\rho_H$）、水密度和惰性化合物密度之和。总密度和压缩因子（$Z$）可以根据详细的物料平衡数据用迭代法同时求得。对天然气混合物而言，$Z$ 值在 1~0.85 的范围随压力升高而下降的情况几乎与其组成无关。因此，状态方程的迭代过程很快收敛而解出 $Z$ 值和惰性气体密度。然后根据分压定律，总密度可以根据各组分的摩尔分数则由式（4-29）确定：

$$X_i = \rho_i/\rho \quad (4\text{-}29)$$

式中 $X_i$——样品气中组分 $i$ 的摩尔分数；
$\rho_i$——样品气中组分 $i$ 的密度。

求得天然气中各组分的摩尔分数后，其标况条件下的理想气体发热量（$H$）可以由式（4-30）计算：

$$H = \sum_i X_i \cdot \frac{H_i}{Z_0} = H \cdot \left[\frac{TP}{Z}\right] \cdot \left[\frac{p_0}{T_0}\right] \quad (4-30)$$

式中 $H$——样品气（标况条件下）体积基发热量，$MJ/m^3$；

$H_i$——组分 $i$（标况条件下）体积基发热量，$J$；

$X_i$——组分 $i$ 的摩尔分数；

$T_0$——标况温度，$K$；

$p_0$——标况压力，$Pa$；

$Z_0$——标况压缩因子。

当天然气的压力低于 5.4MPa 且其中惰性气体含量不大于 5% 时，即使没有天然气中 $CO_2$ 含量的信息，$Z$ 值计算结果的不确定度仍可达到优于 0.05% 的水平。在 SSI 公司研制的发热量测定仪中同时设置了 $CO_2$ 辅助传感器单独测定其在天然气中的含量，因而 $Z$ 值计算结果的准确性更有所改善。

图 4-19 所示为根据图 4-18 及图 4-19 中数据计算而得的 $Z$ 值，每个数据点代表一个 20 秒测定周期。图中的直线表示：将测得的温度和压力（波动）数据拟合为最佳结果后计算出的 RGM 的 $Z$ 值。图 4-20 中 $Z$ 值数据的分散（性）是由于温度测量数据的波动所致。按图示数据估计，$Z$ 值的测量误差约为 0.02%，从而导致重烃组分摩尔分数的测量误差则达到 0.2%。

图 4-21 所示为以标况条件（$Btu/ft^3$）表示测得的体积基发热量。仪器测得发热量的平均值为 $38.81MJ/m^3$（$1040.6Btu/ft^3$），比按 RGM 组成计算出的发热量高 0.02% 或 $0.008MJ/m^3$（$0.2Btu/ft^3$）。在 20s 测定周期数据点中，RGM 样品气的测量误差为 0.5% 或 $0.02MJ/m^3$（$0.5Btu/ft^3$），此值略高于其计算值，原因在于温度和压力测量过程中进一步引入了误差。

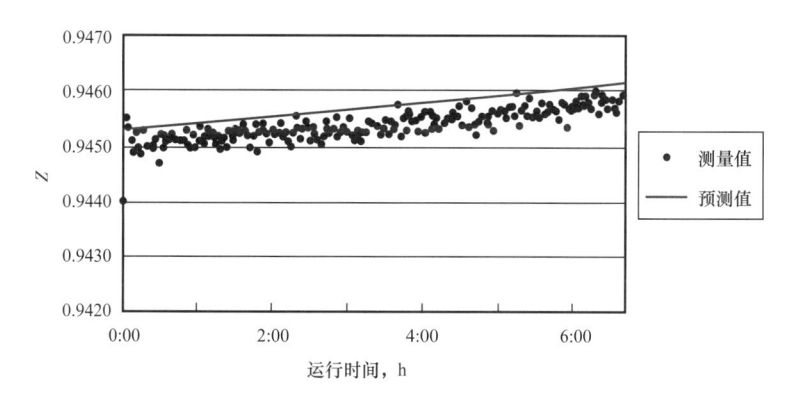

图 4-20 样品气的 $Z$ 值随时间的变化情况

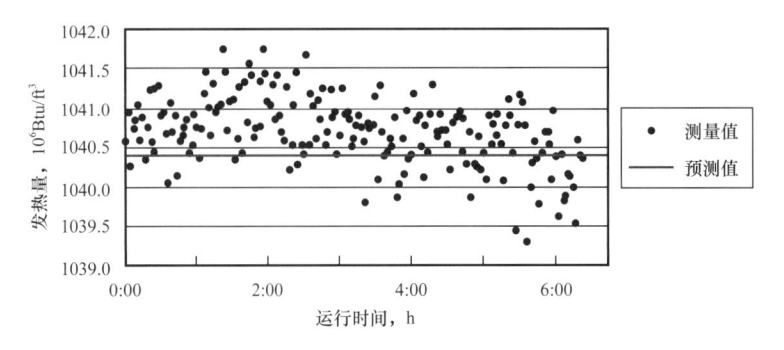

图 4-21 样品气标况发热量随时间的变化

（1Btu/ft³=37.3kJ/m³）

### 五、测量不确定度分析

图 4-22 和图 4-23 分别示出了发热量测定仪的操作压力对样品气摩尔组成（$X_i$）和体积基发热量测量不确定度的影响。

图 4-22 中标出了对应于每组测量数据的工况和标况发热量平均值随操作压力的变化情况，并与作为基准的（按 RGM 组成的）计算值（38.81MJ/m³；1040.4Btu/ft³）进行了比较。图中的误差（柱）表示基于（测量仪表的）温度及压力读数的不确定度而导致的测量误差估计值。图示数据表明：16~24h（较长）测定周期和 1~6h（较短）测定周期中全部测得的发热量平均值与相应的按 RGM 组成计算值之间的差值均不超过 37.3kJ/m³（1Btu/ft³）。RGM 中组分摩尔分数（$X_i$）计算的误差导致工况发热量计算产生的误差小于 0.05%；但在压力低于 5.8MPa（850psi❶）时，此项误差导致标况发热量计算产生的误差将达到 0.6%（相当于 22.4kJ/m³ 或 0.6Btu/ft³）。

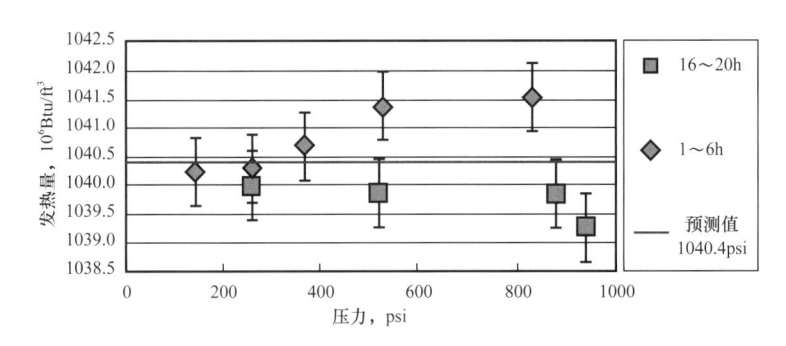

图 4-22 标况发热量平均值随测定压力的变化

（1Btu/ft³=37.3kJ/m³；1psi=6.89kPa）

---

❶ 1psi=6.89kPa。

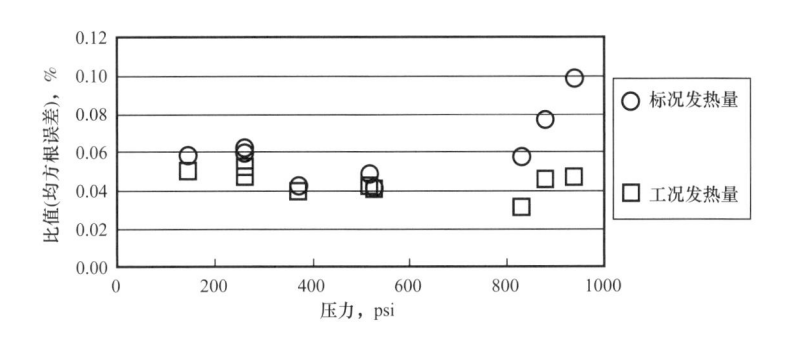

图 4-23　工况发热量和标况发热量随压力的变化
（1psi=6.89kPa）

从图 4-23 可以看出，标况发热量与工况发热量之间测量误差的差值随操作压力升高而增加，其原因在于 RGM 样品气中各组分含量（$X_i$）的测量误差随压力升高而增加。当操作压力达到 6.8MPa（1000psi）时，两者之间的差值达到 37.3kJ/m³（1Btu/ft³）；其原因在于在高压工况下，$Z$ 值计算对重烃组分摩尔分数的测量误差较敏感。例如在工况压力为 6.8MPa（1000psi）时，若正戊烷的测量误差为 0.1%，将导致 $Z$ 值计算的误差达到 0.13%。但 $Z$ 值计算的误差并不影响管输条件下天然气工况发热量的测定，仅影响标况发热量的测定。因此，如果仅需要测定管输条件下的天然气能量流率，就没有必要将工况发热量转换为标况发热量。

应该指出：$Z$ 值计算的误差仅与样品气中组分含量的测量误差有关，且此测量误差是包括了取样、测定等测量过程中的全部误差。与本书介绍的方法不同，目前工业上常用的气相色谱法是在常压或低压下测定的，由于"降压效应"将产生一系列系统误差。因而就 $Z$ 值测定而言，在高压下取样和测定的吸收光谱法很可能比气相色谱法更准确，且方法的重复性也将能得到改善。

## 参 考 文 献

[1] 付敏，程弘夏. 现代仪器分析［M］. 北京：化学工业出版社，2018.

[2] 周理，蔡黎，陈赓良. 天然气气质分析与不确定度评定及其标准化［M］. 北京：石油工业出版社，2021.

[3] A Harmens, Proc NPL Conf. Chemical Thermodynamic Data on Fluids and Fluid Mixtures: Their Estimation, Correlation and Use（Sep. 1978）［M］. IPC Sci. Technol. Press，1979：112.

[4] R C Wilhoit. Ideal Gas Thermodynamic Functions［J］. TRC Current Data News，3（2），1975：2.

［5］高立新，陈赓良，李劲，等.天然气能量计量的溯源性［M］.北京：石油工业出版社，2015.

［6］周理，陈赓良，郭开华，等.对国际标准ISO10723：2012的认识与讨论［J］.天然气工业，2018，38（7）：108.

［7］陈赓良.在线气相色谱仪的准确性与一致性［J］.石油与天然气化工，2012，41（2）：140.

［8］陈赓良.天然气发热量直接测定及其标准化［J］.石油工业技术监督，2014，30（2）：20.

［9］A Sivaraman, et al. Development and deployment of an acoustic resonance technology for energy content measurements［C］. 23$^{rd}$ World Gas Conference, Amsterdam, 2006.

［10］陈赓良，唐飞.管输压力下实时记录式天然气发热量测定设备的开发［J］.石油与天然气化工，2013，42（2）：91.

# 第五章 误差分析与测量不确定度评定

## 第一节 基础知识与基本概念

### 一、发展概况

20世纪20年代，英国生物统计学家Fisher首先提出方差分析方法，并将其应用于生物学、遗传学方面的研究取得巨大成功。同时，其他学者在试验设计和统计分析方面做了大量开拓工作，从而使试验设计与数据处理成为统计科学的一个分支。20世纪50年代，日本统计学家田口玄一（Genichi Taguchi）将当时试验设计中应用最广泛的正交设计表格化，为正交设计方法的推广应用作了很大贡献[1]。

近年来，随着计算机科学的迅速发展，现已出现了多种针对试验设计和数据处理的软件。这些软件的应用大大节省了复杂的计算工作所耗费的时间，也进一步促进了该学科的发展。例如，对某个天然气输配系统中所有A级站的气相色谱组成分析数据进行（整体）不确定度评定时，对10000个随机抽样的样本进行MCM法测量不确定度评定时，由于数据处理工作量太大，必须使用合适的计算机软件，如美国Mathworks公司出品的MATLAB软件。

虽然测量误差和误差分析的有关理论早已成为计量学的一个重要组成部分，但具有定量特征的测量不确定度及其评定还是20世纪80年代中期才出现的新概念。

1963年，美国标准局（NBS）的计量专家在研究测量校准系统的精密度和准确度过程中，率先提出了测量不确定度概念，并提出了对其进行定量评定与表示的具体意见。1977年7月国际计量委员会（CIPM）下属的国际电离辐射咨询委员会（ICNIRP）建议在国际上对测量不确定度的评定与表示应该提出一个（国际上通用的）统一的规定。CIPA接受此建议后向国际计量局（BIPM）

提出组织一个专门工作组来进行此项工作。BIPM 在广泛征求世界各国计量科研部门及多个国际组织的意见后，于 1980 年提出了一个编号为 INC-1（1980）的建议书（"不确定度的表述"）。1981 年召开的第 70 届 CIPA 年会上批准了《不确定度的表述》建议书；并在 1986 年 CIPM 重申了采用有关测量不确定度的原则规定。至此，测量不确定度这个全新的概念正式诞生[2]。

对天然气能量计量实验室而言，天然气组成分析测量结果的不确定度评定涉及巨大的经济利益。因此，大力加强商品天然气组成分析计量结果的不确定度评定研究及其标准化是国际标准化组织天然气技术委员会（ISO/TC 193）当前最重要的技术发展动向。例如，2012 年发布的国际标准《天然气分析系统性能评价》（ISO 10723：2012）明确规定将测量结果的精密度评价更改为不确定度评定，并宣布撤销 ISO 10723：1995。在 ISO 10723：2012 附录 A 中，进一步提出天然气能量计量系统的最大允许误差（$MPE$）应不超过 0.1MJ/m³。2016 年发布的新版 ISO 6976 中，在报告每个化合物的发热量时，均报告了测定值的测量不确定度。同时，2015 年由气体分析技术委员会（ISO/TC 158）发布的国际标准《气体分析 校准气体混合物的制备 第 1 部分：用于 I 类混合物的重量分析法》（ISO 6142-1）的第 11 章、附录 B 和附录 G 中，对制得的标准气混合物（RGM）中各组分的不确定度及其灵敏度的计算均做了详细说明[3]。

## 二、测量误差与测量不确定度

1. 测量误差（error）

测量误差是指测量结果减去被测量的真值后的差值。真值（true value）是指与给定的特定量定义相一致的值。由于微观粒子的量子效应而存在的"不确定性定律"（uncertainty principle），即使在国际计量标（基）准层面上，仍然保留或存在一个未知偏差（$\pm\varepsilon$），因而测量总是存在误差和不确定度。因此，所谓真值仅是一个理想的概念，按其本质而言真值是不确定的。既然真值无法确切地知道，故误差也无法准确地知道。在实际工作中，误差只能用于已知约定真值的情况，且此时还必须考虑约定真值本身的误差。

2. 约定真值（conventional true value）

约定真值是指给定的、具有适当不确定度的、赋予了特定量的值，有时该值是约定采用的。如上一级计量标准所复现的量值对下一级计量标准，或者计量标准所复现的量值对被测量而言，皆可视为约定真值。

约定真值有时也称为约定值、指定值、参考值或最佳估计值，经常用某个量的多次测量结果的算术平均值来确定。在不确定度评定中，有时约定真值的不确定度（值）甚至可以小到忽略不计。在化学分析测量中，标准物质证书上所示的"标准值"，通常也可视为约定真值。

3. 测量不确定度（uncertainty of measurement）

测量不确定度是指附加于测量结果的一个估计值，用以表征真值存在于其中的数字范围。它主要包括三个含义：

（1）该参数是一个表示分散性的参数，可以定量地表示测量结果的指标；它可以用标准差及其倍数表示，也可以用某个包含概率水平下的区间半宽表示。

（2）该参数由若干分量组成，它们称为不确定度分量。根据 GUM 的规定，这些分量可以分为 A 类和 B 类两大类进行评定。

（3）该参数用于完整地表征测量结果时，应包括被测量的最佳估计（值）和分散性参数两个部分。分散性部分应包括所有的不确定度分量。

测量不确定度与测量误差是两个既有相同之处而又有明显区别的概念。其相同之处，例如：测量不确定度和测量误差都只能给出一个与测量结果具有相同量纲的估计值，因而各类误差的估计值都有其相应的不确定度；同样，不确定度的评定结果也都有自由度或相应的不确定度，且实验标准差的自由度越大则测量结果的可靠性越高。

4. 检测和校准实验室的能力（CMC）

我国合格评定国家认可委员会（CNAS）在《测量不确定度的要求》（CNAS-CL 07：2011）的 7.1 条中明确规定，CMC 是校准实验室在常规条件下能够提供给客户的能力；一般情况下 CMC 应该用包含概率为 95%（$k=2$）的扩展不确定度表示。

### 三、随机误差与系统误差

1. 随机误差

随机误差（$\varepsilon$）是指测量结果与重复性条件下对同一量进行无限多次测量所得结果的平均值之差。由于实际测量过程仅能进行有限次的测量，故也只能得到这一测量中随机误差的估计值。随机误差大体上是因影响量的时空变化而引起，其变化所带来的影响称为随机效应，它们导致重复观测中的分散性。

随机误差服从统计规律，当测量次数较大时，大多数测量结果服从正态分布，它具有下列基本的统计规律性。

## 2. 系统误差

系统误差（$\beta$）是指在重复性条件下对同一量进行无限多次测量所得测量结果的平均值与被测量真值之差。其特点是在同一条件下多次测量过程中，系统误差保持恒定或以可以预见的方式变化，即具有确定的规律性。它的绝对值和符号保持不变或在条件改变时，按一定的规律变化。

系统误差通常来源于影响量，常见的来源有测量装置本身的误差、环境条件带来的误差、测量方法（或理论）不完备而导致的误差，以及由于测量人员的技术水平、生理特点及操作习惯等因素而造成的误差。

许多系统误差可以通过实验确定并加以修正。但有时则由于对其认识不足或没有相应的手段予以充分肯定而无法修正，此时通常可以估计未消除的系统误差的界限。必须注意，系统误差与测量次数无关，故不能通过增加测量次数的方法使其消除或减小。系统误差不能完全被认知，故也不能完全被消除。

## 3. 两类误差之间的关系

根据定义，误差、随机误差和系统误差均表示两个量值之差，故它们均具有确定的符号，而不应以"±"号的形式出现。图5-1示出了测量结果的误差、随机误差和系统误差三者之间的关系。图中的总体均值即为约定真值，曲线即为被测量的概率密度分布曲线，曲线下方与横坐标之间所包含的面积表示测得值在该区间内出现的概率。从图5-1可知，误差等于随机误差和系统误差的代数和。

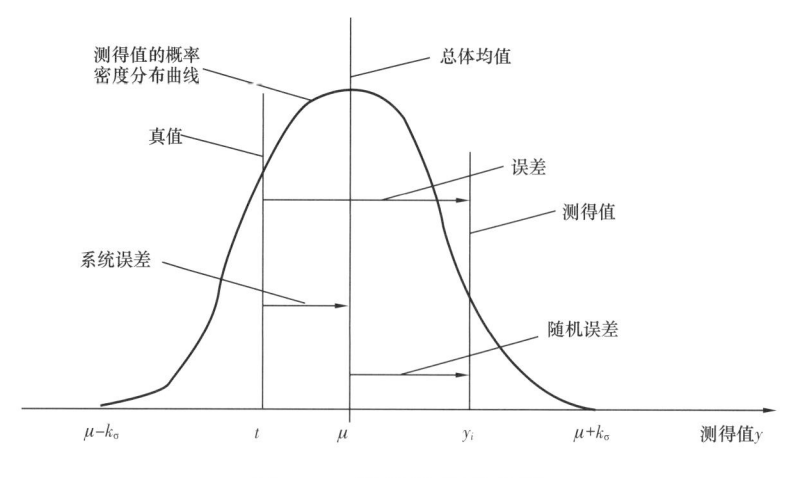

图5-1 测量误差示意图

表5-1示出了这两类误差之间的比较[4]。

表 5-1 随机误差与系统误差的比较

|  | 系统误差 | 随机误差 |
|---|---|---|
| 产生原因 | 由试验方法、试验仪器、人员操作等固定因素而导致的误差 | 由试验环境、测量手段等随机因素变化而导致的误差 |
| 性质特点 | 重现性、单向性的可测性 | 有界性、对称性、抵偿性和单峰性 |
| 产生影响 | 影响测量结果的准确度 | 影响测量结果的精密度 |
| 消除方法 | 校正 | 增加测量次数 |

## 四、最大允许误差（MPE）与测量不确定度

MPE 是对给定的测量仪器，规范、规程等所允许的误差极限值。例如，在计量参比温度与燃烧参比温度皆为 15℃ 及计量参比压力为 $1.01325 \times 10^5$Pa 的操作条件下，根据在线气相色谱仪的分析数据计算真实气体高位发热量并将 $C_{6+}$ 测定值设定为纯组分正己烷时，在气相色谱仪规定的分析范围内，通常按规范要求将分析器的最大允许误差（MPE）设定为 $0.1MJ/m^3$，包含因子 k=2，包含概率为 0.95。

2014 年发布的（新版）《天然气计量系统技术要求》GB/T 18603 的（规范性）附录 B 中规定的计量系统准确度，已改为使用 MPE 表示了（表 5-2），而国际法制计量组织在 2007 年发布的 R 140 报告中就已用 MPE 表述。

表 5-2 天然气计量系统配套仪器准确度

| 测量参数 | 最大允许误差 |  |  |
|---|---|---|---|
|  | A 级 | B 级 | C 级 |
| 温度 | 0.5℃[①] | 0.5℃ | 1.0℃ |
| 压力 | 0.2% | 0.5% | 1.0% |
| 密度 | 0.35% | 0.7% | 1.0% |
| 压缩因子 | 0.3% | 0.3% | 0.5% |
| 在线发热量 | 0.5% | 1.0% | 1.0% |
| 离线或赋值发热量 | 0.6% | 1.25% | 2.0% |
| 工作条件下体积流量 | 0.7% | 1.2% | 1.5% |
| 计量结果 | 1.0% | 2.0% | 3.0% |

① 当使用超声流量计并计划开展使用中检验时，温度测量不确定度应该优于 0.3℃。

测量仪器的 MPE 与测量不确定度有所区别，测量不确定度只是针对某一个测量结果，且是根据计量技术规范计算出来的。但是，MPE 是为了判定测量仪器是否合格而人为地预先设定的一种技术指标。众所周知，测量不确定度实质上是测量误差的分布范围；故 MPE 也是导致产生不确定度的一个重要来源。当缺乏其他有效数据时，通常可以根据 B 类不确定度评定方法，以测量仪器的 MPE 估算测量不确定度。

### 五、准确度与准确度等级

准确度是指测量结果与被测量真值之间的一致程度。它只是一个定性的概念，其含义有两个：一是说明测量结果与被测真值之间的一致程度；二是用于说明测量仪器的给出（值）接近于真值的能力。因此，"这台仪器的准确度是 ±0.1%"的说法是不正确的。

准确度等级的定义为：测量仪器满足一定计量要求，使误差保持在规定极值范围内的测量仪器的等别、级别。但准确度等级并非准确度的定量表示；它往往是（按检定规程的规定）用表 5-3 所示的最大允许误差（MPE）来定量表述的。

正确度（trueness）是指大量测试数据的算术平均值与真值（或可接受参照值）之间的一致程度；它是反映系统误差的大小，是指在一定试验条件下，所有系统误差的综合。

表 5-3　电子天平的最大允许误差　　　　　　　　　　　　单位：g

| 最大允许误差 MPE | 载荷 m（以检定分度值 e 表示） | | | |
|---|---|---|---|---|
| | Ⅰ级 | Ⅱ级 | Ⅲ级 | Ⅳ级 |
| ±0.5e | $0 \sim 5 \times 10^4$ | $0 \sim 5 \times 10^3$ | $0 \sim 5 \times 10^2$ | $0 \sim 50$ |
| ±1.0e | $5 \times 10^4 \sim 2 \times 10^5$ | $5 \times 10^3 \sim 2 \times 10^4$ | $5 \times 10^2 \sim 2 \times 10^3$ | $50 \sim 200$ |
| ±1.5e | $>2 \times 10^5$ | $2 \times 10^4 \sim 1 \times 10^5$ | $2 \times 10^3 \sim 1 \times 10^4$ | $200 \sim 1000$ |

### 六、精密度（precision）与标准偏差

精密度是指在相同条件下，多次平行分析结果之间相互接近的程度。精密度的大小通常可以用偏差（deviation）表示，标准偏差愈小则表明测量结果的精密度愈高。试验测量值精密度的优劣取决于随机误差；且可以用多种方法或指标来判别，最常用的是标准偏差（S）。

对同一被测量作多次测量时,可以用标准偏差 $S$ 表征测量结果的分散性。对于一般的有限次测量,其计算式如式(5-1)所示。式中,$X_i$ 表示第 $i$ 次测量值;$\bar{X}$ 表示平均值;$n$ 表示测量次数。

$$S = \sqrt{\frac{\sum \left(X_i + \bar{X}\right)^2}{n-1}} \tag{5-1}$$

$S$ 所表征的是一个被测量的多次被测量所得结果的分散性,故称为测量列中单次测量的标准偏差。

对有限次测量而言,样本平均值的标准偏差 $S_{\bar{x}}$ 的计算式如式(5-2)所示;平均值 $\bar{X}$ 的计算式如式(5-3)所示。当试验次数为无穷大时,它称为总体标准偏差($\sigma$);此时,系统在无系统误差的前提下,可以认为样本集的总体平均值($\mu$)就接近真值($T$)。图 5-2 和图 5-3 示出了总体标准偏差、总体平均值与精密度正态分布曲线图形状之间的关系。

$$S_{\bar{x}} = \frac{S}{\sqrt{n}} \tag{5-2}$$

$$\bar{X} = \frac{\sum X_i}{n} \tag{5-3}$$

标准偏差 $S$ 不仅与一组试验测定数据中的每一个数据有关,而且对其中较大或较小的误差敏感性很强,能明显地将它们反映出来。标准偏差的数值大小直接反映了数据的分散程度;$S$ 值越小表明数据的分散性越低,试验数据的正态分布曲线开关也越尖。

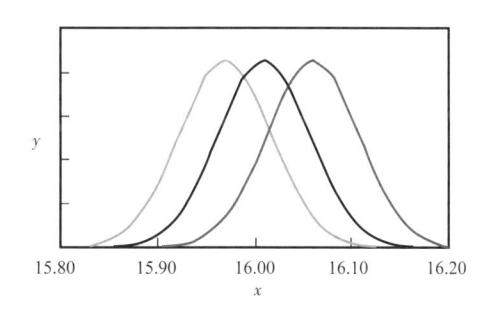

图 5-2 $\sigma$ 相同而 $\mu$ 不同时的正态分布曲线

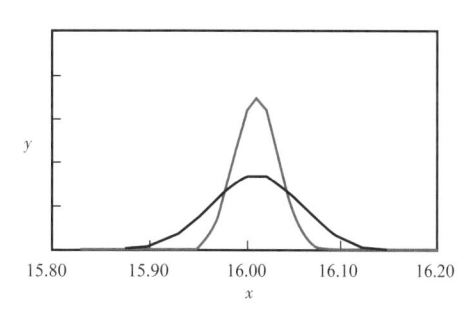

图 5-3 $\mu$ 相同而 $\sigma$ 不同时的正态分布曲线

精密度与准确度之间虽有一定联系，但两者是完全不同的概念；决不能认为精密度高，准确度一定也高。图 5-4 所示为打靶命中图和分析结果分布图。图 5-4（a）所示为准确度较高而精密度不太高的情况；图 5-4（b）所示为准确度不高而精密度高的情况；图 5-4（c）所示则为准确度和精密度两者均高的情况。在分析化学测量中，理想的测量结果应如图 5-4（c）所示。如果测量结果的精密度高而准确度不高，主要是分析过程中的系统误差所致。

(a) 准确度较高而精密度不太高　　(b) 准确度不高而精密度高　　(c) 准确度和精密度两者均高

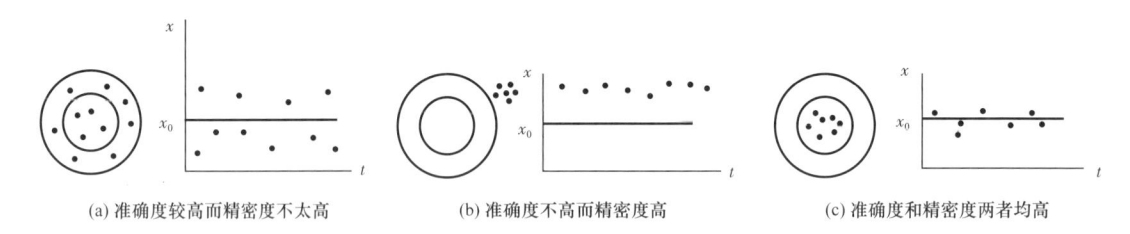

图 5-4　精密度与准确度的关系

综上所述，误差是衡量准确度高低的技术指标；其大小取决于系统误差和随机误差两者。标准偏差 $S$ 是衡量精密度高低的技术指标；其值取决于随机误差，并反映出试验取得数据的分散程度。理论上，平均值（$\bar{X}$）是样本集的中间点，它能提供的信息有限；而标准偏差则是描述样本集中各个点到平均值点距离的平均值。例如，通过试验取得了两组数据：[0，8，12，20] 和 [8，9，11，12]。这两组数据的平均值都是 10；但前者的标准偏差是 8.3，而后者是 1.8。很明显，后者重复性远优于前者。

### 七、平均偏差与相对平均偏差

平均偏差 $\bar{d}$ 计算式如式（5-4）所示；相对平均偏差 $\bar{d_r}$ 计算式如式（5-5）所示。

$$\bar{d} = \frac{\sum |X_i - \bar{X}|}{n} \quad (5-4)$$

$$\bar{d_r} = \frac{\bar{d}}{\bar{X}} \times 100\% \quad (5-5)$$

根据上述式（5-2）所示，可以获得如图 5-5 所示的标准偏差与测量次数（$n$）之间的关系曲线。图 5-5 所示数据说明：当测量次数小于 5 时，

$\dfrac{S_{\bar{x}}}{S}$ 值随测定次数（$n$）的增加而迅速减小；当 $n$ 值大于 5 时，$\dfrac{S_{\bar{x}}}{S}$ 值变化不大；$n$ 值大于 10 之后，$\dfrac{S_{\bar{x}}}{S}$ 值基本上不再变化。由此说明，增加测定次数确实可以提高精密度；但实际在进行准确度要求高的试验时，测量次数没有必要超过 10 次。对天然气组成分析而言，在被测组分含量大于 10% 情况下，平行测定 3~4 后就应计算平均偏差，如果其值已经小于 0.2%，就可以认为分析结果的精密度符合要求。

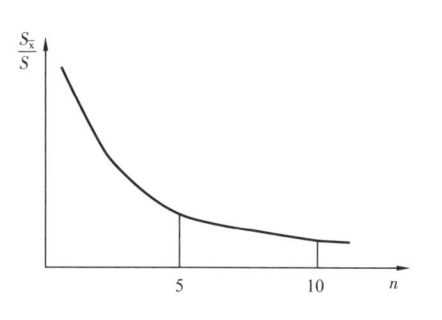

图 5-5 标准偏差与测量次数的关系

## 八、方差（variance）与相对标准偏差（RSD）

方差是标准偏差的平方，试验次数有限时称为样本方差（$S^2$），其计算式如式（5-6）所示；而试验次数无穷大时则称为总体方差（$\sigma^2$），其计算式如式（5-7）所示。显然，这两者也都是反映数据偏离平均值的程度。方差越小则反映这批数据的波动性或分散性越小，即随机误差越小。

相对标准偏差（RSD）也称为变异系数（CV），其计算公式就是标准偏差除以算术平均值。标准偏差虽然能客观地反映数据的分散性，但当需要比较两个或多个数据集的分散性或精密度时，且这些数据又属于不同的总体（量纲可能不同），或属于同一总体中的不同样本（平均值不同），直接使用标准偏差来进行比较就不合适。RSD 或 CV 消除量纲或平均值不同的影响，故应用于两个或多个数据资料分散程度或定精密度的比较。

$$S^2 = \dfrac{1}{n-1}\sum_{i=1}^{n}(X_i - \bar{X})^2 \qquad (5-6)$$

$$\sigma^2 = \dfrac{\sum(X-\mu)^2}{N} \qquad (5-7)$$

## 九、系统误差的 t 检验

相同条件下的多次重复试验不能检验系统误差，只有在改变形成系统误差的条件时，才能发现系统误差。如果试验数据的平均值与真值的差异较大，就必须检验系统误差并加以校正。t 检验是检验平均数与一个已知的总体平均数的差异是否显著的常用方法。t 检验的实质是用 t 分布理论来推断系统误差（差异）发生的概率，从而判定平均值与真实值之间是否存在系统误差。实施 t 检验的前提有 3 个：

（1）数据来自正态分布总体；

（2）随机样本；

（3）比较平均数时，要求两个样本总体方差相等。

当数据为正态分布，总体标准偏差（$\sigma$）未知且样本容量较小（$n<30$），此时样本平均数与总体平均数的离差呈 t 分布。t 的计算公式（5-8）所示。

$$t = \frac{\overline{X} - \mu}{\dfrac{\sigma_X}{\sqrt{n-1}}} \quad (5-8)$$

如果样本容量 n 大于 30，式（5-8）可以改写为式（5-9）。

$$t = \frac{\overline{X} - \mu}{\dfrac{\sigma_X}{\sqrt{n}}} \quad (5-9)$$

式中　$t$——样本平均数与总体平均数的离差统计量；

　　　$\overline{X}$——样本平均数；

　　　$\mu$——总体平均数；

　　　$\sigma_X$——样本总体标准偏差；

　　　$n$——样本容量。

## 十、随机误差的 $X^2$ 检验

$X^2$ 检验可应用于各种试验方法或试验结果随机误差之间的关系研究。如果有一组试验数据 $x_1$、$x_2$、……，$x_n$ 服从正态分布，则统计量 $X^2$ 可用式（5-10）计算。

$$X^2 = (n-1) \cdot S^2 / \sigma \quad (5-10)$$

对于给定的显著性水平 $\alpha$，可以由分布表查得临界值 $X^2$，将计算出的 $X^2$ 与临界值进行比较即可判两个方差之间有无显著差异。

## 第二节 测量不确定度评定

### 一、GUM 法和 MCM 法评定测量不确定度

测量的目的是准确地获得被测量的量值,但由于真值的不确定性,一切测量皆不可避免地存在不确定度。因此,在报告测量结果的同时必须对其质量(或准确度水平)给出定量的说明。以测量不确定度对测量结果的质量进行定量表征,是当前所有计量科学领域内全球普遍接受的准则。就本质而言,没有不确定度说明的测量数据没有任何实用价值。

鉴于化学分析测量在取样、样品处理、测量模型及不确定度来源分析等方面的特殊性和复杂性,我国遵循 GUM 和欧洲分析化学活动中心(EURACHEM)出版的《量化分析测量不确定度指南》的基本原则,结合化学分析测量的特点,于 2005 年发布了国家计量规范《化学分析测量不确定度评定》(JJF 1135),据此以规范化学分析测量领域中不确定度的评定及表示方法。

《测量不确定度评定与表示》(JJF 1059.1—2012)是其 1999 年版本的修订本,修订依据为 ISO/IEC Guide 98-3-2008《测量不确定度表示指南》(GUM)。《用蒙特卡洛法(MCM)评定测量不确定度》(JJF 1059.2—2012)的制定依据是 ISO/IEC Guide 98-3 Supplement 1-2008《用蒙特卡洛法传播概率分布》。与 GUM 法利用线性化数学模型传播不确定度不同,MCM 法是利用随机变量的概率密度分布函数(PDF)进行离散取样;通过测量模型传播输入量分布而计算出输出量($Y$)的离散分布值,并由后者直接获得其最佳估计值、标准不确定度和包含区间。以 MCM 法评定不确定度是专门应用于数学模型不宜进行线性化的场合,否则输出量的估计值及其标准相对不确定度可能会变得不可靠。

据 2017 年底的统计,我国天然气长输管道的总长已达 $7.7 \times 10^4$ km,其输配系统中的 A 级计量站装备有数量十分庞大的、用于发热量间接测定的气相色谱仪。对如此巨大的样本数量不可能按 GUM 法规定的线性(近似)模型进行测量结果的不确定度评定。因此,必须使用 GB/T 28766—2018/ISO 10723:2012《天然气 分析系统性能评价》附录 A 和《用蒙特卡洛法评定测量不确定度》(JJF 1059.2)中规定的 MCM 法,利用随机变量的概率密度分布函数(PDF),通过重复随机取样而实现整个输配系统(如西气东输一线、二线等)中气相色谱仪测量结果的(总体)不确定度评定。

对整个输配系统进行气相色谱仪分析结果的测量不确定度评定，是实施天然气能量计量过程中应完成的一项基础工作。据此证实能量计量系统的不确定度是否可以满足国家标准《天然气计量系统技术要求》（GB/T 18603）规定的准确度。

## 二、校准和检测实验室合格评定

我国合格评定国家认可委员会（CNAS）根据 JJF 1059.1 和《检测和校准实验室能力认可准则》（CNAS-CL01：2018）的要求，已经发布了《测量结果的溯源性要求》（CNAS-CL06：2014）。据此文件的规定，对天然气分析测试方法标准而言，校准和检测实验室认可的核心内容可以归结为两项：坚实的溯源链及符合国际和/或国家规范的不确定度评定程序。根据 CNAS 发布的《测量不确定度要求》（CNAS-CL07：2011）的规定，校准和检测实验室提供的测量数据至少应满足以下 3 项要求：

（1）校准实验室应对其开展的全部项目评定测量不确定度；

（2）应在其校准证书（或检测报告）中阐明测量不确定度；

（3）通常校准证书中应包括测量结果的数值（$Y$）及其扩展不确定度（$U$）。

《测量不确定度评定与表示》（JJF 1059.1—2012）规定：报告测量结果必须包括被测量的估计值及其测量不确定度。鉴于不确定度评定对测量结果的重要性，当前发布的 ISO 分析方法标准，一般也要求说明测量不确定度。例如，2012 年发布的《天然气 在规定不确定度下用气相色谱法测定组成 第 2 部分：不确定度计算》（ISO 6974-2）的第 5 章中，详细规定了计算测量结果不确定度的流程及其 10 个步骤（参见图 4-8 和图 4-9）。同时，2016 年发布的新版 ISO 6976 的表 3 中（表 5-4），对所列出的全部 48 个（与组成分析密切相关的）化合物的摩尔基高位发热量（MJ/mol）均报告了在 5 个不同燃烧参比温度下测定值的相对标准不确定度[3]。

**表 5-4 理想状态下天然气组分在不同燃烧参比温度下高位发热量不确定度（摘录）**

| 组分 | 高位发热量，MJ/mol | | | | | $u(U_c)$, % |
|---|---|---|---|---|---|---|
| | 0℃ | 15℃ | 15.55℃ | 20℃ | 25℃ | |
| 甲烷 | 892.92 | 891.51 | 891.46 | 891.05 | 890.58 | 0.19 |
| 乙烷 | 1564.35 | 1562.14 | 1562.06 | 1561.42 | 1560.69 | 0.51 |
| 丙烷 | 2224.03 | 2221.10 | 2220.99 | 2220.13 | 2219.17 | 0.51 |

续表

| 组分 | 高位发热量，MJ/mol ||||| $u(U_c)$，% |
|---|---|---|---|---|---|---|
| | 0℃ | 15℃ | 15.55℃ | 20℃ | 25℃ | |
| 正丁烷 | 2883.35 | 2879.76 | 2879.63 | 2878.58 | 2877.40 | 0.72 |
| 异丁烷 | 2874.21 | 2870.58 | 2870.45 | 2869.39 | 2868.20 | 0.72 |
| 正戊烷 | 3542.91 | 3538.60 | 3538.45 | 3537.19 | 3535.77 | 0.23 |
| 异戊烷 | 3536.01 | 3531.68 | 3531.52 | 3530.25 | 3528.83 | 0.23 |
| | 3521.75 | 3517.44 | 3517.28 | 3516.02 | 3514.61 | 0.25 |
| 正己烷 | 4203.24 | 4198.24 | 4198.06 | 4196.60 | 4194.45 | 0.32 |

## 三、GUM 法评定测量不确定度

1. 评定步骤

（1）明确被测量的定义。

（2）明确测量方法、测量条件以及所用的测量标准、测量仪器或测量系统。

（3）建立被测量的测量模型，分析对测量结果有明显影响的不确定度来源。

（4）评定各输入量的标准不确定度。

（5）计算合成标准不确定度。

（6）确定扩展不确定度。

（7）报告测量结果。

2. 一般流程

用 GUM 法评定测量不确定度的一般流程如图 5-6 所示。

3. A 类不确定度评定

对被测量进行独立重复观测，通过得到的一系列观测值用统计方法方法获得实验标准偏差 $S(x)$，当用算术平均值 $\bar{x}$ 作为被测量估计值时，被测量的 A 类不确定度可以按下列式（5-11）估计：

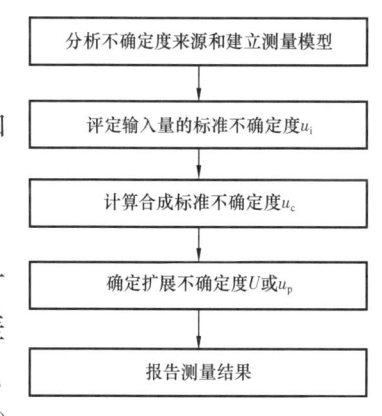

图 5-6　GUM 法评定不确定度的一般流程示意图

$$u_A = u(\bar{x}) = S(\bar{x}) = \frac{S(x)}{\sqrt{n}} \quad (5-11)$$

A 类标准不确定度评定的一般流程如图 5-7 所示。评定 A 类不确定度的方法有：Bessel 法、极差法、合并样本标准偏差法、最小二乘法和最大残差法等多种方法，其中最常用的是 Bessel 法和极差法。由于用 Bessel 法评定得到的实验标准偏差 $S$ 不是总体标准差 $\sigma$ 的无偏估计，故在测量次数较少时，由极差法得到的标准偏差较 Bessel 法更为可靠。但从这两种方法的自由度比较可以看出，无论测量次数多少，极差法的自由度均小于 Bessel 法，故 Bessel 法比极差法更准确。这两个看来似乎相反的结论其实并不矛盾。前者是指标准偏差而言，后者则是指方差而言。因此在 A 类不确定度评定中，测量次数较少时 Bessel 法与极差之间的优劣应根据具体情况而定。通常在合成不确定度中 A 类不确定度是占优势分量的情况下，测量次数不大于 9 时极差法优于 Bessel 法。但若在合成不确定度中 A 类不确定度不是占优势分量的情况下，由于在合成时采用方差相加的方法，而与测量次数无关[5]。从表 5-5 所示数据可以看出，当重复测量次数达到 10 次时，两种方法计算得到的实验标准偏差的准确度几乎相同。

表 5-5　两种方法估计标准偏差时的误差

| 测量次数 n | 2 | 3 | 4 | 5 | 6 | 7 | 8 | 9 | 10 | 20 |
|---|---|---|---|---|---|---|---|---|---|---|
| Bessel 法 | 0.80 | 0.57 | 0.47 | 0.40 | 0.36 | 0.32 | 0.30 | 0.28 | 0.26 | 0.17 |
| 经修正 Bessel 法 | 0.60 | 0.46 | 0.39 | 0.34 | 0.31 | 0.28 | 0.26 | 0.25 | 0.23 | 0.16 |
| 极差法 | 0.76 | 0.52 | 0.42 | 0.37 | 0.34 | 0.31 | 0.29 | 0.27 | 0.26 | 0.20 |

**4. B 类标准不确定度的评定**

系统中的 B 类标准不确定度是根据有关的信息或经验进行评定，判断被测量可能存在的区间 $[\bar{x}-a, \bar{x}+a]$。当设定被测量值的概率分布，并根据概率分布和要求的包含概率 $p$ 确定 $k$ 后，即可按下列式（5-12）评定 B 类标准不确定度：

$$u_B = \frac{a}{k} \quad (5-12)$$

式中　$a$——被测量可能值区间的半宽度。

B类不确定度评定的分量信息的来源大致可分为由检定证书或校准证书提供，以及由其他各种资料得到两种类型。评定的一般流程如图5-8所示。

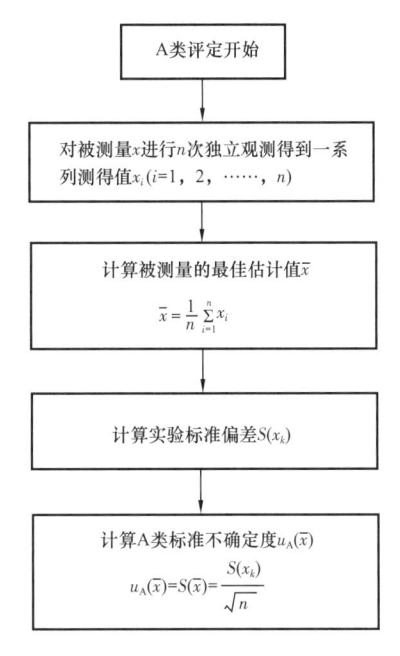

图5-7　A类标准不确定度评定的一般流程示意图

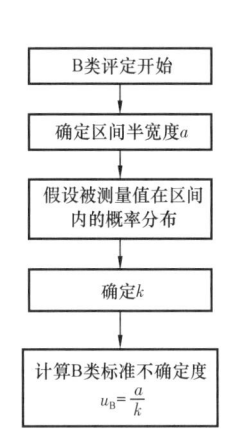

图5-8　B类标准不确定度评定的一般流程示意图

## 四、蒙特卡洛（MCM）模拟及其应用[3]

随着我国分析化学计量技术的不断发展与规范，尤其是在基于误差传播的GUM法评定不确定度不适用的情况下，在《用蒙特卡洛法评定测量不确定度》（JJF 1059.2）中规定了万能型的"用蒙特卡洛法传播概率分布"（MCM法）评定不确定度，且GUM法评定不确定度的结果也可以MCM法进行验证。通常以下情况属于GUM法不适用的范围：

（1）输入量的概率分布不对称；
（2）不能假设输出量的概率分布近似为正态分布；
（3）测量模型不能用线性模型近似或求灵敏度系数非常困难；
（4）被测量估计值与其标准不确定度大小相当时。

1. 基本原理

MCM法是通过对输入量$X_i$的概率密度分布函数（PDF）离群抽样，由测量模型传播输入量的概率分布，计算获得输出量 Y 的 PDF 的离群抽样值，进而由输出量的离群抽样值获得输出量的最佳估计值、标准不确定度及其包含区间。该最佳估计值、标准不确定度和包含区间的可信程度随 PDF 抽样数的增加而提高。图 5-9 描述了由输入量 $X_i$（$i=1$，……，$N$）变化的 PDF，后者通过模型传播给输出量 Y 的 PDF 的过程示意图。图 5-9 中列出了 3 个相互独立的输入量，它们的概率分布分别为正态分布、三角分布和正态分布，输出量的 PDF 显示为不对称分布。

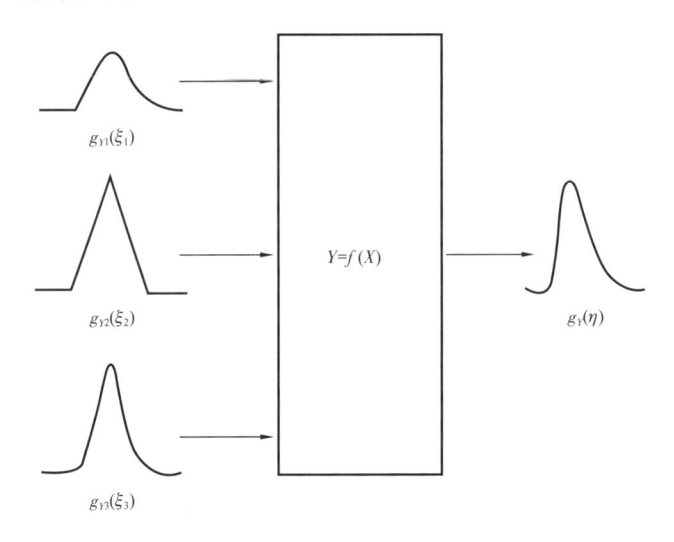

图 5-9　MCM 法输入与输出量的概率密度函数

2. 实施步骤

根据组成分析系统具体情况，评定测量偏差及其分布范围大致需经以下步骤：

（1）确定商品天然气的组成及其变化范围；

（2）在离线分析仪上确定响应函数类型；

（3）确定标准气混合物（RGM）组成及其不确定度；

（4）进行实验设计；

（5）计算测量结果的偏差及其分布范围（不确定度）。

3. 模拟结果

甲烷通常是商品天然气中含量最高的组分，故以甲烷含量变化而得到的高位发热量测定值的平均误差及其分布范围最具代表性。在 ISO 10723：2012 附录 A 给出的实例中，MCM 法评定得到的发热量测定结果的平均误差及其分布范围与商品天然气中甲烷含量的关系如图 5-10 所示。

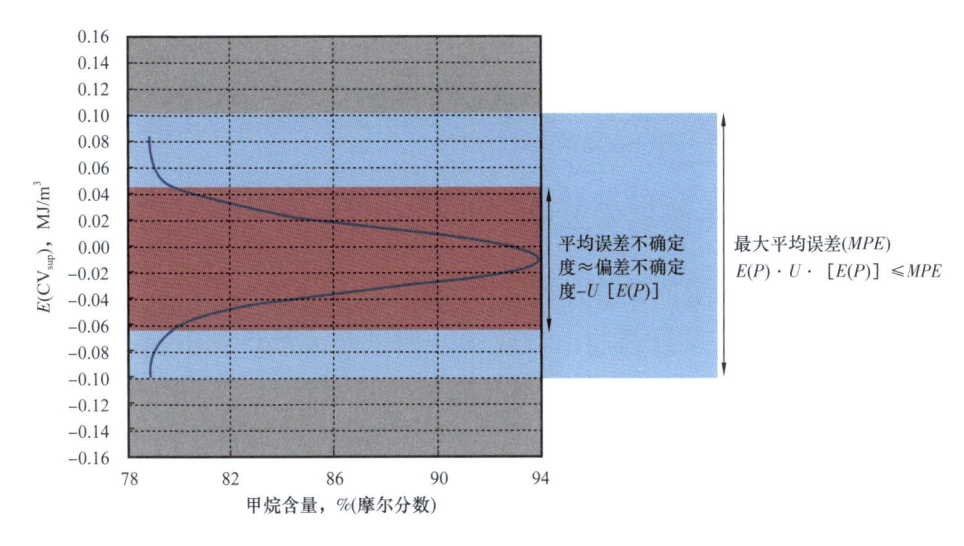

图 5-10 平均误差分布与 MPE 分布带

图 5-10 所示的模拟数据表明：平均误差 $\overline{\delta P}$ 的不确定度数据绝大多数分布在红色区域内，由此估计最大平均误差（MPE）的分布区间为 $-0.1\sim0.08\text{MJ/m}^3$，符合准入协议的规定。同时，从图 5-10 中模拟数据的分布可以确定被测量正态分布，故选取对应的包含因子 k=2，包含概率为 0.95，MPE 的分布区间即为其包含区间。

# 第三节　GUM 法评定测量不确定度示例

## 一、计算公式

根据国家标准 GB/T 22723—2008《天然气能量的测定》的规定，按天然气能量计量的通用公式，可以推导出其相对标准不确定度的计算公式如下：

$$u(E) = \left(uH^2 + uQ^2\right)^{1/2} \quad (5-13)$$

式中　$u(E)$——能量计量（系统）的相对标准不确定度；
　　　$uH$——发热量值的相对标准不确定度；
　　　$uQ$——气体流量的相对标准不确定度。

根据 JJF 1059.1《测量不确定度评定与表示》的规定，相对标准不确定度是指标准不确定度除以测得值的绝对值。在实际应用中，一般均采用相对不确定度的形式表示。简称不确定度。式（5-13）说明：天然气能量测定的（总）不确定度是由发热量测定的不确定度（uH）和体积流量测定的不确定度（uQ）两者以方和根方法计算出来的合成不确定度。

### 二、示例系统的主要技术条件

本示例中，能量计量系统的主要技术条件为：

（1）超声或涡轮流量计通过串口或脉冲信号向流量计算机提供工况流量信号；每一个计量回路专用的压力与温度变送器也向流量计算机传送（相应的）压力与温度信号（4~20mA 模拟信号）。

（2）流量计算机利用上述信号，以工况和标况密度为基础，采用 AGA-7/AGA-9 报告的方法计算天然气的标况体积流量。

（3）流量计算机利用在线气相色谱仪提供的天然气组成分析数据，采用 AGA-8 报告的方法计算工况和标况密度。

（4）在得到某时间周期中的标况体积流量（$Q$）及其相应的平均高位发热量（$H$）后，按上文式（1-8）可计算供出的总能量（$E$）。

### 三、A 类标准不确定评定

对被测量进行独立重复观测，通过得到的一系列观测值用统计方法方法获得实验标准偏差 $S(x)$，当用算术平均值 $\bar{x}$ 作为被测量估计值时，被测量的 A 类不确定度可以按式（5-14）估计：

$$u_A = u(\bar{x}) = S(\bar{x}) = \frac{S(x)}{\sqrt{n}} \quad （5-14）$$

A 类标准不确定度最常用的评定方法为 Bessel 法和极差法；测量次数较少时 Bessel 法与极差之间的选择应根据具体情况而定。通常在合成不确定度中 A 类不确定度占优势分量，且测量次数不大于 9 的情况下，极差法优于 Bessel 法。若在合成不确定度中 A 类不确定度不占优势分量的情况下，由于在合成不确定度时采用方差相加的方法，此时与测量次数无关。当测量次数达到 10 次时，两种方法计算得到的实验标准偏差的准确度几乎相同。

本示例中，对天然气能量计量系统的 A 类不确定度进行评定时，其实验标准偏差主要有以下 5 个来源：

（1）气体流量校准的实验标准偏差（$S_1$）。

在大多数此类校准中，随机误差均可控制在 ±0.2% 以内，故取 $S_1$=0.1%。

（2）压力校准的实验标准偏差（$S_2$）。

按制造厂商提供的数据，在压力变送器经校准的量程范围内，环境温度对准确度的影响为 ±0.15%，故取 $S_2$=0.15%。

（3）温度校准的实验标准偏差（$S_3$）。

按制造厂商提供的数据，温度变送器在 0～100℃ 量程范围内，模拟信号的总误差为 ±0.1%，由此可计算出其随机误差为 ±0.1%，故取 $S_3$=0.1%。

（4）样品天然气分析数据的实验标准偏差（$S_4$）。

以连续 5 次进样标准气混合物（RGM）为基础进行计算，$S_4$=0.02%。

（5）高位发热量的实验标准偏差（$S_5$）。

高位发热量是以从气相色谱仪获得的气体样品组成（数据）为基础计算的；标准差是源于上述 5 组典型的气相色谱仪分析数据。本示例中，高位发热量是根据美国国家标准协会/美国天然气协会标准 ANSI/GPA 2172《由组成分析数据计算天然气的高位发热量、相对密度和压缩因子》中所列出的单个组分的高位发热量为基础进行计算，故取 $S_5$=0.05%。

### 四、B 类标准不确定度的评定

B 类标准不确定度评定的一般流程如图 5-8 所示。

系统中的 B 类标准不确定度根据有关的信息或经验进行评定，判断被测量可能存在的区间 [x-a, x+a]。当设定被测量值的概率分布，并根据概率分布和要求的包含概率 p 确定 k 后，即可按下式评定 B 类标准不确定度：

$$u_B = \frac{a}{k} \tag{5-15}$$

式中　$a$——被测量可能值区间的半宽度。

B 类不确定度评定的分量信息来源大致可分为由检定证书或校准证书提供和由其他各种资料得到两种类型。本示例中，天然气能量计量系统的 B 类不确定度主要也有以下 5 个来源：

（1）流量校准的不确定度（$B_1$）。

典型流量校准实验室的 B 类不确定度为 0.23%；再加上超声流量计有 0.0639% 的典型零流速偏置。对 200mm（8in）流量计而言，当气体流速为 17.4m/s 时，其流量校准的 B 类不确定度可按下式计算：

$$B_1 = [(0.23)^2 + (0.0639)^2]^{1/2} = 0.2387\%$$

（2）压力测量的 B 类不确定度（$B_2$）。

用于校准压力变送器的设备有 0.05% 的系统不确定度，故取 $B_2$=0.05%。

（3）温度测量的 B 类不确定度（$B_3$）。

用于校准温度变送器的设备有 0.05% 的 B 类不确定度，故取 $B_3$=0.05%。

（4）由组分分析数据计算 Z 值导致的 B 类不确定度（$B_4$）。

样品天然气分析数据 B 类不确定度是以连续 5 次进样分析标准气混合物（RGM）为基准计算的。估计 RGM 的不确定度为 0.2%，故取 $B_4$ 为 0.2%。

（5）高位发热量测定的不确定度（$B_5$）。

根据天然气分析溯源准则，高位发热量测量系统的 B 类不确定度可以按 RGM 的定值不确定度进行估计。本示例中，现场使用的 RGM 可以溯源至美国国家标准与工艺研究院（NIST）保存的基准级 RGM（PSM），故取 $B_5$=0.2%。

## 五、合成不确定度（在最大流速工况下）

（1）A 类标准不确定度的合成。

实验标准偏差（随机误差）的贡献值分别来源于超声流量计、压力、温度、高位发热量、标况体积流量和能量流量的测量。标况体积流量的合成 A 类标准不确定度（$S_Q$）和标况能量流量的合成标准不确定度（$S_E$）可分别计算如下：

$$S_Q = \left[(S_1)^2 + (S_2)^2 + (S_3)^2 + (S_4)^2\right]^{1/2}$$
$$= [0.01 + 0.0225 + 0.01 + 0.0004]^{1/2}/100$$
$$= 0.2071\% \ (\text{扩展不确定度}\ U = 0.4142\%)$$

$$S_E = \left[(S_Q)^2 + (S_5)^2\right]^{1/2}$$
$$= [0.1716 + 0.0025]^{1/2}/100$$
$$= 0.4172\%$$

（2）B 类标准不确定度的合成。

标况体积流量的 B 类合成不确定度（$B_Q$）和标况能量流量的 B 类不确定度（$B_E$）可分别计算如下：

$$B_Q = \left[ (B_1)^2 + (B_2)^2 + (B_3)^2 + (B_4)^2 \right]^{1/2} / 100$$
$$= [0.0570 + 0.0025 + 0.0025 + 0.04]^{1/2} / 100$$
$$= 0.3194\%$$

$$B_E = \left[ (B_Q)^2 + (B_5)^2 \right]^{1/2} / 100$$
$$= [0.01 + 0.04]^{1/2} / 100$$
$$= 0.2236\%$$

### 六、体积流量与能量流量的合成不确定度

当能量计量系统在操作压力为 5.32MPa（绝对）、操作温度为 24℃、最大流速为 20.02m/s 的实流检定条件下，合成不确定度的评定结果如下。

（1）标况体积流量的合成不确定度。

标况体积流量：35000m³/h；

B 类不确定度：0.3288%；

A 类不确定度：0.4915%（以 $2S_Q$ 计）；

合成不确定度：0.5914%。

（2）标况能量流量的合成不确定度。

标况能量流量：28840GJ/d；

B 类不确定度：0.3849%；

A 类不确定度：0.5020%（以 $2S_E$ 计）；

合成不确定度：0.6322%。

## 第四节 气相色谱操作评价的实例

### 一、分析要求

本实例取自 ISO 10723：2012 附录 A。

由在线气相色谱仪提供组成分析数据，并据此按 ISO 6976 的规定计算天然气高位发热量时应满足以下分析要求。

（1）要求测定的天然气组分为：氮气、二氧化碳和 $C_1$—$C_5$ 和的饱和烃类。碳数大于 5 的组分皆归并虚拟组分 $C_{6+}$ 单独测定。假定天然气中氦气组分浓度为零。分析仪器的操作浓度范围见表 5-6。

表 5-6　气相色谱仪分析浓度范围

| 组分 | 浓度，%（摩尔分数） ||
|---|---|---|
| | 最小值 | 最大值 |
| 氮气 | 0.10 | 12.07 |
| 二氧化碳 | 0.05 | 8.02 |
| 甲烷 | 63.81 | 98.49 |
| 乙烷 | 0.10 | 13.96 |
| 丙烷 | 0.05 | 7.99 |
| 异丁烷 | 0.010 | 1.19 |
| 正丁烷 | 0.012 | 1.18 |
| 新戊烷 | 0.005 | 0.35 |
| 异戊烷 | 0.005 | 0.35 |
| 正戊烷 | 0.006 | 0.34 |
| 正己烷 | 0.005 | 0.35 |

（2）本实例是计算燃烧参比条件 15℃，计量参比条件 15℃和 101.325kPa 时的真实气体体积基高位发热量。计算发热量时，$C_{6+}$ 按纯组分正己烷计。

（3）规定最大允许误差 *MPE* 为 0.1MJ/m³。*MPE* 这个指标应用于评价要求的测量范围所有的组分，并采用包含因子 k=2，包含概率为 0.95。

（4）规定最大允许偏差 *MPB* 为 0.025MJ/m³，*MPB* 这个指标仅应用于分析仪器正常操作时预期的组分分析结果。

（5）本实例给出的上述要求仅为说明问题，并非适合于任何具体应用。所有 ISO 10723 的用户皆应根据自身情况规定分析要求。

（6）本实例给出的上述要求仅针对高位发热量计算。如果需要计算组分浓度测定中非偏差型误差的不确定度则应遵循 ISO 6974-2 的有关规定。

## 二、分析方法

设计的分析方法能测定天然气中氮气、二氧化碳、甲烷、乙烷、丙烷、丁烷的 2 种异构体、戊烷的 3 种异构体和 $C_{6+}$ 等 11 个组分。分析方法适合于在线测定,且不进行氧、氮分离。

本分析方法采用热导检测器,以氦气为载气。以分配柱测定丙烷及碳数更多的烃类;在切换阀前的吸附柱上测定氮气、二氧化碳、甲烷和乙烷。分配柱分为 2 个部分,在较短的预处理部分将 $C_{6+}$ 组分快速反冲至检测器。

以 24h 为一个周期进行单点校准,并假定每个组分的响应函数皆为通过原点的直线。RGM 中各组分的不确定度见表 5-7。

表 5-7　RGM 组成及其不确定度[①]　　　　单位:%

| 组分 | $x_i$ | $U(x_i)$ | $u(x_i)$ |
| --- | --- | --- | --- |
| 氮 | 4.50 | 0.0270 | 0.0135 |
| 二氧化碳 | 3.30 | 0.0130 | 0.0065 |
| 甲烷 | 80.46 | 0.0900 | 0.0450 |
| 乙烷 | 7.00 | 0.0310 | 0.0155 |
| 丙烷 | 3.30 | 0.0110 | 0.0055 |
| 异丁烷 | 0.50 | 0.0028 | 0.0014 |
| 正丁烷 | 0.50 | 0.0032 | 0.0016 |
| 新戊烷 | 0.11 | 0.0018 | 0.0009 |
| 异戊烷 | 0.11 | 0.0010 | 0.0005 |
| 正戊烷 | 0.11 | 0.0014 | 0.0007 |
| 正己烷 | 0.11 | 0.0018 | 0.0009 |

① 表中各组分的扩展不确定度 $U(x_i)$ 是由具备 ISO/ICE 规定资质的实验室颁发的证书获得;标准不确定度 $u(x_i)$ 是按包含因子 $k=2$ 由 $U(x_i)$ 计算而得。

## 三、工作标准气体混合物(WSM)

WSM 中包括甲烷等 11 个组分,其浓度应涵盖分析要求规定的范围,表 5-8 中示出了编号为 401~407 的 7 种 WSM 的组成及其摩尔百分浓度。表 5-9 示出了 WSM 中各组分浓度的不确定度。

表 5-8　WSM 组成及其组分浓度　　　　单位：%（摩尔分数）

| 组分 | 401 | 402 | 403 | 404 | 405 | 406 | 407 |
|---|---|---|---|---|---|---|---|
| 氮 | 0.1033 | 0.9876 | 2.5078 | 4.4346 | 6.4536 | 8.9722 | 11.9412 |
| 二氧化碳 | 0.0475 | 1.4901 | 7.9555 | 2.9817 | 0.5015 | 6.0345 | 4.5005 |
| 甲烷 | 98.4593 | 92.3729 | 74.2930 | 85.8019 | 80.0742 | 69.8271 | 63.7423 |
| 乙烷 | 0.1076 | 2.4936 | 8.0651 | 1.0053 | 11.0025 | 5.0583 | 14.1518 |
| 丙烷 | 0.0512 | 1.5117 | 5.8731 | 4.1568 | 0.4998 | 7.9302 | 2.9887 |
| 异丁烷 | 0.4076 | 0.1518 | 0.6511 | 0.0069 | 0.0498 | 0.8844 | 1.1952 |
| 正丁烷 | 0.0129 | 0.0503 | 0.1481 | 0.3922 | 0.6403 | 1.1832 | 0.8928 |
| 新戊烷 | 0.1523 | 0.1011 | 0.0484 | 0.3559 | 0.2171 | 0.0047 | 0.2881 |
| 异戊烷 | 0.0984 | 0.2776 | 0.2092 | 0.3488 | 0.0050 | 0.0501 | 0.1489 |
| 正戊烷 | 0.2093 | 0.2810 | 0.1487 | 0.0073 | 0.3448 | 0.0499 | 0.1005 |
| 正己烷 | 0.3507 | 0.2824 | 0.1001 | 0.1486 | 0.2114 | 0.0054 | 0.0501 |

表 5-9　WSM 中组分浓度的不确定度　　　　单位：%（摩尔分数）

| 组分 | 401 | 402 | 403 | 404 | 405 | 406 | 407 |
|---|---|---|---|---|---|---|---|
| 氮 | 0.0036 | 0.0065 | 0.0285 | 0.0306 | 0.0124 | 0.0286 | 0.0285 |
| 二氧化碳 | 0.0043 | 0.0079 | 0.0224 | 0.0115 | 0.0030 | 0.0219 | 0.0181 |
| 甲烷 | 0.0108 | 0.0160 | 0.0372 | 0.0339 | 0.0223 | 0.0385 | 0.0371 |
| 乙烷 | 0.0030 | 0.0082 | 0.0213 | 0.0083 | 0.0196 | 0.0187 | 0.0307 |
| 丙烷 | 0.0011 | 0.0070 | 0.0166 | 0.0139 | 0.0024 | 0.0244 | 0.0110 |
| 异丁烷 | 0.0026 | 0.0015 | 0.0038 | 0.0003 | 0.0008 | 0.0051 | 0.0064 |
| 正丁烷 | 0.0006 | 0.0026 | 0.0020 | 0.0031 | 0.0042 | 0.0066 | 0.0055 |
| 新戊烷 | 0.0024 | 0.0026 | 0.0017 | 0.0061 | 0.0038 | 0.0006 | 0.0047 |
| 异戊烷 | 0.0024 | 0.0030 | 0.0019 | 0.0030 | 0.0006 | 0.0008 | 0.0018 |
| 正戊烷 | 0.0052 | 0.0039 | 0.0020 | 0.0006 | 0.0042 | 0.0009 | 0.0015 |
| 正己烷 | 0.0057 | 0.0046 | 0.0018 | 0.0034 | 0.0034 | 0.0007 | 0.0009 |

操作评价以分批测定的方式进行。在整个操作评价周期中不进行分析仪器

潜在飘移的校正。表 5-10 给出了剔除界外值后 WSM 中每个组分 6 次测量结果的峰面积值。

表 5-10　6 次重复测量中每次测定结果的峰面积[①]

| 组分 | 编号 | 第一次 | 第二次 | 第三次 | 第四次 | 第五次 | 第六次 |
| --- | --- | --- | --- | --- | --- | --- | --- |
| 氮 | 401 | 674952 | 670100 | 678244 | 662136 | 659400 | 656324 |
|  | 402 | 5979290 | 5975530 | 5968710 | 5959440 | 5939690 | 5938540 |
|  | 403 | 14919700 | 14911100 | 14918400 | 14916200 | 14905900 | 14905300 |
|  | 404 | 26515100 | 26528700 | 26495000 | 26535700 | 26482400 | 26463900 |
|  | 405 | 37950400 | 38013900 | 37993800 | 37971100 | 38019100 | 37970800 |
|  | 406 | 52667900 | 52667100 | 52668700 | 52704300 | 52642400 | 52671700 |
|  | 407 | 69976000 | 69963500 | 69954700 | 69923000 | 69919100 | 69917200 |
| 二氧化碳 | 401 | 369630 | 357800 | 360700 | 361980 | 361660 | 362730 |
|  | 402 | 10374900 | 10378700 | 10371500 | 10367700 | 10363600 | 10373700 |
|  | 403 | 55707000 | 55703300 | 55766200 | 55773800 | 55741900 | 55763900 |
|  | 404 | 20851500 | 20848900 | 20835800 | 20878900 | 20848500 | 20853600 |
|  | 405 | 3561460 | 3576990 | 3570910 | 3565540 | 3571060 | 3563420 |
|  | 406 | 42352500 | 42351200 | 42352300 | — | 42338800 | 42348500 |
|  | 407 | 31596900 | 31590600 | 31602300 | 31596100 | 31597900 | 31602000 |
| 甲烷 | 401 | 465737000 | 465398000 | 465395000 | 465731000 | 465908000 | 465617000 |
|  | 402 | 439578000 | 439264000 | 439248000 | 439469000 | 438906000 | 439400000 |
|  | 403 | 358893000 | 359013000 | 359462000 | 359320000 | 359150000 | 359600000 |
|  | 404 | 410119000 | 410530000 | 410044000 | 410576000 | 410405000 | 410494000 |
|  | 405 | 384730000 | 385486000 | 385164000 | 385261000 | 385469000 | 384975000 |
|  | 406 | 339398000 | 339473000 | 339401000 | 339729000 | 339289000 | 339479000 |
|  | 407 | 312414000 | 312471000 | 312480000 | 312470000 | 312440000 | 312396000 |
| 乙烷 | 401 | 879870 | 874690 | 877570 | 875780 | 876150 | 875200 |
|  | 402 | 19774100 | 19775000 | 19779000 | 19767600 | 19759500 | 19769100 |
|  | 403 | 63586500 | 63599900 | 63660500 | 63667900 | 63627000 | 63649700 |
|  | 404 | 7998280 | 7999530 | 7987460 | 8007490 | 7994990 | 7994730 |

续表

| 组分 | 编号 | 第一次 | 第二次 | 第三次 | 第四次 | 第五次 | 第六次 |
|---|---|---|---|---|---|---|---|
| 乙烷 | 405 | 86263800 | 86493800 | 86446400 | 86327900 | 86523200 | 86341600 |
| | 406 | 40079000 | 40083700 | 40084100 | 40110200 | 40073100 | 40096400 |
| | 407 | 110611000 | 110602000 | 110640000 | 110622000 | 110621000 | 110647000 |
| 丙烷 | 401 | 556632 | 545264 | 549936 | 553376 | 550264 | 550048 |
| | 402 | 16141700 | 16150000 | 16149600 | 16139100 | 16132100 | 16142100 |
| | 403 | 62638800 | 62659700 | 62710500 | 62721700 | 62684600 | 62712400 |
| | 404 | 48192200 | 48194500 | 48164100 | 48252700 | 48195800 | 48193200 |
| | 405 | 5304290 | 5318460 | 5313120 | 5309400 | 5320760 | 5311400 |
| | 406 | 84330600 | 84338300 | 84345300 | 84413600 | 84314800 | 84305700 |
| | 407 | 31748000 | 31747200 | 31751700 | 31741600 | 31743100 | 31747500 |
| 异丁烷 | 401 | 4960830 | 4953590 | 4955070 | 4961540 | 4959560 | 4956780 |
| | 402 | 1837150 | 1835020 | 1834850 | 1834500 | 1835780 | 1837620 |
| | 403 | 7935690 | 7938390 | 7938040 | 7943280 | 7943730 | 7944150 |
| | 404 | 97416 | 98384 | 98152 | 96952 | 97496 | 96952 |
| | 405 | 599488 | 602240 | 600152 | 595984 | 598000 | 601688 |
| | 406 | 10705500 | 10703900 | 10709600 | 10750000 | 10737800 | 10710600 |
| | 407 | 14512400 | 14544200 | 14516500 | 14506300 | 14510600 | 14511400 |
| 正丁烷 | 401 | 142576 | 139520 | 139672 | 144648 | 142408 | 142040 |
| | 402 | 633824 | 630312 | 629696 | 628344 | 633088 | 630936 |
| | 403 | 1849800 | 1853840 | 1852580 | 1850850 | 1856780 | 1854380 |
| | 404 | 4990840 | 4987510 | 4985240 | 4993070 | 4994470 | 4991550 |
| | 405 | 8093580 | 8112930 | 8105380 | 8088940 | 8113500 | 8103280 |
| | 406 | 15045100 | 15043200 | 15050500 | 15033000 | 15016900 | 15062400 |
| | 407 | 11362200 | 11363300 | 11366900 | 11357400 | 11363000 | 11362700 |
| 新戊烷 | 401 | 2010200 | 2011950 | 2015980 | 2017630 | 2015940 | 2015460 |
| | 402 | 1348430 | 1346980 | 1343940 | 1343570 | 1345900 | 1343720 |
| | 403 | 627624 | 630424 | 624824 | 624360 | 630400 | 629016 |

续表

| 组分 | 编号 | 第一次 | 第二次 | 第三次 | 第四次 | 第五次 | 第六次 |
|---|---|---|---|---|---|---|---|
| 新戊烷 | 404 | 4757860 | 4760430 | 4759850 | 4762960 | 4762610 | 4755490 |
| | 405 | 2894480 | 2899460 | 2897850 | 2887990 | 2899340 | 2896540 |
| | 406 | 55784 | 52016 | 56096 | 54920 | 58824 | 54776 |
| | 407 | 3853270 | 3851560 | 3853660 | 3850050 | 3848490 | 3851260 |
| 异戊烷 | 401 | 1366070 | 1363780 | 1362080 | 1373540 | 1365270 | 1360830 |
| | 402 | 3840160 | 3843790 | 3839900 | 3841500 | 3844490 | 3837380 |
| | 403 | 2892860 | 2897410 | 2899990 | 2902030 | 2906300 | 2901380 |
| | 404 | — | 4824380 | 4824140 | 4826060 | 4824240 | 4822820 |
| | 405 | 76200 | 77456 | 78288 | 75400 | 75992 | 76000 |
| | 406 | 693416 | 691672 | 692328 | 691208 | 686456 | 689288 |
| | 407 | 2056740 | 2062240 | 2058390 | 2054710 | 2057180 | 2061200 |
| 正戊烷 | 401 | 2937110 | 2929700 | 2929880 | 2935270 | 2941930 | 2931510 |
| | 402 | 3947460 | 3950370 | 3945440 | 3949300 | 3954560 | 3950380 |
| | 403 | 2102140 | 2110060 | 2111660 | 2110980 | 2117560 | 2105930 |
| | 404 | 107768 | 101776 | 105336 | 101320 | 99512 | 105312 |
| | 405 | 4840860 | 4857220 | 4855860 | 4846340 | 4864450 | 4849240 |
| | 406 | 705992 | 708224 | 707752 | 703384 | 701320 | 701432 |
| | 407 | 1416060 | 1423100 | 1418580 | 1413400 | 1417500 | 1424620 |
| 正己烷 | 401 | 5379880 | 5393470 | 5375730 | 5391140 | 5393500 | 5386210 |
| | 402 | 4385630 | 4387340 | 4376720 | 4383220 | 4384430 | 4378080 |
| | 403 | 1568640 | 1571010 | 1566890 | 1576000 | 1569730 | 1574070 |
| | 404 | 2353440 | 2353700 | 2349130 | 2354490 | 2350710 | 2350590 |
| | 405 | 3325880 | 3330810 | 3333180 | 3330400 | 3337610 | 3325500 |
| | 406 | 83468 | 80296 | 80052 | 76984 | 75960 | 83012 |
| | 407 | 762788 | 764712 | 763592 | 764304 | 765332 | 760548 |

① 已经剔除界外值。

## 四、计算结果

### 1. 回归分析

通过回归分析给出了要求分析的氮气、二氧化碳、甲烷、乙烷、丙烷、异丁烷、正丁烷、新戊烷、异戊烷、正戊烷和正己烷等 11 个组分的分析函数和校准函数分别拟合为一次、二次或三次方程时，方程参数 $a_z$ 和 $b_z$ 的值（表5-11），并给出了拟合值的拟合优度（$\Gamma$）。

表 5-11 方程参数值

| 方程 | 参数 | | | | |
|---|---|---|---|---|---|
| 氮—分析方程 | $\Gamma$ | $b_0$ | $b_1$ | $b_2$ | $b_3$ |
| 线性 | 2.11 | $-1.479 \times 10^{-2}$ | $1.704 \times 10^{-7}$ | | |
| 二次 | 1.40 | $-1.057 \times 10^{-2}$ | $1.683 \times 10^{-7}$ | $3.974 \times 10^{-17}$ | |
| 三次 | 1.25 | $-7.215 \times 10^{-3}$ | $1.660 \times 10^{-7}$ | $1.466 \times 10^{-16}$ | $-1.101 \times 10^{-24}$ |
| 二氧化碳—校准方程 | $\Gamma$ | $b_0$ | $b_1$ | $b_2$ | $b_3$ |
| 线性 | 2.11 | $8.684 \times 10^{4}$ | $5.870 \times 10^{6}$ | | |
| 二次 | 1.41 | $6.337 \times 10^{4}$ | $5.939 \times 10^{6}$ | $-7.881 \times 10^{3}$ | |
| 三次 | 1.23 | $4.368 \times 10^{4}$ | $6.023 \times 10^{6}$ | $-3.019 \times 10^{4}$ | $1.340 \times 10^{3}$ |
| 二氧化碳—分析方程 | $\Gamma$ | $b_0$ | $b_1$ | $b_2$ | $b_3$ |
| 线性 | 1.71 | $-5.696 \times 10^{-3}$ | $1.429 \times 10^{-7}$ | | |
| 二次 | 1.33 | $-7.543 \times 10^{-3}$ | $1.435 \times 10^{-7}$ | $-1.488 \times 10^{-17}$ | |
| 三次 | 1.15 | $-8.778 \times 10^{-3}$ | $1.441 \times 10^{-7}$ | $-5.424 \times 10^{-17}$ | $5.454 \times 10^{-25}$ |
| 二氧化碳—校准方程 | $\Gamma$ | $b_0$ | $b_1$ | $b_2$ | $b_3$ |
| 线性 | 1.71 | $3.985 \times 10^{4}$ | $6.998 \times 10^{6}$ | | |
| 二次 | 1.33 | $5.262 \times 10^{4}$ | $6.967 \times 10^{6}$ | $5.123 \times 10^{3}$ | |
| 三次 | 1.15 | $6.069 \times 10^{4}$ | $6.939 \times 10^{6}$ | $1.813 \times 10^{4}$ | $-1.270 \times 10^{3}$ |
| 甲烷—分析方程 | $\Gamma$ | $b_0$ | $b_1$ | $b_2$ | $b_3$ |
| 线性 | 1.63 | $-6.999 \times 10^{0}$ | $2.263 \times 10^{-7}$ | | |
| 二次 | 0.62 | $-3.903 \times 10^{0}$ | $2.099 \times 10^{-7}$ | | |
| 三次 | 0.38 | $-1.766 \times 10^{1}$ | $3.188 \times 10^{-7}$ | $-2.628 \times 10^{-16}$ | $2.442 \times 10^{-25}$ |

续表

| 方程 | 参数 | | | | |
|---|---|---|---|---|---|
| 甲烷—校准方程 | $\Gamma$ | $b_0$ | $b_1$ | $b_2$ | $b_3$ |
| 线性 | 1.63 | $3.092 \times 10^7$ | $4.419 \times 10^6$ | | |
| 二次 | 0.61 | $1.931 \times 10^7$ | $4.715 \times 10^6$ | $-1.839 \times 10^3$ | |
| 三次 | 0.39 | $6.560 \times 10^7$ | $2.951 \times 10^6$ | $2.027 \times 10^4$ | $-9.115 \times 10^1$ |
| 乙烷—分析方程 | $\Gamma$ | $b_0$ | $b_1$ | $b_2$ | $b_3$ |
| 线性 | 2.68 | $-6.944 \times 10^{-3}$ | $1.272 \times 10^{-7}$ | | |
| 二次 | 0.51 | $-2.125 \times 10^{-3}$ | $1.256 \times 10^{-7}$ | $2.040 \times 10^{-17}$ | |
| 三次 | 0.35 | $-2.877 \times 10^{-3}$ | $1.261 \times 10^{-7}$ | $4.253 \times 10^{-18}$ | $1.188 \times 10^{-25}$ |
| 乙烷—校准方程 | $\Gamma$ | $b_0$ | $b_1$ | $b_2$ | $b_3$ |
| 线性 | 2.68 | $5.456 \times 10^4$ | $7.859 \times 10^6$ | | |
| 二次 | 0.50 | $1.712 \times 10^4$ | $7.959 \times 10^6$ | $-9.880 \times 10^3$ | |
| 三次 | 0.36 | $2.262 \times 10^4$ | $7.934 \times 10^6$ | $-2.683 \times 10^3$ | $-4.120 \times 10^2$ |
| 丙烷—分析方程 | $\Gamma$ | $b_0$ | $b_1$ | $b_2$ | $b_3$ |
| 线性 | 0.81 | $-3.082 \times 10^{-4}$ | $9.387 \times 10^{-8}$ | | |
| 二次 | 0.77 | $-3.582 \times 10^{-4}$ | $9.390 \times 10^{-8}$ | $-5.963 \times 10^{-19}$ | |
| 三次 | 0.93 | $-7.580 \times 10^{-4}$ | $9.425 \times 10^{-8}$ | $-1.893 \times 10^{-17}$ | $1.861 \times 10^{-25}$ |
| 丙烷—校准方程 | $\Gamma$ | $b_0$ | $b_1$ | $b_2$ | $b_3$ |
| 线性 | 0.81 | $3.284 \times 10^3$ | $1.065 \times 10^7$ | | |
| 二次 | 0.77 | $3.818 \times 10^3$ | $1.065 \times 10^7$ | $7.252 \times 10^2$ | |
| 三次 | 0.93 | $8.056 \times 10^3$ | $1.061 \times 10^7$ | $2.291 \times 10^4$ | $-2.399 \times 10^3$ |
| 异丁烷—分析方程 | $\Gamma$ | $b_0$ | $b_1$ | $b_2$ | $b_3$ |
| 线性 | 1.56 | $-9.323 \times 10^{-4}$ | $8.250 \times 10^{-8}$ | | |
| 二次 | 1.37 | $-1.016 \times 10^{-3}$ | $8.292 \times 10^{-8}$ | $-4.405 \times 10^{-17}$ | |
| 三次 | 0.85 | $-1.203 \times 10^{-3}$ | $8.412 \times 10^{-8}$ | $-3.838 \times 10^{-16}$ | $1.910 \times 10^{-23}$ |
| 异丁烷—校准方程 | $\Gamma$ | $b_0$ | $b_1$ | $b_2$ | $b_3$ |
| 线性 | 1.56 | $1.130 \times 10^4$ | $1.212 \times 10^7$ | | |
| 二次 | 1.37 | $1.227 \times 10^4$ | $1.206 \times 10^7$ | $7.994 \times 10^4$ | |

续表

| 方程 | 参数 | | | | |
|---|---|---|---|---|---|
| 三次 | 0.84 | $1.436 \times 10^4$ | $1.188 \times 10^7$ | $6.813 \times 10^5$ | $-4.105 \times 10^5$ |
| 正丁烷—分析方程 | $\Gamma$ | $b_0$ | $b_1$ | $b_2$ | $b_3$ |
| 线性 | 0.49 | $1.718 \times 10^{-3}$ | $7.854 \times 10^{-8}$ | | |
| 二次 | 0.49 | $1.704 \times 10^{-3}$ | $7.857 \times 10^{-8}$ | $-3.381 \times 10^{-18}$ | |
| 三次 | 0.49 | $1.698 \times 10^{-3}$ | $7.860 \times 10^{-8}$ | $-1.039 \times 10^{-17}$ | $3.590 \times 10^{-25}$ |
| 正丁烷—校准方程 | $\Gamma$ | $b_0$ | $b_1$ | $b_2$ | $b_3$ |
| 线性 | 0.49 | $-2.187 \times 10^4$ | $1.273 \times 10^7$ | | |
| 二次 | 0.49 | $-2.169 \times 10^4$ | $1.273 \times 10^7$ | $6.984 \times 10^3$ | |
| 三次 | 0.49 | $-2.160 \times 10^4$ | $1.272 \times 10^7$ | $2.162 \times 10^4$ | $-9.521 \times 10^3$ |
| 新戊烷—分析方程 | $\Gamma$ | $b_0$ | $b_1$ | $b_2$ | $b_3$ |
| 线性 | 0.43 | $6.610 \times 10^{-4}$ | $7.486 \times 10^{-8}$ | | |
| 二次 | 0.30 | $5.556 \times 10^{-4}$ | $7.559 \times 10^{-8}$ | $-2.239 \times 10^{-16}$ | |
| 三次 | 0.35 | $5.026 \times 10^{-4}$ | $7.624 \times 10^{-8}$ | $-7.111 \times 10^{-16}$ | $7.978 \times 10^{-23}$ |
| 新戊烷—校准方程 | $\Gamma$ | $b_0$ | $b_1$ | $b_2$ | $b_3$ |
| 线性 | 0.43 | $-8.839 \times 10^3$ | $1.336 \times 10^7$ | | |
| 二次 | 0.30 | $-7.329 \times 10^3$ | $1.323 \times 10^7$ | $5.398 \times 10^5$ | |
| 三次 | 0.35 | $-6.562 \times 10^3$ | $1.311 \times 10^7$ | $1.706 \times 10^6$ | $-2.553 \times 10^6$ |
| 异戊烷—分析方程 | $\Gamma$ | $b_0$ | $b_1$ | $b_2$ | $b_3$ |
| 线性 | 0.49 | $-3.565 \times 10^{-4}$ | $7.241 \times 10^{-8}$ | | |
| 二次 | 0.36 | $-4.818 \times 10^{-4}$ | $7.281 \times 10^{-8}$ | $-1.075 \times 10^{-16}$ | |
| 三次 | 0.22 | $-6.514 \times 10^{-4}$ | $7.379 \times 10^{-8}$ | $-7.785 \times 10^{-16}$ | $1.043 \times 10^{-22}$ |
| 异戊烷—校准方程 | $\Gamma$ | $b_0$ | $b_1$ | $b_2$ | $b_3$ |
| 线性 | 0.49 | $4.780 \times 10^3$ | $1.382 \times 10^7$ | | |
| 二次 | 0.36 | $6.639 \times 10^3$ | $1.373 \times 10^7$ | $2.857 \times 10^5$ | |
| 三次 | 0.22 | $8.861 \times 10^3$ | $1.355 \times 10^7$ | $2.035 \times 10^6$ | $-3.770 \times 10^6$ |
| 正戊烷—分析方程 | $\Gamma$ | $b_0$ | $b_1$ | $b_2$ | $b_3$ |
| 线性 | 0.41 | $-1.201 \times 10^{-4}$ | $7.097 \times 10^{-8}$ | | |

续表

| 方程 | 参数 | | | | |
|---|---|---|---|---|---|
| 二次 | 0.31 | $1.219 \times 10^{-5}$ | $7.056 \times 10^{-8}$ | $1.135 \times 10^{-16}$ | |
| 三次 | 0.30 | $2.072 \times 10^{-6}$ | $7.062 \times 10^{-8}$ | $6.806 \times 10^{-17}$ | $7.333 \times 10^{-24}$ |
| 正戊烷—校准方程 | $\Gamma$ | $b_0$ | $b_1$ | $b_2$ | $b_3$ |
| 线性 | 0.41 | $1.692 \times 10^3$ | $1.409 \times 10^7$ | | |
| 二次 | 0.31 | $-1.665 \times 10^2$ | $1.417 \times 10^7$ | $-3.167 \times 10^5$ | |
| 三次 | 0.30 | $-4.721 \times 10^1$ | $1.416 \times 10^7$ | $-2.117 \times 10^5$ | $-2.380 \times 10^5$ |
| 己烷—分析方程 | $\Gamma$ | $b_0$ | $b_1$ | $b_2$ | $b_3$ |
| 线性 | 0.98 | $4.605 \times 10^{-4}$ | $6.397 \times 10^{-8}$ | | |
| 二次 | 1.15 | $7.278 \times 10^{-4}$ | $6.310 \times 10^{-8}$ | $2.365 \times 10^{-16}$ | |
| 三次 | 0.40 | $1.800 \times 10^{-4}$ | $6.644 \times 10^{-8}$ | $-2.141 \times 10^{-15}$ | $3.594 \times 10^{-22}$ |
| 己烷—校准方程 | $\Gamma$ | $b_0$ | $b_1$ | $b_2$ | $b_3$ |
| 线性 | 0.98 | $-7.200 \times 10^3$ | $1.563 \times 10^7$ | | |
| 二次 | 1.15 | $-1.170 \times 10^4$ | $1.585 \times 10^7$ | $-9.384 \times 10^5$ | |
| 三次 | 0.46 | $-2.969 \times 10^3$ | $1.508 \times 10^7$ | $7.453 \times 10^6$ | $-1.926 \times 10^7$ |

**2. 分析函数和校准函数的选择与校验**

通过检验表 5-11 所示的每种试差函数的拟合优度，并应用新版 ISO 10723 中 6.6.3 的有关准则即可分别选择出分析函数与校准函数（表 5-12 和表 5-13）。国家标准 GB/T 10628—2008/ISO 6143：2001《气体分析 校准混合气组成的测定和校验 比较法》的附录 B 中也示出了有关实例。

表 5-12 选择的分析函数的校验结果

| 组分 | $b_0$ | $b_1$ | $b_2$ | $b_3$ |
|---|---|---|---|---|
| 氮 | $-1.05721 \times 10^{-2}$ | $1.68324 \times 10^{-7}$ | $3.97373 \times 10^{-17}$ | 0 |
| 二氧化碳 | $-5.69596 \times 10^{-3}$ | $1.42904 \times 10^{-7}$ | 0 | 0 |
| 甲烷 | $-6.99874 \times 10^0$ | $2.26313 \times 10^{-7}$ | 0 | 0 |
| 乙烷 | $-2.12465 \times 10^{-3}$ | $1.25619 \times 10^{-7}$ | $2.03976 \times 10^{-17}$ | 0 |
| 丙烷 | $-3.08162 \times 10^{-4}$ | $9.38696 \times 10^{-8}$ | 0 | 0 |

续表

| 组分 | $b_0$ | $b_1$ | $b_2$ | $b_3$ |
|---|---|---|---|---|
| 异丁烷 | $-9.32343 \times 10^{-4}$ | $8.24983 \times 10^{-8}$ | 0 | 0 |
| 正丁烷 | $1.71761 \times 10^{-3}$ | $7.85377 \times 10^{-8}$ | 0 | 0 |
| 新戊烷 | $6.61023 \times 10^{-4}$ | $7.48627 \times 10^{-8}$ | 0 | 0 |
| 异戊烷 | $-3.56478 \times 10^{-4}$ | $7.24071 \times 10^{-8}$ | 0 | 0 |
| 正戊烷 | $-1.20053 \times 10^{-4}$ | $7.09679 \times 10^{-8}$ | 0 | 0 |
| 正己烷 | $4.60462 \times 10^{-4}$ | $6.39665 \times 10^{-8}$ | 0 | 0 |

表 5-13  选择的校准函数的校验结果

| 组分 | $a_0$ | $a_1$ | $a_2$ | $a_3$ |
|---|---|---|---|---|
| 氮 | 63365.774 | 5938653.736 | −7881.0601 | 0 |
| 二氧化碳 | 39845.644 | 6997729.157 | 0 | 0 |
| 甲烷 | 30924178.877 | 4418661.180 | 0 | 0 |
| 乙烷 | 17122.226 | 7959319.117 | −9879.7101 | 0 |
| 丙烷 | 3283.501 | 10653069.829 | 0 | 0 |
| 异丁烷 | 11298.821 | 12121630.288 | 0 | 0 |
| 正丁烷 | −21873.728 | 12732916.092 | 0 | 0 |
| 新戊烷 | −8838.744 | 13358418.860 | 0 | 0 |
| 异戊烷 | 4779.839 | 13815281.180 | 0 | 0 |
| 正戊烷 | 1691.842 | 14090880.066 | 0 | 0 |
| 正己烷 | −7199.825 | 15633268.664 | 0 | 0 |

3. 发热量测定的误差及其不确定度

模拟试验中，对10000个假定组成中的每个组成均需测定其所有组分浓度（摩尔分数）。按表5-7所示组分浓度范围，表5-14示出了一小部分选择的假定组成，对表中所示的每个假定组成均测定了以摩尔分数表示的组分浓度及高位发热量的测量误差与扩展不确定度（表5-15）。

表 5-14 利用来计算误差的部分假定组成示例

| 项目 | $N_2$ | $CO_2$ | $CH_4$ | $C_2H_6$ | $C_3H_8$ | $i-C_4H_{10}$ | $n-C_4H_{10}$ | neo-$C_5H_{12}$ | $i-C_5H_{12}$ | $n-C_5H_{12}$ | $n-C_6H_{14}$ |
|---|---|---|---|---|---|---|---|---|---|---|---|
| 最小值 | 0.101 | 0.050 | 64.011 | 0.100 | 0.050 | 0.006 | 0.010 | 0.000 | 0.003 | 0.005 | 0.005 |
| 平均值 | 5.970 | 4.027 | 79.970 | 6.396 | 2.347 | 0.481 | 0.435 | 0.007 | 0.136 | 0.122 | 0.109 |
| 最大值 | 11.999 | 8.000 | 98.463 | 13.988 | 7.996 | 1.200 | 1.200 | 0.034 | 0.350 | 0.350 | 0.350 |
| 假设的成分: | | | | | | | | | | | |
| #1 | 9.632 | 0.665 | 68.699 | 12.082 | 6.451 | 0.562 | 1.044 | 0.010 | 0.333 | 0.321 | 0.202 |
| #2 | 1.236 | 7.316 | 69.042 | 13.549 | 6.368 | 0.950 | 0.798 | 0.009 | 0.229 | 0.310 | 0.195 |
| ⋮ | ⋮ | ⋮ | ⋮ | ⋮ | ⋮ | ⋮ | ⋮ | ⋮ | ⋮ | ⋮ | ⋮ |
| #9999 | 8.999 | 5.441 | 77.506 | 5.590 | 0.684 | 0.495 | 0.539 | 0.003 | 0.166 | 0.261 | 0.316 |
| #10000 | 11.363 | 6.199 | 70.801 | 5.157 | 4.124 | 1.164 | 0.754 | 0.011 | 0.222 | 0.159 | 0.044 |

表 5-15 计算高位发热量的测量误差及扩展不确定度[①]

| 项目 | $GCV$, MJ/m³ | $\delta(GCV)$, MJ/m³ | $U[\delta(GCV)]$, MJ/m³ |
|---|---|---|---|
| 最小值 | 30.708 | −0.166 | 0.004 |
| 平均值 | 38.391 | 0.000 | 0.021 |
| 最大值 | 47.395 | 0.076 | 0.038 |
| 假设的成分: | | | |
| #1 | 43.355 | −0.039 | 0.033 |
| #2 | 44.340 | −0.089 | 0.026 |
| ⋮ | ⋮ | ⋮ | ⋮ |
| #9999 | 36.145 | 0.032 | 0.025 |
| #10000 | 37.133 | 0.053 | 0.031 |

① 根据 ISO 6974-2 和 ISO 6876 的规定计算组分浓度及高位发热量的扩展不确定度。

**4. 高位发热量的平均误差及其不确定度**

利用式（5-16）可以由测量误差的平均值求得高位发热量的平均误差 $\overline{\delta P}$。高位发热量平均误差的则可以由式（5-17）求得。因此，高位发热量平均偏差的标准不确定度 $u[\delta(GCV)]$ =0.02919MJ/m³；如果假定包含因子 $k$=2，则其

扩展不确定度 $U[\delta(GCV)]=0.05837\text{MJ/m}^3$。

$$\overline{\delta P}=[(-0.039)+(-0.089)+\cdots+(0.032)+(0.053)]/10000=0.00005\text{MJ/m}^3 \quad (5\text{-}16)$$

$$u_c^2(\overline{\delta P})=\overline{u^2[\delta P(t)]}+u^2(\overline{\delta P}) \quad (5\text{-}17)$$

$$u_c^2(\overline{\delta P})=[(0.033^2+0.026^2+\cdots+0.025^2+0.031^2)/10000]+$$
$$[(-0.039-0.00005)^2+(-0.089-0.00005)^2+\cdots+(-0.032-0.00005)^2+$$
$$(0.053-0.00005)^2]/10000=0.00085$$

5. 结果说明

当操作性能评价结果要求以最大允许误差 MPE 和最大允许偏差 MPB 表示时，上述计算结果可以表示为式（5-18）和式（5-19）；而操作性能评价规范预先设定的 MPE 和 MPB 要求则分别为 $0.1\text{MJ/m}^3$ 和 $0.025\text{MJ/m}^3$。

$$MPE：|\overline{\delta(GCV)}|+U_c(\overline{\delta(GCV)})=0.00005+0.05837=0.05842\text{MJ/m}^3 \quad (5\text{-}18)$$

$$MPB：|\overline{\delta(GCV)}|=0.00005\text{MJ/m}^3 \quad (5\text{-}19)$$

如果在预先设定的分析浓度范围内，分析仪器的操作性能未能达到规范要求时，可以缩小其中一个或多个组分的测量范围后，重新进行高位发热量的测量误差计算及不确定度评定，然后再次计算高位发热量的平均误差及其不确定度。

## 第五节　组成分析结果的不确定度评定

目前我国有关天然气组分测量不确定度的报道甚少，而以 GB 17820《天然气》规定的 GB/T 13610《天然气的组成分析　气相色谱法》作为标准方法进行组成分析的不确定度评定的报道，则仅见一篇文献[3]。该文献报道了国家煤层气产品质量监督中心用 Top-down 法（而不是 GUM 法）评定天然气组分分析的测量不确定度评定，并以 GB/T 27411—2012《检测实验室中常用不确定度评定方法与表示》规定的控制图法表示评定结果，从而将不确定评定与实验室质量控制结合在一起。虽然与 ISO 10723：2012《天然气　分析系统的性能评估》附录 A 建议的评定方法相比，在校准用标准气混合物（RGM）选择等方面尚有不足之处，但此项成果对我国今后开展此类研究极具参考价值。

## 一、实验方法

1. 试剂与仪器

仪器设备均按照GB/T 13610—2014《天然气的组成分析 气相色谱法》要求配备。主要设备为美国Agilent公司出品的气相色谱仪7890B和7890A。主要配置为：热导检测器（TCD）；天然气组分分析色谱柱共4根，型号分别为UCW982、DC200、HaysepQ、13X。分析时采用十通阀进样1个十通阀和2个六通阀完成阀切换。载气$N_2$[浓度为99.999%（摩尔分数）]、He[浓度为99.999%（摩尔分数）]为大连大特气体有限公司生产。

校准使用的标准气混合物编号为：BW（QT17）1727，是中国计量科学研究院生产。化学工作站软件为HP GC ChemStation Software。检测条件：柱箱温度为100℃，检测器温度为200℃。

2. 核查样品（CS样品）

CS样品（编号BW DT0142）是采用称量法制备的RGM，为大连大特气体有限公司生产，该RGM参照GB/T 5274—2008《气体分析 标准用混合气体的制备 称量法》的规定，对均匀性进行了检验，对稳定性进行了考察，均匀性和稳定性良好，样品有效期为1年。

CS样品的组成见表5-16。

表5-16 CS样品组成

| 组分 | 标称值，% | 扩展不确定度（$k$=2） |
| --- | --- | --- |
| $CH_4$ | 98.100 | 0.04905 |
| $C_2H_6$ | 0.213 | 0.00213 |
| $O_2$ | 0.196 | 0.00196 |
| $N_2$ | 0.996 | 0.00996 |
| $CO_2$ | 0.495 | 0.00495 |

3. 实验方法

测量方法参考GB/T 13610—2014《天然气的组成分析 气相色谱法》的规定，在期间精密度条件下，时间跨度200天，以盲样的方式，由不同的检验人员在随机时间、随机的环境条件和不同的设备进行CS样品的随机测量。

## 二、实验结果

### 1. CS 样品的重复测量

对 CS 样品进行 20 次的重复测量,重复测量所得标准差的 2.8 倍即为实验室测定的重复性。实验室测得的标准差、重复性及在该水平下 GB/T 13610—2014 规定的重复性见表 5-17。

表 5-17 CS 样品重复性的标准偏差和再现性

| 组分 | 重复测量标准偏差 | 测量重复性 | GB/T 13610—2014 要求的重复性 | GB/T 13610—2014 要求的再现性 |
|---|---|---|---|---|
| $CH_4$ | 0.0042 | 0.0118 | 0.20 | 0.30 |
| $C_2H_6$ | 0.0001 | 0.0003 | 0.04 | 0.07 |
| $O_2$ | 0.0003 | 0.0008 | 0.04 | 0.07 |
| $N_2$ | 0.0017 | 0.0048 | 0.04 | 0.07 |
| $CO_2$ | 0.0006 | 0.0017 | 0.04 | 0.07 |

### 2. 正态分布和 t 检验

按时间顺序根据式(5-20)至式(5-22)分别进行正态性、独立性检验和分辨力检验。

$$w_i = \frac{x_i - \bar{x}}{S} \tag{5-20}$$

式中 $w_i$——$x_i$ 的标准值;

$\bar{x}$——测量值 $x_i$ 的平均值;

$S$——$x_i$ 的标准偏差,其中 $i=1,2,\cdots\cdots,n$,$n$ 为测试次数($n=30$)。

将 $w_i$ 换算成概率值 $p_i$,CS 样品各组分及其移动极差的正态统计量 $A^2$ 和修正值 $A^{2*}$,按式(5-21)和式(5-22)计算,结果见表 5-18。

$$A^2 = -\frac{\sum_{i=1}^{n}(2i-1)\left[\ln p_i + \ln(1-p_{n+1-i})\right]}{n} - n \tag{5-21}$$

$$A^{2*} = A^2\left(1 + \frac{0.75}{n} + \frac{2.25}{n^2}\right) \tag{5-22}$$

表 5-18 可见，测得的各组分的正态统计量 $A^{2*}$ 和移动极差正态统计量 $A^{2*}$ 均小于 1，表明正态性、独立性和分辨力均适宜。在置信概率为 95% 时，进行 $t$ 检验（表 5-18），将 $t$ 与自由度为 $n-1$ 的临界值进行比较，得出 $t \leqslant t_{临界}$，分布的均值与标准值无显著差异。结果表明，各组分测量可靠，无统计学上的偏差。

表 5-18　CS 样品组成测定值、正态性和 $t$ 值

| 序号 | CH$_4$ 测得值[①] | $\|MR_i\|$[②] | C$_2$H$_6$ 测得值[①] | $\|MR_i\|$[②] | O$_2$ 测得值[①] | $\|MR_i\|$[②] | N$_2$ 测得值[①] | $\|MR_i\|$[②] | CO$_2$ 测得值[①] | $\|MR_i\|$[②] |
|---|---|---|---|---|---|---|---|---|---|---|
| 1 | 98.0673 | — | 0.2128 | — | 0.2012 | — | 1.0046 | — | 0.4953 | — |
| 2 | 98.1328 | 0.0655 | 0.2134 | 0.0006 | 0.1907 | 0.0105 | 0.9873 | 0.0173 | 0.4960 | 0.0007 |
| 3 | 98.0940 | 0.0388 | 0.2130 | 0.0004 | 0.1959 | 0.0052 | 1.0010 | 0.0137 | 0.4961 | 0.0001 |
| 4 | 98.1051 | 0.0111 | 0.2132 | 0.0002 | 0.1961 | 0.0002 | 0.9919 | 0.0091 | 0.4939 | 0.0022 |
| 5 | 98.1172 | 0.0121 | 0.2131 | 0.0001 | 0.1866 | 0.0095 | 0.9846 | 0.0073 | 0.4985 | 0.0046 |
| 6 | 98.0828 | 0.0344 | 0.2128 | 0.0003 | 0.2054 | 0.0188 | 1.0074 | 0.0228 | 0.4915 | 0.0070 |
| 7 | 98.0878 | 0.0050 | 0.2134 | 0.0006 | 0.1945 | 0.0109 | 1.0009 | 0.0065 | 0.4987 | 0.0072 |
| 8 | 98.1122 | 0.0244 | 0.2131 | 0.0003 | 0.1975 | 0.0030 | 0.9911 | 0.0098 | 0.4941 | 0.0046 |
| 9 | 98.0966 | 0.0156 | 0.2129 | 0.0002 | 0.1963 | 0.0012 | 0.9991 | 0.0080 | 0.4950 | 0.0009 |
| 10 | 98.1034 | 0.0068 | 0.2132 | 0.0003 | 0.1957 | 0.0006 | 0.9929 | 0.0062 | 0.4972 | 0.0022 |
| 11 | 98.0963 | 0.0071 | 0.2133 | 0.0001 | 0.2011 | 0.0054 | 1.0000 | 0.0071 | 0.4922 | 0.0050 |
| 12 | 98.1400 | 0.0437 | 0.2124 | 0.0009 | 0.1824 | 0.0187 | 0.9749 | 0.0251 | 0.4935 | 0.0013 |
| 13 | 98.1035 | 0.0365 | 0.2127 | 0.0003 | 0.1934 | 0.0110 | 0.9960 | 0.0211 | 0.4941 | 0.0006 |
| 14 | 98.0965 | 0.0070 | 0.2134 | 0.0007 | 0.1986 | 0.0052 | 0.9960 | 0.0000 | 0.4959 | 0.0018 |
| 15 | 98.1069 | 0.0104 | 0.2131 | 0.0003 | 0.1895 | 0.0091 | 0.9959 | 0.0001 | 0.4947 | 0.0012 |
| 16 | 98.0931 | 0.0138 | 0.2130 | 0.0001 | 0.1876 | 0.0019 | 0.9961 | 0.0002 | 0.4934 | 0.0013 |
| 17 | 98.1232 | 0.0301 | 0.2126 | 0.0004 | 0.2011 | 0.0135 | 0.9989 | 0.0028 | 0.4897 | 0.0037 |
| 18 | 98.0890 | 0.0342 | 0.2129 | 0.0003 | 0.1970 | 0.0041 | 0.9910 | 0.0079 | 0.4957 | 0.0060 |

续表

| 序号 | CH₄ 测得值① | \|MR_i\|② | C₂H₆ 测得值① | \|MR_i\|② | O₂ 测得值① | \|MR_i\|② | N₂ 测得值① | \|MR_i\|② | CO₂ 测得值① | \|MR_i\|② |
|---|---|---|---|---|---|---|---|---|---|---|
| 19 | 98.1012 | 0.0122 | 0.2132 | 0.0003 | 0.2066 | 0.0096 | 0.9951 | 0.0041 | 0.4986 | 0.0029 |
| 20 | 98.1361 | 0.0349 | 0.2130 | 0.0002 | 0.1967 | 0.0099 | 0.9873 | 0.0078 | 0.4957 | 0.0029 |
| 21 | 98.1045 | 0.0316 | 0.2128 | 0.0002 | 0.2027 | 0.0060 | 0.9943 | 0.0070 | 0.4959 | 0.0002 |
| 22 | 98.0972 | 0.0073 | 0.2133 | 0.0005 | 0.1913 | 0.0114 | 1.0100 | 0.0157 | 0.4974 | 0.0015 |
| 23 | 98.1233 | 0.0261 | 0.2132 | 0.0001 | 0.1968 | 0.0055 | 1.0005 | 0.0095 | 0.4943 | 0.0031 |
| 24 | 98.0974 | 0.0259 | 0.2129 | 0.0003 | 0.1983 | 0.0015 | 0.9986 | 0.0019 | 0.4971 | 0.0028 |
| 25 | 98.1103 | 0.0129 | 0.2125 | 0.0004 | 0.1844 | 0.0139 | 0.9996 | 0.0010 | 0.4954 | 0.0017 |
| 26 | 98.1027 | 0.0076 | 0.2129 | 0.0004 | 0.2015 | 0.0171 | 0.9872 | 0.0124 | 0.4976 | 0.0022 |
| 27 | 98.1341 | 0.0314 | 0.2133 | 0.0004 | 0.2002 | 0.0013 | 0.9986 | 0.0114 | 0.4937 | 0.0039 |
| 28 | 98.1000 | 0.0341 | 0.2131 | 0.0002 | 0.2046 | 0.0044 | 1.0007 | 0.0021 | 0.4978 | 0.0041 |
| 29 | 98.1073 | 0.0073 | 0.2126 | 0.0005 | 0.1970 | 0.0076 | 0.9861 | 0.0146 | 0.4968 | 0.0010 |
| 30 | 98.1049 | 0.0024 | 0.2134 | 0.0008 | 0.1961 | 0.0009 | 1.0006 | 0.0145 | 0.4953 | 0.0015 |
| 平均值 | 98.1056 | 0.0217 | 0.21302 | 0.0004 | 0.1962 | 0.0075 | 0.9956 | 0.0092 | 0.4954 | 0.0027 |
| $S_x$③ | 0.01640 | | 0.00028 | | 0.00600 | | 0.00730 | | 0.00210 | |
| $S_{MR}$④ | 0.01930 | | 0.00032 | | 0.00670 | | 0.00820 | | 0.00240 | |
| $A^{2*}$⑤ | 0.728 | | 0.424 | | 0.501 | | 0.530 | | 0.263 | |
| $A^{2*}_{MR}$⑥ | 0.899 | | 0.432 | | 0.562 | | 0.655 | | 0.270 | |
| $t$ | 1.8532 | | 0.3250 | | 0.2071 | | 0.2947 | | 0.954 | |
| $t_{临界}$ | | | | | 2.0452 | | | | | |

① 各组分摩尔分数，%；
② 各组分的移动极差，%；
③ 标准差，%；
④ 极差的标准差，%；
⑤ 各组分的正态统计量；
⑥ 各组分移动极差的修正值。

## 三、控制图

利用计算机软件 minitab 对数据进行单值移动极差控制图（I–MR 控制图）和指数加权移动平均值控制图（EWMA 控制图）分析检验。依据 GB/T 27411—2012《检测实验中常用不确定度评定方法与表示》规定，I 值的上下行动限为均值加减 2.66 倍极差平均值，MR 上限为 3.27 倍极差平均值，EWMA 的权重为 0.4。

根据 GB/T 27411—2012 规定的失控准则判断分析图 5-11 至图 5-15，表明测定均未超出上行动限（UCL）或下行动限（LCL），且无其他不符合现象出现，表明测量系统仅受随机误差的影响。

## 四、CS 样品的期间精密度和有效性核查

在确保实验室的测量系统处于受控状态，期间精密度条件下获得的数据可以根据式（5-23）求得期间精密度 $S_{R'}$。

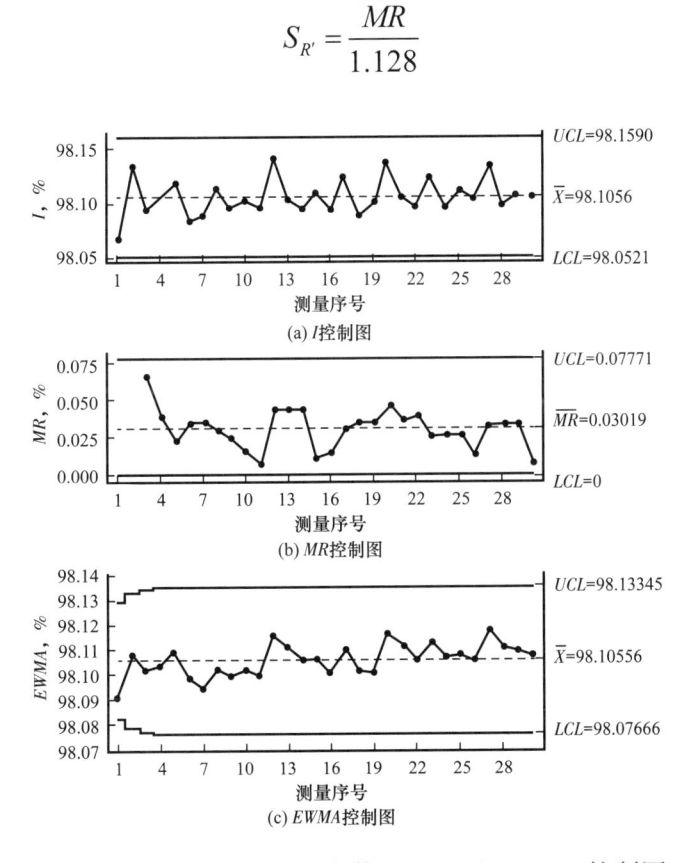

$$S_{R'} = \frac{\overline{MR}}{1.128} \tag{5-23}$$

图 5-11 CS 样品 $CH_4$ 测定值 I、MR 和 EWMA 控制图

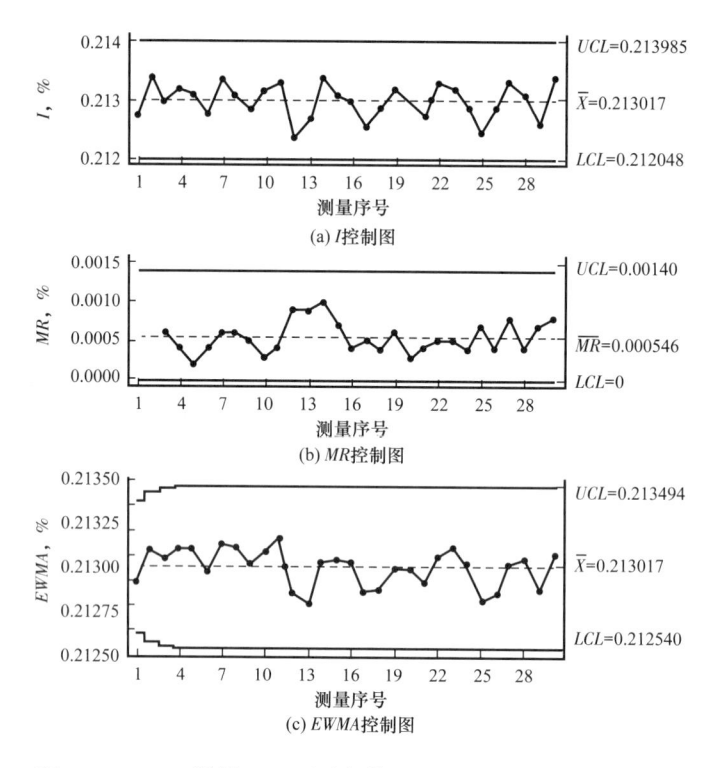

图 5-12　CS 样品 $C_2H_6$ 测定值 $I$、$MR$ 和 $EWMA$ 控制图

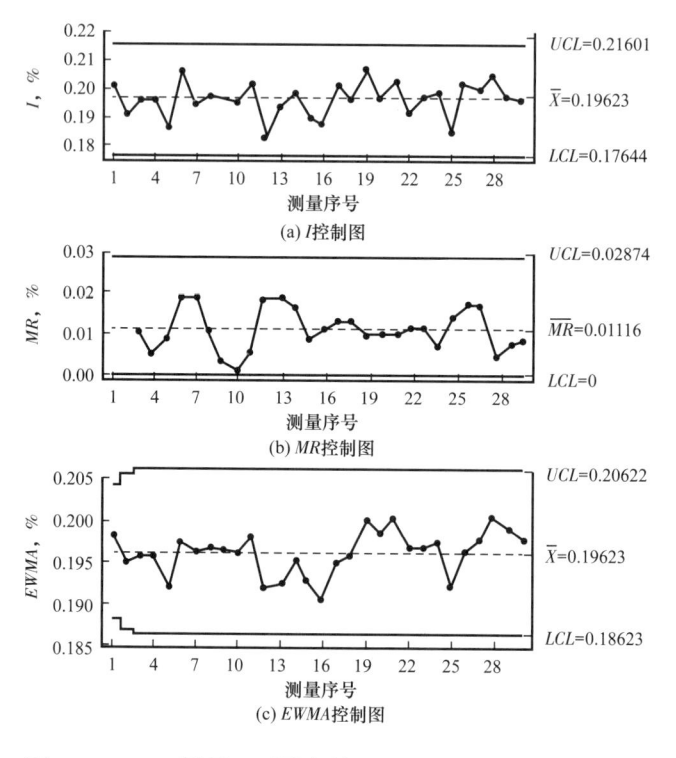

图 5-13　CS 样品 $O_2$ 测定值 $I$、$MR$ 和 $EWMA$ 控制图

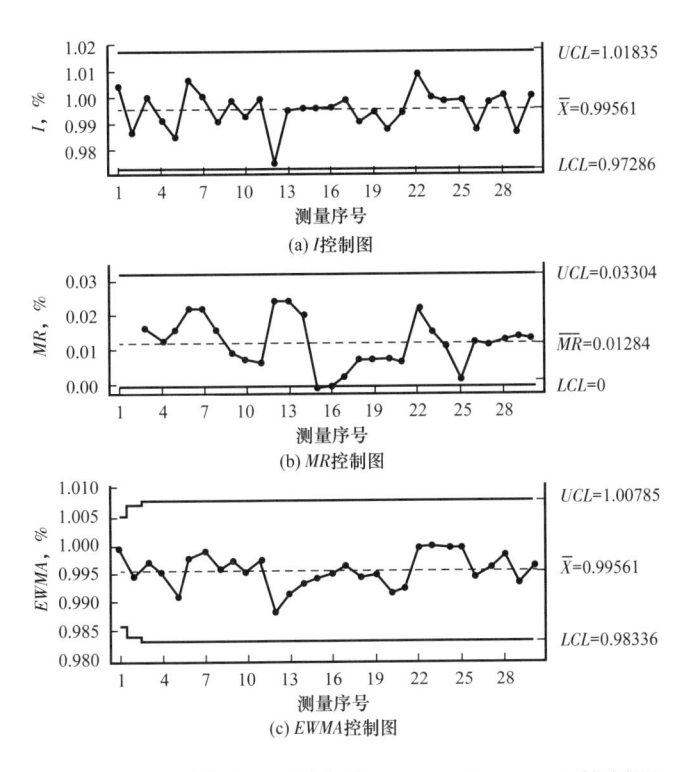

图 5-14 CS 样品 $N_2$ 测定值 $I$、$MR$ 和 $EWMA$ 控制图

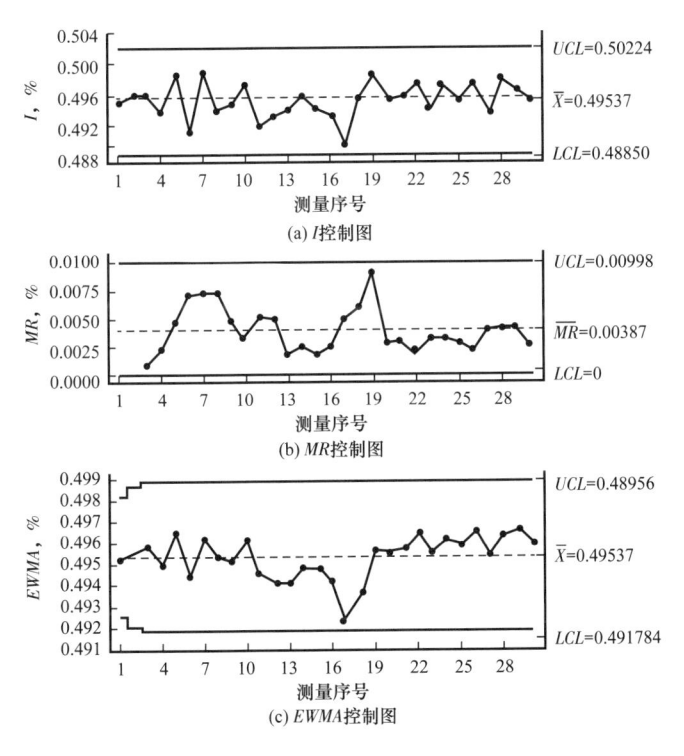

图 5-15 CS 样品 $CO_2$ 测定值 $I$、$MR$ 和 $EWMA$ 控制图

表 5-19  CS 样品各组分有效性核查结果

| 组分 | $S_{R'}$，% | $\dfrac{S_x}{\sqrt{n}\cdot S_{R'}}$ | CS 样品有效性判断 |
| --- | --- | --- | --- |
| $CH_4$ | 0.01927 | 0.16 | 有效 |
| $C_2H_6$ | 0.00032 | 0.16 | 有效 |
| $O_2$ | 0.00666 | 0.16 | 有效 |
| $N_2$ | 0.00816 | 0.16 | 有效 |
| $CO_2$ | 0.00239 | 0.16 | 有效 |

### 五、不确定度评定

通过正态性、独立性、分辨力、偏差检验、CS 样品有效性核查及观察和分析控制图，从而确保检测过程统计受控，且检测水平处于稳定和可控制状态后，就可以用 Top-down 法评定天然气组分分析的测量不确定度。国家煤层气产品质量监督中心对天然气组分的测量不确定度 $u$ 包括以期间精密度（由随机误差产生）和偏差（由系统误差产生的）不确定度 $u_b$ 表示的两个分量。其中，$S_{R'}$ 按式（5-23）计算，并在表 5-19 中给出。单水平的偏差不确定分量可视为方法系统误差，按式（5-24）计算，其中 $RQV$ 为标准气体各组分的标称值（参见表 5-16），$S_x$ 为期间精密度条件下测得值的标准差，$u_{CRM}$ 为 CS 样品自身的不确定度（参见表 4-6）。测量不确定度 $u$ 按式（5-25）计算。扩展不确定度 $U=k\cdot u$，包含因子 $k=2$。各组分的测量不确定评定结果见表 5-20。

$$u_b = \sqrt{(\bar{x}-RQV)^2 + u_{CRM}^2 + \dfrac{S_x^2}{n}} \qquad (5-24)$$

$$u = \sqrt{S_{R'}^2 + u_b^2} \qquad (5-25)$$

表 5-21 示出了文献报道的国内外有关实验室（对天然气组成分析数据的）测量不确定度评定结果。表中数据显示，国内外 3 个实验室的评定结果非常接近，这表明国内两个检测实验室分析结果的测量不确定度都能满足 ISO 10723：2012 附录 A 给出示例规定的相关要求。

表 5-20　各组分的测量不确定度

| 组分 | $S_{R'}$ | $u_b$ | $u$ | $U$（$k=2$） |
|---|---|---|---|---|
| $CH_4$ | 0.01927 | 0.02530 | 0.0318 | 0.0636 |
| $C_2H_6$ | 0.00032 | 0.00107 | 0.0011 | 0.0022 |
| $O_2$ | 0.00666 | 0.00147 | 0.0068 | 0.0136 |
| $N_2$ | 0.00816 | 0.00517 | 0.0097 | 0.0193 |
| $CO_2$ | 0.00239 | 0.00252 | 0.0035 | 0.0070 |

表 5-21　文献报道的分析结果测量不确定度

| 文献出处 | 单位 | 样品气甲烷浓度（摩尔分数） | 评定方法 | 分析结果的测量不确定度 $U$（$k=2$） |
|---|---|---|---|---|
| 文献［2］ | 中国石化武汉计量研究中心 | 0.90 | GUM | 0.05% |
| 文献［3］ | 英国 EffecTech 校准实验室 | 0.34～1.00 | MCM | 0.07% |
| 本研究 | 国家煤层气产品质量监督检验中心 | 0.9810 | Top-down | 0.0636% |

# 参 考 文 献

［1］李云雁，胡传荣.试验设计与数据处理［M］.3 版.北京：化学工业出版社，2018.

［2］李慎安，王玉莲，范巧成.化学实验室测量不确定度［M］.北京：化学工业出版社，2006.

［3］周理，蔡黎，陈赓良.天然气气质分析与不确定度评定及其标准化［M］.北京：石油工业出版社，2021.

［4］顾龙芳.计量学基础［M］.北京：中国计量出版社，2006.

［5］倪育材.实用测量不确定度评定［M］.2 版.北京：中国计量出版社，2007.

［6］高立新，陈赓良，李劲，等.天然气能量计量的溯源性［M］.北京：石油工业出版社，2015.